변화하는 사회의

성 · 결혼 · 가족

박충선 · 정영숙 공저

대구대학교출판부

• 박충선(朴忠善)

미국 Pittsburgh대학교, 사회학 박사
경상북도 저출산 고령사회정책 자문위원
경상북도 여성정책개발원 원장(역임)
한국노년학회 부회장(역임)
한국가족복지학회 부회장
현 대구대학교 가정복지학과 교수
저서) 가족복지론, 노인학대상담, 가정폭력상담, 행복한 결혼의 7가지 비밀, 성과 사회, 목회상담심리학 등.
논문) 다문화와 가족복지, 맞벌이가족의 생존전략, 한부모가족에 대한 연구, 독거노인가구 실태, 조손가정의 현황과 실태 등.

• 정영숙(鄭英淑)

미국 Illinois 대학교, 가족경제학 박사
대구시 저출산고령사회정책자문위원
대구시 여성정책위원회 가족분과위원장
경상북도 재정계획심의위원
현 대구대학교 가정복지학과 교수
저서) 가족경제학, 저출산 시대와 보육정책, 여성과 사회, 사회복지정책론, 사회복지조사론 등.
논문) 다문화사회의 아동가족문제, 한부모 가족의 최저생계비 측정, 농지연금 모형 적용을 통한 농촌노인복지 실현 방안 등

초　판 | 2009년 3월 10일
1판2쇄 | 2017년 2월 20일
지은이 | 박충선 · 정영숙
펴낸이 | 홍덕률
펴낸곳 | 대구대학교출판부
경북 경산시 진량읍 내리리 15
전화 053) 850-8662 | 팩스 053) 850-5669
홈페이지 주소 | http://press.daegu.ac.kr/
찍은곳 | 동아문화사
ISBN 978-89-7794-515-9-93330
값 13,000원

들어가며

급변하는 현대사회에서도 우리들은 '가족'이란 울타리를 벗어날 수 없을 뿐만 아니라, 오히려 더욱 그 울타리에 의존하여 안정과 행복을 찾고자 한다. 특히 격변의 21세기를 맞아 우리의 가장 큰 고민중에 하나는 사회 조직의 기본단위인 '가족'제도가 흔들리고 있다는 점이다. 과거에는 대부분의 사람들이 사랑을 기반으로 결혼을 하고 가족을 형성하였지만, 최근에는 사랑한다고 하여서 반드시 결혼을 해야 한다거나, 결혼을 하면 반드시 자녀를 출산하고 일생을 함께 해야만 한다는 획일적인 사고에서 벗어나는 경우를 종종 볼 수 있다. 게다가 결혼 자체가 더 이상 필수적인 인생 의례가 아니라는 사회적 분위기도 만만치 않다.

저출산·고령화라는 새로운 사회구조, 그리고 디지털로 대표되는 첨단기술 문화의 대두는 사회의 구조적/질적 변화들은 우리들에게 전혀 새로운 사회 환경에 대한 적응을 요구하고 있다. 결혼이나 자녀에 대한 가치관, 노부모 부양의식의 변화, 이혼과 재혼의 증가, 청소년비행, 가정폭력 등 가족과 관련된 다양한 변화들에 대한 적극적인 대응 행동이 요구된 것이다. 이러한 변화들은 때로는 긍정적인 측면도 있지만, 때로는 부정적인 결과를 가져와 사회문제로 이어지기도 한다. 가족과 관련된 사회문제는 개인에게 불행을 안겨 줄 뿐만 아니라 사회적으로도 불안정과 혼란의 위협을 가져온다.

오늘날 젊은 세대사이에서의 사랑과 자유의 추구는 결혼율의 저조와 출산율의 감소, 그리고 이혼의 증가나 다양한 생활양식의 공존을 보편적인 현상으로 만들었다. 그러나 또 다른 면에서는 가족의 해체와 위기를 염려하면서 긴장과 갈등이 가득한 경쟁적 사회에서 벗어나고자 하는 모습도 엿보인다. 그리하여 정서적 안정과 진솔한 인간관계를 유지하고자 하는 사회적 충격 흡수장치로서의 가족을 재확립하고자 하는 시도도 간과할 수 없다. '가정이 바로 설 때 사회와 국가가 바로 설 수 있다'는 인식은 과거나 현재, 그리고 미래에서도 결코 변하지는 않을 것이다.

결국 개별화와 다양화가 주류를 이루는 21세기에 우리의 성, 결혼, 그리고 가족은 어떠한 상호관계를 맺을 것인가, 또한 바람직한 상호관계는 무엇인가에 대한 새로운 조명이 필요하다고 본다. 이에 필자들은 성, 결혼, 그리고 가족에 대한 보다 체계적인 접근과 실체적 논의의 필요성을 실감하면서 이 책을 펴내기로 하였다.

이 책에서 필자들은 변화하는 사회를 살아가는 젊은 세대가 생각해보아야 할 기본적인 주제들을 소개하고, 다학문적인 접근을 통하여 이론적 분석과 현실적인 실천 문제들을 고민할 수 있는 틀을 제시하고자 한다. 또한 성, 사랑, 결혼, 그리고 가족에 대한 정서적인 접근과 더불어 경제적인 분석을 시도함으로써 인간의 모순적 행동도 그 근저에는 합리성이 있음을 지적하고자 하였다.

끝으로 이 책을 출판하는데 물심 양면으로 도움을 주고 편집을 마무리 해 준 대구대학교 출판부 여러분들에게 감사의 인사를 드린다.

2009년 3월 박충선 · 정영숙

차 례

제2부 사랑의 의미와 기술

제3부 결혼과 가족생활

제4부 결혼과 가족에 대한 경제학적 접근

제1부

남성과 여성에 대한 이해

01장 성의 개념적 정의

남성과 여성은 서로 다른 성이라고 인정한다. 또한 성의 구분으로 인한 남성과 여성의 관계는 우리 사회에 다양한 의미를 던져준다. 그런데 이러한 남성과 여성의 관계는 시대적, 공간적 상황을 초월하여 모든 사회에서 동일하게 분화되어 있는가? 아니면 각각의 문화에 의하여 다양하게 변화하고 규정되는 가변성을 가지고 있는가? 또한 이러한 관계는 여러 가지 주변 상황에 따라 바뀔 수 있는 것인가?

1. 남성과 여성

일반적으로 수렵·채취사회에서의 남성과 여성의 관계는 평등하였던 것으로 추측된다. 그러나 사회가 변화하면서 기술적 발전을 이루게 되고, 이렇게 축적된 기술은 생산량을 증가시키고, 급기야 소비량을 넘어섬으로써 잉여생산이 가능하게 되었다. 이러한 잉여생산물은 사적자원으로 귀속되면서, 사적자원에 대한 권한을 가지게 된 남성은 그렇지 못한 여성보다 우월한 위치를 점하게 되었다. 가령, 여성이 주로 담당하던 채소나 열매 채취는 사적인 영역에서 먹고 소비되며 저장이 불가능한 반면, 남성들이 사냥한 짐승은 고기를 먹을 뿐만 아니라, 뼈, 가죽 등은 장기간 보관이 가능하여 다른 것과 교환할 수 있는 교환력을 가지면서, 남성의 노동력의 가치를 높혔다. 이렇게 축적된 것들은 재분배의 기능을 가지게 되면서 전반적인 사회적 권력과도 연관이 되어 남성의 사회적 지위를 높이는데 크게 기여를 하게 된 것이다(Leacock, 1978). 이에 반하여, 여성의 노동력은 일시적이고 잠정적이며, 축적되지 못함으로써 사회적 가치성이 떨어지게 되었고, 출산이나 자녀양육의 능력도 여성만의 능력으로 인정은 받았지만, 사회적 연계성을 이루지 못함으로써 권력을 통한 여성의 지위 향상과는 별개의 문제였다.

타이거(Tiger)의 '남성 단합 가설'이나 폭스(Fox)의 제국적 동물(The imperial animal)이란 이론에 의하면, 남성들은 강인한 체력을 이용하여 자신의 집단을 보호하기 위하여 싸움을 하고 방어력을 키우면서, 한 조직을 통제하는 훈련과 경험을 통하여 여성들도 통제하게 되었다고 한다. 또한 오트너(Ortner)는 문화란 개념을 도입하여 남성의 힘의 우위를 설명하고자 하였다. 남성은 사회를 통제하는 힘이 있는 반면, 여성은 출산 능력을 가짐으로써 이에 맞설 수 있다. 여성의 출산력은 자연적 행위인 반면, 남성의 사회통제라는 정치적 힘은 인위적이고 문화적 행위라고 주장하였다. 게다가 여성의 자연적 힘은 자신의 세대에서 끝나 버리는 일회적이고 불연속적인 속성이 있는데 비하여, 남성의 문화적 행위는 세대를 걸쳐서 연속되는 영속성과 세습성으로 인하여 힘의 축적이 가능하므로 역사적으로 볼 때 남성과 여성의 지위의 차이가 올 수밖에 없다고 설명한다(Ortner, 1974).

남성과 여성이란 성의 개념적 차이는 무엇인가? 차이가 있다면 그 근거는 무엇인가? 혹은 차이가 존재하지 않는 것인가? 무엇이 여성을 여성답게 하며, 남성을 남성답게 하는 것인가? ‘여성다움’이란 무엇이며 또한 ‘남성다움’이란 무엇인가? 이러한 성차이는 생물학적인 요인에서 기인되는가? 아니면 사회적, 환경적인 요인에서 기인되는가? 이러한 다양한 물음에 대하여 다양한 접근들이 시도되었다. 남성과 여성에 대한 보다 깊은 이해를 하기 위하여 이와 같은 다양한 접근들을 살펴 볼 필요가 있다.

2. 성의 특성 - 남성다움, 여성다움

남성과 여성을 구분하는 일은 얼핏 보면 매우 쉽다. 우선 신체적으로 남성과 여성은 엄연히 구분되기 때문이다. 게다가 외모나 성격도 매우 다르다. 그러나 남성과 여성의 차이를 좀 더 구체적으로 지적하고자 하면, 애매모호한 경우가 많다. 즉 '남성이시반 남성납지 못하다' 혹은 '여성인데 여성답지 못하다'라는 지적이라던가, '남성인데 여성적이다' 혹은 '여성인데 남성적이다'라는 표현들은 남성과 여성의 구분을 단순히 신체적 구조에만 한정짓는 것이 부적절하다고 볼 수 있는 이유들이다.

최근 우리 사회에 유행하는 "꽃미남"이라는 용어는 과거의 남성과 여성을 구분 짓던 고정관념을 벗어 버리게 만든 계기가 되었다. 아름다움을 추구하고 감성을 중요시 하는 새로운 사회 분위기 속에서 남성과 여성에 대한 경직된 사고에서 벗어나 보다 인간다움을 강조하는 경향을 보이고 있다. 그럼에도 불구하고 우리 주변에서는 여전히 '남자답다' 혹은 '여자답다'라는 지적을 볼 수 있다. 그렇다면 도대체 "남성답다" 혹은 "여성답다"라는 평가, 그리고 "진짜 남자", "진짜 여자"라는 의미는 무엇이며, 그 근거는 어디에 있는 것인가? 또한 어떠한 특성들을 말하는 것일까?

우리는 일상생활에서 너무나 당연시되어 오고 있는 남녀의 성차이나 성역할에 대하여 심각하게 의문을 던져 본 적이 없을 것이다. 그러나 모든 것에는 타당한 원인이 있고 또 우리는 그것을 정확히 알아야 할 필요성과 권리가 있다. 특히 남녀의 성의 본질에 대한 올바른 지식을 갖는다는 것은 남녀 모두에게 원만하고 바람직한 남녀관계·가족관계·인간관계를 영위할 수 있게 하고 나아가서 사회질서와 인류복지를 증진시키는데 중요한 의미를 던진다.

"참다운 여자" 혹은 "여자답다(feminine)"는 표현 이면에는 부드럽고, 감성이 풍부하고, 동정적이며, 어린이를 돌보고 양육하는 일에 뛰어날 뿐만 아니라 수줍어하고 다소곳하여 복종적·수동적인 이미지를 갖고 있음을 가정하는 반면에, "진짜 남자" 혹은 "남자답다(masculine)"는 표현은 일반적으로 강하고 공격적이며 의지가 굳고, 독립적·경쟁적이며, 감정적이지 않고 이성적이며, 합리적·능동적 이미지의 묶음으로 남자를 가정하는 말이다.

여기서 우리는 다음과 같은 의문을 제기해 볼 수 있다. 이와 같은 성 특성과 성 차이는 어떤 기준에 의해, 어떤 과정을 거쳐서 평가되고 또 고정되는 것일까? 이러한 남녀의 성구별은 과연 성의 본질을 얼마나 정확히 설명하고 참다운 의미를 전달할 수 있는 것일까? 그리고 이러한 성 특성은 타고난 인간본성인가, 아니면 후천적으로 습득하거나 사회적 요소들에 의해 영향을 받는 가변적인 것인가? 현대의 성과 성행위, 성 정체성은 이러한 성 특성의 차이와 얼마나 일치하는가? 혹은 얼마나 상이한가? 등등과 관련하여 우리가 갖고 있던 부정확한 인식을 불식하기 위해 지금까지 축적되어온 사회과학적 연구와 현대의 사회변동현상들에 비추어 보다 정확한 지식에 접근해보도록 해야 할 것이다.

3. 성의 가치 체계

성에 대한 가치는 역사적, 문화적, 그리고 사회적 상황에 따라 다양하게 존재한다. 소위 말하는 성규범이란 특정 시기에 특정 지역의 사람들이 성행위, 성경험, 성문화에 대하여 사회적으로 공유하는 일련의 규칙을 내면화한 결과이다. 그러므로 한 사회의 구성원들의 성규범은 그 사회내의 인간관계 및 가족생활 등을 포함한 전반적인 사회생활에 지대한 영향을 미칠 수 있다.

1) 성가치의 가변성

성의 가치체계는 그 사회를 지배하는 종교적, 경제적, 정치적, 사회적, 그리고 윤리적 신념을 반영하는 것이다. 가령, 전반적인 사회분위기가 보수적이거나 폐쇄적이면 성의 가치체계도 역시 보수적이고 폐쇄적인 경향을 띄게 되고, 반면 진취적이고 개방적인 사회분위기 속에서는 허용적이고 개방적인 성태도를 보일 것이다. 또한 도덕성이나 윤리성이 얼마나 중요시 되는가? 종교적 신념은 어떠한가? 혹은 개인적 가치를 얼마나 강조하는가 등의 다양한 사회적 기준에 따라서 성가치체계도 매우 상이하게 나타날 수 있다는 점에서 성의 가치체계는 고정적이 아니라 유동적이며, 때로는 상식을 벗어날 수 있다.

중세기의 성가치체계는 자녀 생산을 제외한 일체의 성행위나 성경험을 부정적으로 보는 종교적 신념으로 인하여 매우 보수적이었고, 이혼이나 혼외정사, 비제도적인 관계를 통한 성은 악덕으로 간주되었다. 또한 엄격한 가족제도를 유지함으로써 보수적이고 규제가 강한 성규범을 요구하였다. 이러한 상황은 비슷한 시기의 동양에서도 마찬가지였다. 가부장의 권한이 막강하고, 혈통을 중심으로 하는 동양권에서 성의 의미는 남성과 여성에게 다르게 적용되었고, 특히 여성의 성은 단순히 자녀 재생산 역할을 위해서만 필요한 것으로 인식되었다. 그러나 사회가 변하면서, 성은 인간이 즐기고 쾌락을 느낄 수 있는 활동으로 간주되기 시작하였다. 그리하여 각종 규제나 규범에 묶여 있던 성행위들이 허용되면서, 금기야는 성적 권리와 욕구들을 표면적으로 주장하기까지 이르렀다. 때로는 이러한 성가치체계가 지나치게 급격하게 변함으로써 사회적 혼란을 가져와 성가치의 아노미현상으로 이어지기도 하였지만, 기본적인 성가치체계는 변화 속에서도 일정한 틀을 유지해왔다고 본다.

2) 성가치의 보편성

사회변화의 소용돌이 속에서도 거의 모든 사회에서 현재까지 지켜져 온 두 가지의 성가치체계가 있다. 그것은 이성간의 사랑과 근친상간 금기이다. 이 두 가지는 생물학적 필연성을 나타내는 보편적인 성가치로 수용되어 왔다. 동성간의 사랑이나 성행위는 고금을 통해 사회의 지배적 성가치에서 제외되어 왔다. 그것은 상식적인 성규범에서 마땅히 기피하여야 할 비난거리였다. 최근 동성애와 동성관계가 합법화되기 시작하였다 할지라도, 그것은 소수의 사회에 한정되어 있으며, 거의 모든 사회는 이성간의 교제와 사랑을 자연스럽고 합법적인 것으로 간주하고 있다.

또한 대부분의 사회에서 부모와 자녀간의, 자녀들간의, 그리고 가까운 친척사이의 성행위를 금하는 근친상간 금기가 보편적 규범으로 되어 있다. 이는 가족 밖에서 혹은 가까운 친족이나 동성집단 밖에서 배우자를 찾도록 하여 유전학적 다양성을 보증하는 생물학적 원리에 따르고자 하는 이유도 있지만, 동시에 인간관계의 윤리적 측면과 가족과 사회의 존속을 위한 매커니즘으로 해석된다.

4. 성차이

남성과 여성의 가장 근본적 차이는 바로 생물학적 요인들에 의해 결정된다는 학설은 생물학적 결정론(biological determinism)이라고 한다. 생물학적 결정론에 의하면, 사실상 남자와 여자의 차이는 원천적으로 수정란의 성염색체의 성격과 태아의 호르몬합성의 차이, 이와 관련되어 발달하는 생식기의 차이, 그리고 사춘기에 나타나는 여러가지 성징(性徵)의 차이 등에 의해 결정된다. 그리고 후천적으로 발달하는 남녀의 성적 특성, 취미, 기질, 인성 및 성역할들은 모두 이와 같은 생물적·생리적 차이에서 기인된다는 것이다. 그렇다면, 남성과 여성의 차이를 결정하는 생물학적 요인들은 무엇인지 구체적으로 살펴보기로 하겠다.

1) 성염색체

태아의 형성은 여자의 재생산세포 -난자-와 남자의 생식체 -정자-가 수정되면서 이루어지고, 이 순간의 성염색체(sex chromosomes)의 특성에 따라 남·녀가 결정된다. 이때의 난자와 정자는 각기 23개의 염색체를 가지며 합하여 46개, 즉 23쌍의 염색체가 된다. 그중 1쌍이 자손의 유전적 성 (genetic sex)을 결정하는 성염색체로 수정된 난자가 남아태아로 발전될 것인지 여아태아로 발전될 것인지를 결정하는데 일차적 역할을 한다. 여자의 난자는 항상 성을 위한 X염색체만을 소유하는 한편, 남자의 정자는 X나 Y염색체를 갖고 있다. 만일 X소유의 난자가 X소유의 정자와 수정할 경우의 유전적 성별 유형은 여자(XX)태아를 위한 수정이 되며, Y염색체 소유의 정자와 X소유의 난자가 수정할 경우에는 남자(XY)태아를 위한 수정이 된다. 다시 말해서 유전학적으로 정상적인 남자의 성염색체는 1개의 X염색체와 1개의 Y염색체로 구성되는 한편, 유전적으로 정상적인 여자의 성염색체는 2개의 X염색체로 구성된다. 따라서 태아의 성은 결정적으로 아버지의 유전적 기여에 의해 좌우되는 것이다.

2) 성호르몬

태아의 성분화과정은 대략 태아발달의 제6주부터 시작하는 것으로 보고되고 있다. 제6주까지의 수정란, 곧 배아(胚芽)는 그것이 XX이든 XY이든 성적으로 양성(兩性)의 잠재력을 가진 채 해부학적으로 동등하다. 제6주부터 Y염색체를 갖는 XY배아가 연쇄적 반응을 일으킴에 따라 남아태아를 인지할 수 있는 발달이 진행된다고 한다. 이때에 H-Y항원(抗源, antigen)이라는 단백질생산을 자극하는데 이 H-Y항원이 태아의 고환(fetal testes)형성을 증진시키고, 이 태아고환은 안드로겐(androgen)이라는 성호르몬(sex hormones)을 합성하기 시작한다. 두 가지 가장 중요한 안드로겐은 MIS와 테스토스테론(testosterone)이다. 테스토스테론은 남성생식기관의 성장에 기능적이다. 그리고 제8주가 되면 페니스(penis)와 음낭(scrotums)이 발달한다.

한편 최근의 연구에 의하면 XX배아의 생식선(生殖腺)은 XY배아가 테스토스테론을 생산하기 시작하는 같은 시기에 여성호르몬으로 알려진 에스트로겐(estrogen)을 합성하기 시작하며, 합성된 에스트로겐은 안드로겐이 남아생식기(male genitalia)에서 하는 기능과 같은 방식으로 여아생식기 발달에 기여한다.

3) 뇌의 구조

열등한 동물일수록 뇌(腦)의 크기가 작고 만물의 영장인 인간은 상대적으로 뇌가 월등히 크다고 하는 것을 우리는 상식으로 하고 있다. 그렇다면 여자와 남자의 뇌의 크기는 과연 대소의 차이가 있으며 또 이것이 남녀 지능의 차이와 관계가 있는 것일가 하는 문제는 자못 심각한 문제가 아닐 수 없겠다. 실제로 여자의 뇌가 남자의 뇌보다 작기 때문에 지능 면에서 열등하다는 주장이 19세기에 있었고 뇌의 크기를 몸무게로 나누어 그 수치로 지능을 측정하는 방법이 제기되기도 하였으나 모두 타당성이 희박한 것으로 더 이상 논의의 대상이 되지 못하였다. 그런데 최근 1960년대 후반에 대뇌의 좌우기능 분화현상(the phenomenon of brain lateralization) 혹은 뇌반구 이론을 주장하는 인간두뇌연구가 발표된 후 이 학설과 관련하여 남녀의 행위와 인성에 관한 가정과 논쟁이 새롭게 대두되었다.

이 연구를 주도한 스페리박사(Dr. Roger Sperry)에 의하면 인간의 뇌는 좌·우의 두 반구(hemisphere)로 나뉘어진다. 그리고 뇌의 각 반구가 각기 다른 기능, 다른 업무로 전문화되어 있다는 것이 그의 주장이다. 이러한 현상, 즉 뇌의 전문화를 반구비대칭(hemispheric asymmetry) 혹은 뇌기능분화(brain lateralization)라 한다. 두쪽 뇌의 기능분화 내용을 보면 우리 신체의 우측부분을 통제하는 것으로 밝혀진 뇌의 좌측반구는 언어구사 같은 기능을, 신체의 좌측부분을 통제한다는 뇌의 우측 반구는 시각적 투시능력에 해당하는 기능을 각각 담당하는 식으로 전문화되어 있다는 것이다.

그런데 이와 같은 뇌반구의 기능은 남성과 여성에 따라 어떠한 차이를 보이는가? 하는 의문이 생긴다. 스페리 박사를 주도로 하는 연구팀의 결과에 의하면, 여자는 언어능력시험에서 남자보다 높은 점수를 기록하는 경향이 있는 반면, 남자는 시각적-공간적인 업무 수행에서 여자보다 우월한 경향을 보인다고 하였다. 이러한 능력상의 성차이는 남녀 뇌의 차별적인 기능분화와 유관하다는 주장이다. 그러나 여자-좌뇌 지배적, 남자-우뇌 지배적이라는 이 연구결과는 아직까지 절대적이라고 할 수는 없는 상태이다. 스페리박사 자신도 건강한 남녀의 좌 ·우뇌의 반구는 독립적으로 기능하며, 그 어느 반구도 다른 한쪽의 반구보다 더 복잡하거나 더 중요한 것은 아니라는 부가적인 결론을 내리고 있다. 인간두뇌의 작용에 대한 과학적 연구는 지금도 진행중이며, 최종적인 결론에 이르려면 아직도 연구되어야 할 과제들이 아직도 많이 남아 있기 때문에 성차이에 따른 뇌구조의 차이를 지나치게 강조하기는 어렵다.

5. 성차이에 대한 이론적 관점

1) 사회생물학적 관점

사회생물학(sociobiology)은 1970년대 윌슨(Edward Wilson)이 주장한 이론으로써, 모든 형태의 사회적 행위는 생물학적 요인에 기초를 두고 있다는 점을 전제로 체계적 접근을 시도한 분야이다. 다시 말해서 자연 진화적 법칙과 생물학적·해부학적인 인간의 신체적 특성이 인간의 행위를 결정하고 지배한다는 관념을 고수하면서 이 원리를 기초로 하여 인류의 문화적 다양성과 적응성을 설명하고자 하였다. 인간의 섹스 및 성행위, 이타주의(altruism), 공격, 동성애 뿐만 아니라 성 차이에 관해서도 동일한 설명으로 일관한다.

가령, 남녀의 배우자 선택과 재생산 행위를 보면 유전자의 생존과 관련되는 인간 특유의 전략을 발전시켜왔다는 것이다. 즉, 비교적 극소량의 에너지 투입으로 수백만의 정자를 생산해낼 수 있는 남자는 그들의 유전자가 생존하는 기회를 극대화하기 위해 가능한 많은 여자에게 수태시키고자 하는 천부적인 성향을 발달시켜왔다. 이에 반하여, 재생산이라는 엄청나게 많은 시간을 소비하는 일을 감당하는 여자는 최상의 파트너를 선택하여 그들을 일부일처제로 유도하고자 하는, 즉 성적으로 선택받고자 하는 방향으로 발달되어 왔다는 것이다. 간단히 말해서 난자를 생산하고 태아를 임신함에 있어 정자를 생산하는 남자보다 여자 쪽이 더 많은 투자를 하는 전제하에서 성적 상대의 선택과 재생산 활동을 하는 남성과 여성은 차이가 날 수 밖에 없다는 점을 지적하고 있다. 또한 여자의 모성과 육아행위는 여자가 원래 그러한 행동을 좋아하는 성향을 타고났기 때문이며 현실적으로 대부분의 사회에서 신생아를 잘 돌보는 것은 일차적으로 여자라는 사실이 이를 입증한다고 주장하고 있다. 이와 마찬가지로 성별에 따른 노동의 분화, 성의 다양성에 대한 남자들의 선천적 욕구 등도 모두 유전학적 기초를 갖는 인간의 보편성이라는 것이 사회생물학자들의 주장이다.

정신분석학의 대가인 프로이드(Freud)는 남성과 여성의 차이는 생물학적 차이에 기인한다는 생물학적 결정론을 주장하였다. 즉, 남성과 여성은 신체적 구조 및 재생산 기능 등에 근본적인 차이가 있으며, 이러한 신체적 해부학적 차이는 성격형성과 사회적 역할에까지 영향을 끼친다는 것이다.('Anatomy is destiny'). 따라서 남성과 여성의 성 차이는 단순히 한 시대적인, 혹은 어떤 특정지역에서만 볼 수 있는 현상이 아니라, 역사적으로 그리고 공간적으로도 보편성을 띄면서 줄곧 존재해왔다는 것이다.

생물학적 차이는 기질의 차이의 원인이 되는데, 여성은 수동적이고, 감성적이며, 의존적인 기질을 가지고 태어나며, 남성은 능동적이고, 이성적이고, 자립적인 기질을 갖게 된다는 것이다. 이러한 양성간의 기질적 차이는 피할 수 없는 운명적인 것이며, 이러한 차이가 바로 성격이나 지적발달의 차이를 낳게 되고, 결국 가족이나 사회생활에서의 다른 역할과 지위를 부여 받게 된다는 것이다. 프로이드가 지적한 여성심리의 특징으로는, 피학성(machochism), 수동성(passivity), 허영과 질투심, 그리고 자아도취성(narcissism) 등이 있다.

2) 사회환경적 접근

사회 환경적 접근은 남성과 여성의 차이는 태어나는 순간부터 진행되는 사회화과정을 통한 양육의 결과라고 본다. 성기관이나 호르몬체계 등 일부의 생물학적 차이는 인정해야 하지만, 실제로 사회속에 나타나는 행동, 역할 및 지위의 차이는 생물학적 요인보다는 후천적인 사회 환경요인들에 의하여 결정되는 경우가 더 많다고 주장하는 이론이다. 따라서 성역할은 한 개인이 존재하는 사회의 틀안에서 정의되며, 여성 혹은 남성의 역할을 규정하는 것은 사회적으로 구성되는 실재(social construction of reality)라고 할 수 있다.

성역할은 문화적인 다양성과 가변성을 내포하고 있다. 우리 사회에서 인식되고 있는 이원화된 성역할은 남자와 여자에 대하여 각각 남자답고 여자다운 행동을 하기를 기대한다. 그러한 기대에 근거하여 남성적 역할은 독립성, 공격성, 강인함, 지배적 성향을 포함하는 일련의 성취 지향적이고 도구적인 특성(instrumental characteristics)을 가진 행위들로 구성된다. 이에 반하여, 여성적 역할은 표현적 특성

(expressive characteristics)으로 대표되는 양육, 감정, 따뜻함, 보살핌, 배려, 감수성과 같은 매우 내면화된 수동적이고 복종적이며 소극적인 태도와 행위들로 기대된다. 이러한 기대에 부응하여 행해지는 이원화된 성역할은 지금까지 우리 사회에서 너무나 당연한 사실로 수용되어 왔다.

그러나 성역할은 반드시 생물학적인 성과 동일하지는 않으며, 또한 일반적으로 남성다운 남자와 여성다운 여자가 모든 문화에서 한결같이 평가되고 적용되는 것은 아니다. 실제로, 성역할 정체성은 다양한 문화나 시대에 따라 표현양식이나 행위, 언어 등이 다르다는 사실을 입증한 사례들이 많다.

인류학자 미드(Mead)는 1935년에 뉴우기니아의 100마일 이내에 서로 인접하고 사는 세 부족을 현시 조사한 결과 "세 부족사회의 성과 기질"(sex and temperament in three primitive societies)이라는 책을 출간하였다. 미드가 탐방한 세 문화는 아라페쉬(Arapesh), 문두구모르(Mundugumor), 챔불리(Tchambuli)였는데 이들 문화에서는 남성다움, 여성다움으로 분류되는 특성들이 서로 다르게 분류되고 있었다. 연구 결과에 의하면, 세 부족 중 아라페쉬(Arapesh) 족은 남녀 모두가 우리의 기준으로 볼 때, 여자에 해당하는 기질과 역할을 하고 있었다. 남녀 모두 고분고분하고, 온화하고, 모성적이고, 비공격적이고, 타인의 요구나 욕구에 매우 협조적인 반응을 보여 남녀사이의 기질이나 역할 차이를 찾아보기 힘들었다. 이에 반하여, 문두구머(Mundugumor)족은 남녀 공히 맹렬하고 호전적이며 경쟁적인 기질을 보이고 사육제나 헤드헌팅을 즐겼다. 한편, 챔볼리(Tchambuli)족은 남녀의 기질은 서로 다르다는 전제를 하고 있으며, 우리가 생각하고 있는 성역할의 반대였다. 여자는 농사를 짓고 씩씩하며 사무적이고 동요애가 깊고 현실적 감각이 뛰어나고 치장도 하지 않는다. 반면에, 남자는 장식을 좋아하고, 예술에 몰두하여 머리치장을 요란하게 하며, 주요 관심은 여자와의 연애관계이며, 남자들끼리 수다를 떨면서 지낸다는 사실을 발견하게 되었다. 미드는 자신의 연구를 통하여 남성과 여성의 차이는 단순한 신체적 구조에서 기인된다기 보다는 환경적 영향이 더욱 중요하다고 강조하였다. 그리하여 문화란 바뀌질 수 있는 것이기 때문에 남녀의 역할과 기질도 바꾸어 질 수 있는 유동적이란 것을 뒷받침하는 강력한 증거를 제시하였다.

02장 성과 성역할

1. 성과 젠더

성에 대한 보다 정확한 지식을 갖기 위하여서는 심리적이거나 일상적인 관습적인 판단이나 선입관을 떠나 보다 객관적이며 과학저인 고찰과 근거를 통하여 성의 본질과 성 차이를 이해해야 한다.

남성(maleness)과 여성(femaleness)에 대한 정의, 남자와 여자의 구분과 관련하여 현대사회학자들은 두 가지 개념을 사용한다. 성개념은 일상생활에서 흔히 혼란을 불러오는 경우가 많은데 이는 성개념이 어떤 사회현상과 관련하여 사용되는가에 따라 다른 의미가 함축되는 다의적 개념이기 때문이다. 성을 지칭하는 두 가지 용어는 섹스(sex)와 젠더(gender)이다.

일반적으로 성을 지칭하는 섹스란 용어는 다시 두 가지 다른 의미를 갖는다. 그 하나는 생물학적 특징들을 포괄적으로 함축하는 의미의 남·녀 구분(male, female)을 지칭하는 것과 다른 하나는 성애(性愛)나 성욕과 연관된 행위 일반을 의미하는 성개념이다. 물론 이 두 가지 성개념은 생물학적 의미를 강하게 내포한다. 전자가 남녀가 태어날 때부터 가지고 있는 생식기와 그 기능에 관한 차이에 기초하는 것이라면, 후자는 육체적 욕구와 물리적인 신체의 행동을 언급하는 것이다. 그러나 여기서 엄밀하게 말하면 성행위는 생물학적 특징을 전제로 하면서도 많은 부분 문화적인 요소가 개입된다는 사실을 인정해야 할 것이다.

이와는 달리 젠더는 심리학적·사회학적으로 출생 직후부터 타인들의 보호와 상호작용 속에서 언어습득과정이나 기타 사회화과정을 거치는 동안 유아 스스로가 성에 대한 자기 인식을 시작하면서, 성적인 자기 동일성 혹은 성적 자아정체성(self-identity)을 확인할 때 형성된다. 그리하여 자신을 남성 혹은 여성으로 인식하게 되면서 남성성(masculinity), 여성성(femininity)으로 구분되는 개념이다. 그러므로 젠더는 사회적·후천적으로 획득한 행위양식이나 사회적 역할과 매우 밀접한 관계에 있는 성개념이다.

요약하면 우리가 흔히 사용하는 성에 대한 표현에는 섹스(sex)와 젠더(gender)라는 두 가지가 있다. 섹스는 남녀의 생물학적 특징과 성애적 행위를, 젠더는 후천적으로 획득한 성적 자아정체성과 사회적 역할을 각각 일컫는 용어이다. 전자를 생물적 성, 후자를 사회적 성으로 분류하기도 한다. 섹스는 거의 대부분 생물학적인 성과 일치하지만, 젠더는 반드시 생물학적 성과 일치하지는 않으며, 또한 항상 이원화되는 것도 아니라는 점을 기억해야 한다.

2. 성역할과 고정관념

우리 사회에서 성역할에 대한 시각은 매우 고정적이다. 전통적으로 남성의 역할과 여성의 역할은 이분화되어 왔으며, 이러한 이분법적인 사고는 기존의 성역할을 더욱 유지시키는 순환적 관계를 보여왔다. 흔히 고정관념에는 몇 가지 위험적인 요소가 있다. 첫째, 고정관념은 사실이나 대상들을 획일화시켜 단순하게 만듦으로써 실제를 왜곡시킬 위험이 있다. 예를 들면, '남성이 여성보다 능력이 많다'라는 결론은 과학적인 증거에 의하기 보다는 고정관념이 만들어 낸 것이다. 둘째, 상이한 집단들 간의 차이는 과장하고 동일한 집단내의 차이들은 최소화시키는 경향이 있다. 가령, 남성과 여성은 매우 다르며, 여성의 개인적 차이는 인정하지 않는 경우이다. 그러나 이러한 고정관념은 실은 남성과 여성의 차이보다, 여성내의 개인적 차이가 더욱 큰 경우가 허다하다는 사실을 왜곡시키키기 쉽다. 셋째, 집단에 대한 사회적 편견과 차별을 정당화시킨다. 가령, '여성에게는 직장생활이 적합하지 않다'라는 전제를 정당화시키는 도구로써 고정관념이 쓰인다.

그러나 앞에서 보았듯이 성역할은 상황에 따라 바뀔 수 있는 가변성과 다양성을 가지고 있다. 그렇다면 이러한 남성과 여성의 성역할에 대한 고정적 관념의 근거는 무엇인가가 매우 궁금할 수밖에 없다.

1) 남자-수렵자 이론(Man-the Hunter Theory)

최근까지의 산업사회에서 확립된 남녀 양성의 역할구성을 보면 여자는 가정 내에서 임신과 출산, 그리고 육아 및 가사노동의 역할을 맡는 것이 매우 당연한 일로 여겨져 왔다. 한편, 남자는 보호자·식품공급자로서 가족의 대표로 공적 역할을 수행하도록 역할분담이 이원화되어 있다. 이와 같은 양성체계와 이원적 역할구도, 즉 여자-표현적 역할, 남자-도구적 역할의 이중구조는 소위 <남자-수렵자 이론(Man-the Hunter Theory)>에서 그 정당화를 찾는 듯하다. 이 주장대로라면 그것은 역사적·문화적으로 보편적인 현상이며, 대부분의 사회에서 이를 당연한 것으로 경험하고 또 실천해왔다는 것이다. 즉 남자들은 역사이전 시기에서 부터 집단적으로 사냥을 하면서 여자들과 아이들의 식량공급자・보호자로서 역할을 수행해 왔으며, 언어나 물질적・기술적 발명도 사냥활동을 통해 가능했었다는 가정 위에서 전개되어 온 주장이다. 그 주장의 일부를 옮겨 보면 다음과 같다.

수렵채취사회에서 남자는 수렵을 하고 여자는 집에 머문다. 이 강한 편파성은 대부분의 농업사회와 공업사회에서 지속되고 있으며, 이 근거 위에서 유전학적 기원을 갖는 듯하다. 유전학적 편향성은 강렬해서 가장 자유롭고 평등한 미래사회에 있어서조차 실질적인 노동분화를 초래하기에 충분하다. 동일한 교육과 모든 전문직에 동등하게 접근한다손 치더라도 남자들이 정치생활, 기업 및 학문 분야에서 불균형한 역할을 계속 수행할 가능성이 높을 것이라는 생각이다(Wilson, 1978, Doyle & Paludi, 1985:87에서 재인용).

2) 모중심 공동체이론

앞의 학설과 정반대 입장에 선 페미니스트들의 연구를 비교해보기로 하자. 이들의 가정에 의하면 인류발달 초기의 인간공동체는 모-자녀간의 유대와 형제들 간의 유대를 중심으로 하는 이른 바 모중심(matri- focal)공동체로 협동적이고 융통성있는 단위였다. 뿐만 아니라 여자들은 오늘날 보편적으로 인식되는 바와 같이 수동적・의존적이 아니었으며, 일상생활의 편의와 생산활동을 돕는 여러 도구(호미나 운반장비 등)를 만들 정도로 능동적인 식량공급자들이었다. 페미니스트들은 이와 같은 주장을 제기하면서 인류역사와 성역할과 관련하여 뿌리깊은 남성 중심적 편견을 일축하고 있는 것이다.

모순적인 이상의 두 이론을 종합적으로 이해해 본다면 남녀 양성은 생존투쟁과정에서 다함께 능동적으로 생산활동 및 수렵채취 활동에 참가했을 가능성이 높은 것으로 생각된다. 따라서 적어도 초기 인류사회에서는 젠더불평등에 대한 가정은 해당되지도 발견되지도 않았다고 생각해 봄직하다.

그럼에도 불구하고 오랜 역사적 단계를 거쳐 바야흐로 21세기를 맞는 현대사회에 있어서도 성역할의 이원화현상은 크게 변하지 않고 있는 실정이다. 우리나라를 비롯한 중진국, 선진국 등 많은 나라에서 여자의 고등교육수준이 남자의 수준에 접근하고 있지만 기업체나 산업체의 최고경영인들과 정부행정기구의 고급관리들 중 여자의 비율은 남자보다 훨씬 밑돌고 있는 실정이다. 다시 말해서 이러한 현상은 권력과 위신이 부여되는 지위안배에 남녀의 차별이 존재한다는 사실을 의미하는 것이다. 법을 제정하고 집행하며, 경제를 운영하고, 의식과 이념을 성의하는 일들이 대부분 남성들에 의해 이루어지는 소위 남성지배문화가 많은 사회에서 오래도록 지속되어온 것이 사실이다. 그러나 이원화되고 상하관계로 구조화된 젠더의 역할과 지위는 일반적인 사회현상으로 인식되어지고 있기는 하지만 보편적인 현상은 아니라는 것이 사회학적 진단이며 인류학적 조사내용이다. 그렇다면 이 지구상에 전통적이고 일반적인 젠더역할이 일상화되어 있지 않은 사회란 어떤 사회이며, 그것은 어떻게 가능한 것일까? 그리고 이러한 현상을 어떻게 이해해야 할 것인가?

3. 양성 개념과 성역할

급변하는 복잡한 사회적 상황에서는 남성과 여성의 역할을 뚜렷이 구분하는 일이 점차 감소하게 되었다. 따라서 많은 연구자들은 전통적인 성역할 구분은 더 이상 적합하지 않으며, 남성성과 여성성이 단일 차원의 양극을 표현한다는 전통적인 가설에 논란을 제기하고 있다. 양성성에서는 결정적이고 단호한 목적을 위해서는 남성적 행동을, 표현적인 목적을 위해서는 여성적 행동을 수행해 나가는 것이 주어진 상황에서 요구되는 가장 효과적이고 적절한 행동을 할 수 있다고 주장한다.

1960년대 후반부터 생물학적 성의 차이와 사회적으로 부여한 성역할에 대한 다양한 논쟁들 속에서 새로운 접근이 시도되었다. 즉 성역할 지향을 측정하면서 남성성과 여성성을 모두 고려하는 양성적 모델이 소개되었다. 이 시각에 의하면 남성성(masculinity)과 여성성(femininity)은 동일 차원의 상호 배타적인 퍼스낼리티의 특성들로 구성된 것이 아니다. 남성성과 여성성의 심리학적 특성들은 상호 분리 가능하며 또 겹쳐질 수 있는 두 개의 독립적 차원으로 간주될 수 있다. 다시 말해서 누구나 이 두 부류의 특성을 다 가질 수 있되 한 특성이 강할 수도, 약할 수도 있으며, 또한 누구나 동시에 남성적이면서 여성적일 수 있다는 것이다. 융(Jung)도 "인간은 본질적으로 양성적 존재"라고 주장하였다. 외면적인 모습은 우리의 의식 속에 있지만, 무의식 속에는 표현되지 못한 우리의 모습들이 잠재되어 있다. 그리하여 외형적으로 여성적인 사람은 무의식 속에는 남성적인 영혼 아니머스(animus)가 잠재되어 있고, 남성적으로 보이는 인간은 무의식 속에 여성적인 영혼 아니마(anima)를 가지고 있다고 하였다.

샌드라 벰(Sandra Bem, 1974)은 BSRI(Bem Sex Role Inventory)라고 불리는 양성성을 측정하기 위한 척도(androgyny scales)를 개발하였다. 이것은 사회적으로 바람직한 남성적, 여성적, 중성적인 특성을 말하는 형용사 60가지를 동원하여 각각 1점(전혀 혹은 거의 진실이 아닌)에서 7점(항상 혹은 거의 항상 진실인)까지의 정도를 허용하여 각자의 특성을 측정해보도록 고안된 것이다. 예를 들면, BSRI 척도는 다음과 같이 작성된다.

(예) 매우 공격적이다 ______________________ 전혀 공격적이지 않다.
1, 2, 3, 4, 5, 6, 7

매우 의존적이다 ______________________ 전혀 의존적이 아니다
1, 2, 3, 4, 5, 6, 7

매우 친밀하다 ______________________ 전혀 친밀하지 않다
1, 2, 3, 4, 5, 6, 7

이 측정에 따라 결과로 나타나는 점수를 합산해 볼 때 역할지향의 네 개의 유형으로 분류할 수 있다. (1) 양성적(남성적, 여성적 항목들의 점수가 모두 높음), (2) 여성적(여성적 항목들은 점수가 높고 남성적인 항목들은 낮다), (3) 남성적((2)와 반대), (4)미분화적(남성적, 여성적 항목들의 점수 모두 낮음) 등이다.

위의 BSRI 측정결과를 놓고 보면 우리들 각자는 지금까지 전형적으로 여성적(의존적, 표현적, 수다스러움 등), 혹은 전형적으로 남성적(공격적, 독립적, 지배적 등)이라고 생각해 왔던 퍼스낼리티 특성들은 지나치게 이분화된 고정적 특성들이었음을 알게 된다. 실제로는 남성적 성고정 역할의 대표적 요소가 가족을 위한 "재정적 공급자"일지라도 많은 여자들이 이 역할을 수행하고 있다. 그러므로 다양한 성역할의 고정적 특성들을 어느 한 성에만 결부되는 것으로 규정하는 일은 더 이상 있을 수 없으며, 또 있어서도 안된다는 사실을 우리는 이해하게 된다.

03장 성역할의 사회화

사회가 요구하는 성역할에 부응하기 위하여 사람은 자신의 성에 대한 정체감을 확보하게 된다. 특히 어린 시절부터 인간은 자신의 성에 적절한 행동을 하면 격려를 받고, 부적절한 행동을 하면 억제 또는 제지를 받으면서 성장한다. 그러므로 성역할의 습득은 사회화 과정을 통하여 획득하게 되는데 이러한 사회화 과정은 인간성장과정에서 매우 중요하다. 성역할의 사회화과정을 설명하는 대표적 이론에는 몇 가지가 있다.

1. 성역할의 사회화 이론

1) 정신분석이론

프로이드는 성역할에 대하여 동일시 이론을 주장하였다. 즉 성역할의 습득은 바로 동일시(identification)과정을 통하여 형성된다는 것이다. 정신생활의 기본원리는 성본능에 의하여 지배되고 유아기의 무의식적 경험은 성인기로 연장되면서, 모든 동기나 감정 등이 성본능중심적인 심리적 상태에 의하여 형성된다고 본다. 가령, 2-3세의 유아는 부모에 대한 성적 욕망을 강하게 느끼며, 아들은 아버지와 경쟁의식을 느끼면서, 어머니에게 강한 애착을 느껴 독점하려고 한다. 그러나 성장하면서, 아버지가 벌을 내릴까봐 그리고 어머니의 사랑을 잃을까봐 두려워하게 되고, 이 두려움 때문에 자신의 성과 같은 부모와 동일시하고자 한다. 이러한 과정에서 여자아이들은 주로 사랑의 상실에 대한 두려움으로 인하여 어머니에게 의존하는 '의존적 동일시' 형태이고, 남자아이는 강한 존재(대개는 아버지)로부터 보복을 당할지도 모른다는 두려움으로 인하여 '방어적 동일시' 형태를 보여 준다.

이러한 동일시과정은 성적에너지(libido)가 활성화되는 약 4세가량부터 나타나며, 아동은 무의식적으로 자신의 자아상을 형성하게 된다. 5-6세경이 되면, 부모로부터 칭찬을 받기 위하여 아들은 남성다운 아버지의 행동을 보여주고, 딸은 여성적인 어머니를 따른다. 아동들이 7-13세경이 되면, 실질적인 남성 혹은 여성의 역할을 배운다. 다시 말하면, '동일시' 현상은 아동이 부모를 모델로 삼아 자신의 성적 자아정체감을 무의식적으로 형성해가는 과정을 말한다.

2) 자아발달이론

에릭슨은 신프로이드 학파에 속하는 대표적인 학자로써, 사회문화적 요인의 중요성을 지적하면서, 생물학적 요인과 사회문화적 요인의 상호작용적 측면을 강조하였다. 즉 건강한 자아발달을 이루기 위하여서는 무엇보다 생물학적, 심리적, 그리고 사회문화적 영역이 유기적이고 통합적으로 발달해야만 한다고 하였다.

에릭슨에 의하면, 여성과 남성은 생식기관의 차이가 있으므로, 역할을 선택하는데도 당연히 차이가 날 수 밖에 없다고 하였다. 즉 생물학적인 차이는 여성과 남성에게 각각 다른 역할을 요구하고, 이러한 요구를 충족시켜야만 건강한 자아발달이 이루어진다고 보았다. 특히 여성은 재생산역할을 통하여 모성애, 혹은 모성의 역할을 성취할 때 비로소, 자아정체감을 성취할 수 있다고 하였다. 이에 반하여 남성은 해부학적 특성상 생식기관의 체외 노출로 인하여 항상 자신의 주변 환경을 통제하고자 하는 욕구가 있다고 보았다. 그리하여 주변(특히 여성)을 지배하고 통제하는 행동양식을 발전시키면서, 자아정체감을 획득하게 된다는 것이다.

여성성에 대한 부정적 시각을 보였던 프로이드에 비하여, 에릭슨은 보다 완화된 긍정적 시각을 제시하기는 하였지만, 그래도 여성의 역할은 모성에 초점을 둠으로써 결코 생물학적 한계를 벗어날 수 없음을 재확인하였다는 점에서 크게는 생물학적 결정론의 틀을 탈피하지 못하였다.

3) 사회학습이론

행동주의 접근을 시도하였던 왓슨(Watson)과 스키너(Skinner)의 연구가 인간의 사회적 행동을 연구하는 새로운 시각으로 주목을 받게 되면서, 성역할도 학습을 통하여 습득되는 행동이라는 주장이 새롭게 제기되었다. 행동주의는 인간의 사회적 행동은 환경이라는 자극에 대하여 민감한 반응을 보이며, 인간이 특정 행동을 학습하는 것은 환경으로부터 지속적인 강화를 받은 결과로 본다.

사회학습이론에 의하면, 특정 상황에 적합한 행동이 보상을 받으면 지속되고, 부적합한 행동은 처벌을 받음으로써 중지된다는 것이다. 따라서 남아나 여아가 자신에게 적합한 행동을 하면 부모나 주변사람들은 칭찬과 격려를 하는 등 긍정적인 보상을 주지만, 그렇지 않을 경우에는 벌을 준다(Frieze et al, 1978). 예를 들면, 공격행동의 모방은 남아가 여아보다 잘하지만, 여아에게도 강화를 주었을 경우, 모방량의 남녀차이는 없어졌다(Bandura, 1977). 즉 여자도 공격행동의 모방성을 갖고 있지만, 사회적으로 적절한 기대수준에 부응하기 위하여 또는 사회적으로 억제되기 때문에 단지 표현되지 않을 뿐이다.

사회학습이론의 가장 기본적인 기제는 강화로써, 어떠한 행동을 유지시키거나 그 발생빈도를 증가시키는 자극을 말한다. 가령 남아가 여아처럼 수줍어하면, "남자답지 못 하다"라는 핀잔을 주지만, 똑같은 행동을 여아가 할 때는 오히려 "얌전하다"라는 긍정적 평가를 하는 것 등이다. 이러한 강화기제와 더불어 모델링은 아동들이 관찰과 모방을 통하여 학습을 하는 과정을 말한다. 이러한 모델링에서도 아동은 자신의 정체감에 적절한 행동을 선택한다.

4) 인지발달이론

인지발달 이론은 스위스의 심리학자 삐아제(Piaget)의 연구에서 출발하였다. 삐아제의 이론에 의하면, 인간은 단순히 외부 자극에 대한 반응자 또는 무의식적인 동기를 지닌 존재가 아니며 성장해 감에 따라 자신의 세계를 능동적으로 구축해 나갈 수 있다고 본다.

삐아제의 이론은 콜버그(Kohlberg)에 의하여 본격적으로 발전되었다. 콜버그는 성역할의 사회화는 아동의 인지적 판단의 발달 정도에 의하여 이루어진다고 보았다. 아동은 일정한 연령에 도달하면 인지능력이 발달되고, 자신의 성을 인지적으로 구별할 수 있게 되어 적절한 성역할과 행동을 습득한다. 아동의 인지적 판단은 4세 정도에서 시작되어 6-7세경에 완결된다. 따라서 아동이 6-7세에 이르면, 성별의 정체감을 명확히 나타내고, 성에 적절한 행동을 선택하고 동성의 친구를 구하여 놀려고 하며 상이한 성역할에 대해 이해하게 된다.

인지적 발달이론은 아동의 성역할 형성과정을 동일시현상이나 사회 문화적인 차이로 보지 않고, 경험을 통한 인지발달의 결과로 본다. 콜버그는 성역할 획득과정을 다음과 같이 단계적으로 제시하였다.

(1) 1단계: 성정체감 출현

약 2-3세가량 되면, 아동은 자신의 성별을 알게 되고 주변 사람들도 남성 아니면 여성으로 구분하기 시작한다. 차츰 자신의 성은 평생동안 변하지 않는다는 사실도 깨닫게 되면서 남성과 여성을 범주화하여 각각의 성에 적절한 정보를 수집하고 고정관념에 근거한 자신의 성정체감을 굳혀간다.

(2) 2단계: 성고정관념의 형성

아동의 성정체감이 안정이 되면, 부모, 주변사람, 대중매체 등을 통하여 나름대로의 성고정관념이 형성되게 된다. 무엇이 여성적이고, 무엇이 남성적인가에 대한 인지가 이루어지면서, 이러한 인지는 아동이 다양한 행동과 태도와 관련된 가치체계를 발달시켜 자신의 성과 같은 어떤 개인의 행동을 모델화하기 시작한다.

(3) 3단계: 성역할의 선호성

아동은 같은 성의 부모와 감정적인 애착을 발달시킨다. 이러한 애착은 미래의 모방행동과 역할구조로 이어지면서, 비로소 자신에게 적합한 역할을 선택하고 그러한 역할을 더욱 강화시켜 나갈 수 있는 인지적인 개념을 형성하게 된다.

2. 성역할 사회화의 대행자

성역할에 대한 논의가 더욱 진전됨에 따라서, 성역할 습득과정의 중요성이 부각되기 시작하였다. 성역할은 흔히 말하는 '사회화'과정을 통하여 습득된다는 것이 대부분의 학자들의 주장이다. 생물적 유기체로서 유아가 자신이 태어난 사회의 성숙한 구성원으로 되는 것은 사회화라는 과정을 통해서이다. 사회화(socialization)란 그 사회의 규범, 가치, 기대 등이 어린이의 마음과 행위에 내면화되고 통합되는 과정을 말하며, 이 과정은 한 개인의 성장기는 물론이고 일생을 통하여 그가 상호작용하는 중요한 타자(부모, 교사), 일반화된 타자(이웃, 공동체, 팀), 학교, 종교 및 매스미디어의 힘 등의 영향으로 계속 진행된다. 여기서 우리는 사회화의 여러 가지 내용 중 성역할에 초점을 두고 어린이가 성역할을 습득하게 되는 주요 방식 및 사회화대행자들의 기능을 살펴보기로 한다.

1) 부 모

유아가 탄생하는 순간에 병원에서 확인된 외부적 생식기의 성에 따라 성별판정이 나면서부터 부모들은 이 선언을 그대로 수용하고 자신의 신생아 자녀들을 생물적 성에 어울리게 다루고, 키우고, 가르치기 시작한다. 남아는 보다 강하고 보다 빈틈없어 보이는 한편, 여아는 보다 부드럽고 작고, 예뻐 보이는 것이다. 사실상 신생아는 병원자료에 의하면 남녀 간의 신체적 차이가 드러나지 않는, 어떤 의미에서 중성적이라고 하지만 부모들은 차이가 존재하는 것으로 믿고 아들과 딸을 다르게 다룰 가능성이 높을 뿐만 아니라 실제로 어김없이 그렇게 하고 있다.

대체로 이 세상의 부모들은 딸들을 아들보다 더 보호하고, 더 자주 말을 시키며, 더 화사한 옷을 입히고 최소한의 활동을 요하는 장난감, 인형 같은 것과 놀도록 하며, 집안의 자질구레한 일을 배당하는 반면에, 아들들에게는 이와 전연 다르게 거칠게 다룰 뿐 아니라 거친 놀이를 허용하고 튼튼한 옷을 입혀 마음대로 딩굴며 놀게 하고 장난감도 신체적으로 많이 움직일 수 있는 것을 주며, 문제해결기술을 담고 있는 일거리를 안겨주는 경향이다. 또한, 부모는 아들과 딸에 대한 기대치에 따라서 보상과 벌을 적절히 이용하여 아이들이 자신의 성역할을 습득하도록 영향력을 발휘한다. 부모는 아들이 자율적이고, 능동적이며 독립적인 모습을 보일 때 긍정적인 반응을 보이며, 심지어는 다소 공격적인 행동도 격려한다. 반면에 딸들에게는 조용하고 의존적이며 온화하기를 요구한다. 이와 같은 부모들의 자녀에 대한 취급상의 차이는 자녀들의 성역할 차이에 대한 기대로 이어지며, 이러한 기대에 따라 행동함으로 부모들은 다음 세대에 성역할 차이를 영구화하는데 결정적으로 기여하는 것이다.

2) 친구 및 또래집단

성역할에 대한 고정관념은 아이들이 성장함에 따라 친구 혹은 또래집단에 의하여 더욱 강화된다. 친구 혹은 또래집단이란 개념은 많은 유사한 가치와 행위 뿐 아니라 유사한 지위를 공유하는 사람들로 구성된 집단을 말한다. 청소년 또래집단은 한 사람의 일생에 있어 가장 강력한 사회화 대행자라 할 수 있다. 인생의 이 단계에 대부분의 10대 소년소녀들은 어떤 의미에서 자신의 가족들의 인정이나 수용보다는 그들의 또래집단의 인정과 수용에 더 마음을 쓴다고 할 수 있다. 또래집단의 중요성은 그 성원들에게 이 집단이 같은 연령의 친구들과 상호작용하는 방식, 적개심에 대처하는 방식, 지도자와의 관계정립 및 스스로 지도자가 되는 방식 등을 학습할 기회를 제공한다는데 있다. 나아가서 사회문제들을 다루는데 도움을 줌으로써 심리 치료적 기능을 어린이들에게 수행한다. 또래아이들과 토론하고 의사소통하면서 어린이는 동료아이들이 그들 자신의 문제와 갈등, 감정 등을 함께 나눈다는 사실을 인식하게 된다. 결과적으로 또래집단은 어린이가 그 자신에 대한 개념을 발달시키도록 돕는다. 예를 들면, 또래집단은 우선 그들이 입는 옷과 행위에서 유사성을 드러내며, 옷, 생활양식, 성적 활동의 면에서 서로 영향을 미친다. 이들 사이에 발생하고 이루어지는 많은 상호작용은 결과적으로 그들의 성역할 개념을 강화시킨다.

3) 학교 및 교육기관

보육원, 유치원, 혹은 초등학교에 들어가면 어린이는 부모 아닌 공식교육에 접하게 된다. 이르면 3세, 5세, 7세에 시작되는 이러한 공식교육에서 교사들이 제공하는 교육내용은 성별 사회화의 면에서 대부분 부모의 그것과 크게 다르지 않다. 부모들과 마찬가지로 교사들도 부지불식간에 소년들에게 남아다운 특성을 표출하는 행위, 공격적이고 독립적인, 문제해결의 학문적 행위를 강화하고 격려하는 경향인가 하면 소녀들에게는 의존적이고 단정한, 또는 비학문적인 행위에 대해 칭찬하거나 이를 강화하는 사실이 밝혀지고 있다.

우리나라의 교육은 평등이나 기회균등이라는 원칙적인 교육이념을 바탕으로 하고 있지만, 학교 행정조직이나 교과내용, 그리고 교사의 의식과 태도 등을 구체적으로 살펴보면, 여전히 성고정 관념에 근거한 성차별적 요소를 쉽게 발견하게 된다. 가령, 학생들에게 교재로 사용되는 책이나 도서관에서 접하는 숱한 책들 속에도 성역할 메시지가 전달된다. 남성인물이 보다 많이 등장한다든가, 남자등장인물은 능동적이고 능숙한 반면, 여자등장인물은 수동적이고 연약한 희생물로 그려진다.

4) 대중매체

성역할의 습득에 있어서 대중매체의 영향은 무시할 수 없다. 더 많은 유용한 지식들이 대중매체를 통하여 전달되고, 일상적이고 새로운 뉴스, 문화내용, 예술과 음악, 만화와 단막극, 영화와 코미디, 광고물, 그리고 교양강좌와 학습보조강의 등등 현대의 사회와 문화에 관한 헤아릴 수 없는 많은 양의 지식과 정보가 TV 등 영상매체를 통해 방영되면서 그 속에 나타나는 성역할에 대한 이미지도 자연스럽게 노출되고 있다. 남자는 공격적, 건설적이고 협력적, 생산적으로 묘사·연출되고, 여자는 수동적, 의존적이고 무능한 것으로 비치고 있다. 대부분의 광고물에서 여자는 외모에 지나치게 관심을 갖거나 집안일과 가족에 관심을 갖는 것으로, 남자는 일하고 놀고먹고 보살핌을 받는 입장으로 묘사되는 것 또한 지배적인 현상이다.

BSRI상의 남성다움, 여성다움의 특징들

남성다움	여성다움
자신의 신념을 지킴	애정적
독립적	공명적(共鳴的)
단호함	타인들의 욕구에 민감함
강한 퍼스낼리티	이해력있음
힘이 셈	동정심이 있는
지도력이 있음	상한 감정을 달래려 함
위험을 무릅씀	따스함
지배적	부드러운
분명한 입장을 취함	어린이들을 사랑함
공격적	상냥함
자기신뢰적	양보적
체력이 있는(강건한)	마음이 밝은
분석적	수줍음
쉽사리 결단을 내림	아양떠는
자족적	성실한
개인주이저	부드럽게 말하는
남성적	속기쉬움
경쟁적	어린애 같음
야심적	거친 언어를 사용하지 않음
지도자처럼 행동함	여성적

(Coleman, 1984:105에서 재인용)

제2부

사랑의 의미와 기술

04장 사랑의 본질과 의미

현대사회의 젊은 미혼남녀들은 사랑이 결혼의 전제조건이기는 하지만, 과거처럼 반드시 결혼으로 이어져야만 한다고 생각하지는 않는다. 사랑이 없는 결혼을 상상하기 힘들지만, 사랑이 곧 결혼이란 공식으로부터도 무척 자유로운 생각을 갖고 있다. 죽음을 앞두고 모든 사람이 머릿속에 떠올리는 것은 바로 "사랑" 일 만큼, 사랑은 우리의 인생에서 매우 소중하다.

그렇다면 사랑이란 도대체 무엇인가? 사랑이란 신비한 실체를 가진 인간의 감정으로, 세속적인 평가를 초월한 그 어떤 궁극적인 순수함을 내포하고 있다. 부드럽고 감미롭고 환상적인 감정을 함께 경험하는 관계를 사랑하는 사람의 관계라고 본다. 만약에 사랑관계에 물질적 이해나 성적 욕구가 지나치게 개입된다면, 우리는 그러한 관계를 사랑의 관계라고 생각하지 않으려고 한다. 그러나 사실상 사랑에 관한 우리의 감정은 사회적·물리적 세계에 뿌리를 박고 있음을 부인할 수 없을 것이다. 사랑을 신비하고 이상적인 형체로 생각하는 것 자체가 사랑은 문화적 구성물이라는 것을 입증해준다. 사랑은 역사적·시간적·사회적 상대성을 갖는 문화의 산물이다.

1. 사회변화와 사랑

사랑은 시간과 공간을 초월하여 항상 존재했었다. 그러나 시대와 문화적 차이에 따라 사랑에 대한 정의는 다양하였다. 어떤 시기에는 사랑이란 정신적인 고귀함을 의미하였고, 어떤 시기에는 사랑이란 육체적인 합일까지 포함하는 것을 의미하였다. 또한 사랑은 때로는 결혼의 전제조건으로 여겨지기도 하고, 다른 경우에는 결혼과 전혀 관계없는 것으로 받아들여지기도 하였다. 이러한 관점에서 사랑은 지극히 개인적이면서도 사회문화적이기도 하다.

부족중심적인 사회에서 사랑은 결혼하기 위한 원인이나 동기로 작용하지 않았다. 결혼은 사랑과 관계없이 친족 규율이 정하는 대로 치루어졌고, 결혼을 가족의 경제문제나 정략적 차원의 문제로 생각하는 사회에서는 사랑과 같은 개인의 감정은 거의 고려되지 않았다. 역사적으로 볼 때 소위 사랑의 혁명(love revolution)은 18세기에 시작되었고, 사랑이 인간의 감정을 본격적으로 중요시하게 된 것은 20세기이다. 오늘날 사랑은 두 사람이 결합하고자 하는 절대적인 이유이자 결과이기도 하다. 사랑의 완성은 결혼이고, 결혼의 성공은 사랑하는 사람과 일생을 함께 하는 것이다.

1) 고대사회

고대사회에서는 사랑은 정서적인 측면보다는 실생활에서 이루어지는 남녀의 결합과 관련이 된다. 이때 남녀의 결합은 종교적인 가치관에 따라 차이를 보였고, 경제적인 분배와도 깊은 관련이 있었다. 특히 인류의 초기단계에서는 높은 사망률과 낮은 기대수명으로 인하여 다출산을 중요시하였다. 출산의 중요성은 남녀간의 정서적 교류

보다는 성적행위로 표현되고, 임신과 출산의 성공을 기원하는 다양한 성적행위들이 종교적 의식과 더불어 보편화되었다. 즉 인류의 생식과 번성은 고대사회의 존재의 근간이 되고, 죽음이나 불임, 가난 등을 이겨나가는 원동력으로 자리 잡았다. 따라서 남녀간의 결합은 단순한 정신적 사랑보다는 육체적인 결합이 생산적이고 사회적으로도 유익하다고 보았던 것이다. 성서에도 언급되었듯이, 생식으로 이어지지 않는 일체의 성행위는 부도덕한 것으로 금지되기도 하였다.

고대사회에서의 사랑은 두 남녀간의 개인적인 교류가 아니라 두 인간집단사이에서 행하여 지는 교환적 수단이기도 하였다. 즉 한 부족에서 다른 부족으로 아들이나 딸을 내어 주는 것은 두 집단간의 관계를 밀접하게 만드는 수단이다. 서로간의 적대관계에서 동맹으로, 혹은 불신과 불안에서 신뢰의 관계로, 그리고 두려움과 소원함에서 친밀감과 공동체적인 관계로 발전되었다. 이러한 교류 속에서 사랑은 육체적인 결합이 선행되고, 두 집단간의 관계가 돈독해지면서 발전하게 되는 정서로 인식되었다. 사랑을 통한 결혼이라기 보다는 결혼을 통한 사랑의 실현이고, 남녀의 결합은 크게 보면 고대사회에서 이루어졌던 상호성에 기초한 교환행위들 중에 한가지 양상에 불과한 것으로 보인다.

2) 그리스-로마시대

그리스와 로마시대에서 사랑은 정열적이고 세속적인 사랑보다는 초월적이고 철학적인 사랑에 대한 논의가 더 많았다. 사랑과 관련된 그리스와 로마의 신화는 적지 않다. 고대 로마의 사랑의 여신 비너스(Venus)와 그의 아들 큐피트(Cupid), 고대 그리스의 여신 아프로디테(Aphrodite)와 그의 아들 에로스(Eros) 등이 사랑이야기와 사랑을 표현하는 개념의 기원이다. 이 신화 속에서 사랑은 결혼과는 별개로 표현되고 있다. 가령 로마신화에서 결혼의 여신은 비너스가 아니라 제우스(Zeus)의 아내 헤라(Hera)였다. 실제로 그리스의 아내들은 집안에 갇히다시피 하여 가사에만 전념했을 뿐, 남자측의 사교와 정담은 이 목적 하에 훈련받은 고급창녀, 헤타에라에(Hetaerae)를 대상으로 집밖에서 이루어졌던 것이다.

로마에서는 사랑의 목적을 철저하게 경제적인 측면에 초점을 두었다. 어린 소년소녀들의 결혼은 부모들이 결정하였고, 당사자들의 의사에 의한 자유혼은 금지되었다. 또한 전성기에는 사랑을 육체적인 쾌락과 동일시하면서 다양한 성문화가 형성되기도 하였다. 이 시기의 사랑의 의미는 현대적인 의미가 아니라, 육체적인 성적 쾌락과 육체적인 아름다움을 찬미하는 미적 측면을 강조하는데 그쳤다.

한편, 플라톤은 사랑에서의 이성적인 측면을 강조하였다. 사랑은 자신과 상대방의 영적인 성숙을 불러일으켜야 하며, 단순한 육체적 욕망에 빠져서는 안 된다고 하였다. 이와 같은 사랑의 개념은 아테네인들의 동성애에 대한 호감에서 나타난다. 여성과 남성의 역할은 엄격하게 구분되었고, 남성들은 자신보다 어린 남성들에게 역할을 가르치면서 깊은 친밀감과 신뢰감을 가지면서 애정으로 이어졌다. 이러한 일종의 동성애적인 사랑은 이상적이고 자연스러운 사랑의 형태로 인식되었다.

3) 중세기

중세기에 접어들어, 종교에 의하여 인간의 욕구가 억압되면서 사랑의 형태도 변하였다. 특히 기독교는 신에 대한 사랑, 즉 아가페적 사랑을 가장 이상형으로 추구하였다. 에로적인 육체적 쾌락을 위한 사랑은 혐오의 대상이고 죄악시 되었다. 성관계는 교회의 승인하에 결혼한 남녀 사이에, 그것도 자녀출산의 목적으로 수행될 경우에만 죄가 되지 않으며, 그 이외의 모든 성적 관행들과 결혼외적인 이성(異性)간의 성행위나 동성애 등은 죄로 규정되어 규제의 대상으로 처벌되었다. 일반 서민층에서의 결혼은 주로 경제적 필요성에 의한 것이며, 아내의 역할은 인생의 동반자라기 보다는 그저 남편을 돕는 조력자일 뿐이었다. 귀족층에서는 자신의 가문의 유지, 재산증식 및 권력의 확장을 위한 것일 뿐 사랑과는 별개의 문제였으며, 남녀의 결합은 교회의 감시하에 엄격하게 도덕적으로 이루어졌다.

그러나 중세기 중반, 12세기경에는 기사도 정신을 중심으로 새로운 남녀관계가 나타났다. 중세 기사들이 상류계층의 귀족여인들에게 표현하던 사랑의 방식은 여성에 대한 새로운 태도를 보였다는 점에서 매우 획기적이었다. 기사들이 자신의 사랑을 상대 여성에게 호소하고, 그 여성을 위하여 복종과 충성을 맹세하는 모습은 오늘날 애정 중심적인 사랑의 의미의 시초로 볼 수 있다. 이러한 기사도적 사랑은 주로 상류계층의 귀족집안의 여성들만이 누릴 수 있었는데, 농민계급출신의 기사들이 세습적인 귀족계급으로 편입되기 위하여 스스로를 일반 군인들과 차별화하기 위한 행위로써 기사도정신과 여성에 대한 정중한 사랑의 표현을 시도하였다는 해석도 있다.

4) 근대

17-18세기에 이르러 중세사회구조가 변하기 시작하였다. 우선 세습적 가계가 붕괴하기 시작했는데 국가관료주의의 발생과 유급전문군대의 출현을 그 이유로 들 수 있을 것이다. 17세기 경 군주들은 정부관료들을 확충하여 귀족들로부터 분리될 수 있었으며. 소자영업자

들과 기업은 또 그들대로 자체의 공장과 사무실을 확보하기에 이르렀다. 이와 때를 같이하여 안식처로 가정이 등장하였고, 가정은 매우 사적인 영역으로 보호되기 시작하였다.

19세기경에는 진실한 사랑은 영원하며 결혼을 위한 평생의 약속으로 발전하게 된다. 농경사회가 무너지고 신분제도도 붕괴되면서 새로운 결합형태가 나타났다. 즉 두 사람의 마음이 합치된다면 낭만적인 사랑과 결혼도 공존할 수 있다는 믿음이 형성되었다. 또한 사랑은 정서적, 육체적, 그리고 사회적 차원이 상호작용함으로써 더욱 진실한 사랑으로 성장할 수 있다고 하였다. 드디어 결혼과 사랑을 동일시하기 시작한 것이다. 즉, 사랑이란 한 남자와 한 여자 사이의 상호 정서적 유대이며, 일생동안 지속하는 돌봄의 관계는 결혼을 통하여 이루어진다는 현대적 의미의 사랑이 등장한 것이다. 사랑의 결실로써의 결혼은 더 이상 정치적이거나 경제적인 교환의 수단이 아니라 결합자체가 목적이 되는 개인적 행위로 인식되기 시작한 것이다.

산업혁명이후 개인의 자유가 중요시되고 낭만적 사랑에 대한 강한 애착을 보이면서, 성과 사랑의 이분화된 관계는 사라지고, 서로 불가분의 관계에 놓이게 되었다. 그러나 농경사회가 무너지고 신분제도도 붕괴되면서 이러한 결합관계에도 새로운 변화가 나타났다. 즉 성과 사랑의 감정이 성숙하게 되면 결혼으로 이어지는 관계를 형성하게 되고, 사랑하는 사람과 평생을 함께 지내기 위하여 결혼을 한다는 낭만적 사랑이 압도적인 이상형으로 부각되기 시작하였던 것이다. “결혼과 관련된 규범적 사랑으로 길들여지게 된 것은 사랑 만들기의 주체가 남성에게서 여성에게로 옮겨진 것으로 본다. 개인주의적 사회경제질서로 재편된 산업사회에 들어와서는 오히려 사랑에 대한 여성들의 적극적인 욕망과 감정으로 이동하였으며, 동시에 사랑은 결혼과 점차 일치하게 되었다.”(우리사회연구회, 1994).

5) 현대

핵가족이 사회의 기본단위가 된 산업사회에서 여성들이 사랑에 집착하게 된 이유는 결국 산업사회의 구조적 상황 때문이다. 그러나 이러한 가족중심의 낭만적 사랑도 자본주의가 발전함에 따라 개인적 이익을 극대화하는 방향으로 흘러가면서 사랑과 결혼을 일치하는 추세로 바뀌었다. 사랑으로 맺어진 남성과 여성은 결혼을 통하여 남성은 생계담당자로, 그리고 여성은 가사전담자로 이분화된 역할을 맡게 되면서 여성의 경제적, 심리적 종속성을 더욱 가속화시키게 된 것이다. 결국 여성에게 있어서 결혼이란 평생의 삶을 좌우하게 되는 인생의 가장 큰 계기가 되며, 어떠한 남성과 사랑을 하여 결혼까지 이르게 되는가가 여성의 인생의 성공 혹은 실패를 결정하게 된다.

그러나 산업사회가 성숙해가는 후기에 접어들어서, 남성은 생계담당자, 여성은 가사전담자라는 이분법적인 성역할의 구별을 거부하고, 자신의 개성을 살릴 수 있는 남녀관계를 구축해 보려는 노력들이 나타나기 시작하였다. 게다가 페미니즘의 출현으로 이러한 움직임은 실천적 근거를 갖게 되면서 새로운 남녀관계를 시도할 수 있는 기회를 맞게 된 셈이다.

후기산업사회의 신세대들은 성, 사랑, 결혼의 삼각관계를 유기적인 연결고리로 생각하기보다는 각각을 따로 분리하여 인식하는 편이다. 즉 혼전관계가 반드시 결혼으로 이어져야 할 이유가 없으며, 성이 사랑을 전제로만 행하여져야 한다는 논리를 준수해야만 한다고 생각하지 않는다. 이러한 성, 사랑, 결혼의 분리현상은 의료기술의 향상(피임법과 낙태수술 등), 법적인 뒷받침(낙태의 합법화), 그리고 성의식의 개방화와 더불어 남녀관계에서 압도적인 추세를 보인다.

신세대들의 가치관을 살펴보면, 과거 산업사회의 낭만적인 사랑에서 벗어나 성적 쾌락 자체를 즐길 수도 있으며, 또한 그러한 행위에 대한 죄의식도 가질 필요가 없다는 인식이 주도하고 있으며, 이러한 인식은 상당히 일반화되어 가고 있다. 이러한 사회적 분위기에는 긍정적인 면도 있지만, 한편으로는 부정적인 결과도 초래한다. 가령, 성적인 만족을 우선하므로 감각적이고 물질적인 성관계만을 즐기게 되고, 각종 대중매체에서는 성을 상품화하여 이득을 추구하고자 한다. 남녀관계는 인간적이고 인격적인 관계라기보다는 순간적인 쾌락 위주의 임시적 관계로 이어지는 현상이 만연하고 있다. 급기야는 결혼이라는 제도조차 이러한 현상에 편승하여 마치 상품을 고르듯이 결혼시장에서 배우자가 일정한 물질적인 기준에 도달하면 정신적인 사랑에 관계없이 선택하여 결혼을 한다.

결혼은 더 이상 정신적 안식처를 제공하고 인간적인 상호관계를 맺을 수 있는 제도가 아니라, 풍요한 삶을 기약할 수 있는 물질적인 토대를 제공하는 제도로 전락하면서, 남성이나 여성 모두 이러한 목적에 적합한(외면으로는 극히 합리적인 선택이라고 볼 수도 있겠지만) 선택을 한다. 기성세대들은 이러한 신세대의 사고방식을 성문란 혹은 성의 아노미현상으로 비판하면서 사회변화 속에서 올바른 성문화가 정착되지 못하고 있음을 지적한다.

21세기의 정보화 사회에서의 성과 사랑, 그리고 결혼의 분리현상은 의료기술의 향상, 법률적 근거의 재구성, 그리고 성의식의 개방화와 더불어 더욱 가속화되는 경향을 보인다. 특히 여성의 학력과 경제활동이 더욱 증가하면서 직업은 필수, 결혼은 선택이라는 인식까지 확산되었다. 이와 동시에 결혼이라는 제도권적 틀에서 벗어나서, 살아보고 좋으면 결혼할 수 있다는 혼전동거를 허용하는 분위기이다. 성적 쾌락도 하나의 즐겨야 할 권리이며, 이러한 권리를 반드시 제도적인 틀 속에서만 찾아야 한다는 규범이 무너지고 있다.

따라서 남성과 여성의 사랑은 더욱 감각적이고 물질적인 관계로 나가고, 대중매체에서는 이러한 관계를 때로는 미화시키기도 함으로써 총체적인 남성과 여성의 사랑 및 결혼 관계는 새로운 인식을 필요로 하게 된 상황이다. 이러한 상황에 대하여 대부분의 기성세대들은 성의 아노미현상으로 비판하고 있지만, 그렇다고 이를 거부할 수 있는 뚜렷한 방안도 마련되어 있지 않은 실정이다. 그러나 현실적으로 남성에게는 비교적 성적 자유가 주어지고 여성은 억압되는 이중적 성도덕률도 동시에 발달함으로써 남성과 여성의 갈등이 시작된다. 특히 이러한 성의 이중구조는 남녀 모두 결혼에 성을 고착시키고자 하는 새로운 가족유형의 강화를 촉진시키고 특히 여자를 가내영역에 한정되는 지위에 머물도록 유도하였다.

6) 우리나라에서의 변화

우리나라에서도 개화기를 기점으로 유교규범이 지배하던 보수적 시대와 개방적 시대에 따라 사랑의 모습은 다르게 나타났다. 이러한 변화는 특히 1890년대 후반에서 20세기 초에 가장 심하였다. 전통적인 한국사회에서 가부장적 이데올로기와 남성중심주의는 여성의 억압과 종속을 전제로 하면서, 남녀간의 사랑을 인정하지 않았다. 부부간의 사랑은 유교적 규범에 따라 부부간에 지켜야 할 도리로 관습화되었고, 결혼은 가문간의 짝짓기이므로 개인적인 애정과는 무관하였다. 여성의 정절은 철저하게 지켜져야 하고, 일부종사는 여성의 성적인 자유를 통제하였다. 즉 결혼과 출산을 위한 성은 존재하였지만, 그것이 곧 사랑과 결합된 것은 아니었다.

그러다가 개화기에 이르러 서구사상이 밀려들어오면서, 자유연애사상도 관심을 얻게 되었다. 1989년 독립신문에는 “애국계몽, 부국강

병의 측면에서 보아 사랑과 결혼은 부강한 나라를 뒷받침하기 위한 안정된 제도로 정착되어야 하고, 이를 위해 자유연애 결혼은 권장되어야 한다"라는 기사가 올려졌다. 그러나 이러한 사회적인 주장에도 불구하고 자유연애는 부정적인 측면이 더 많았던 것도 사실이다. 개화기 지식인 남성들은 집안의 주선으로 중매결혼을 한 후, 유학이나 사회생활을 하면서 신여성을 만나 사랑을 하는 이중적 가족생활을 하게 되는 경우가 많았다. 이러한 부정적인 시각은 1960년대 까지도 여전히 이어지면서 기존의 윤리나 관습을 크게 벗어나지 못하였다.

1970년대 경제성장으로 인하여 전반적인 생활수준이 향상되었다. 이에 따라 여성의 교육수준도 높아졌고, 사회활동 참여도 활발해짐으로써, 남성과 여성이 자연스럽게 접촉할 수 있는 기회도 증가하였다. 많은 사람들이 사랑의 자유와 순수함을 추구하면서 낭만적 사랑을 통하여 행복한 가정을 꾸미고자 하였다. 이후 1980년대에는 남녀평등사상이 유입되면서 보다 휴머니즘적인 사랑을 이상형으로 생각하면서, 사랑은 배우자를 선택하는 가장 중요한 요인으로 자리 잡기 시작하였다. 드디어 우리 사회에서 사랑의 중요성이 강화되고, 남녀관계에서 우선시되기 시작하였다.

이와 같이 사랑은 시대적, 문화적, 사회적, 그리고 경제적 상황에 따라 그 모습을 달리 하였다. 사람들은 각각 자신에게 적절한 사랑의 색깔을 만들면서, 사랑을 추구해왔다. 비록 사랑이 다양한 모습을 가지고 끊임없이 변화하여왔다 할지라도, 사람들은 여전히 사랑이란 말 속에서 설레임, 기대, 욕망, 그리고 꿈을 꾸고 있다.

2. 사랑의 의미와 유형

1) 사랑의 의미

우리는 아주 어린 시절부터 사랑이란 단어를 들어왔다. 또한 소설이나 영화, TV속에서 가장 흔히 들을 수 있는 말이기도 하다. 사랑에 대한 막연한 기대는 현실화되었을 때 좌절과 실망을 가져오기도 하지만, 그래도 사랑이란 단어는 항상 많은 사람들의 마음을 설레게 하는 막강한 효력을 지니고 있다. 사랑은 발생하는 상황, 대상, 그리고 동기 등에 따라 각인 각색의 모습으로 다가 온다. 사랑은 거의 모든 사람이 직면하는 인생 과제이며, 누구나 간절히 성취하기를 바라는 염원이다.

사랑은 두 사람 사이의 상징적 유대관계를 맺는 강력한 상호작용이다. 흔히 사랑은 배우지 않아도 자연스럽게 느끼게 되는 감정이라고 한다. 인간의 마음속에 누군가를 사랑하고자 하는 감정이 내재되어 있다는 것이다. 그렇지만, 사랑의 대상이 구체화되면, 많은 노력과 정성을 쏟아야만 사랑이 유지될 수 있다. 따라서 성공적인 사랑에 이르는 방법은 개인적 성향이나 상대방과의 상호관계에 따라 다를 것이다.

사랑의 모습은 한마디로 규정할 수 없다. 각자가 사랑이라고 믿는 바가 바로 사랑이다. 그럼에도 불구하고 사회과학분야의 학자들은 '사랑'이라는 현상을 과학적으로 분석하고자 시도해왔다. 사랑의 특성은 무엇인가? 사랑이란 감정에 빠진 사람들은 어떤 행동을 하는가? 사랑의 핵심은 무엇인가? 등을 살펴보면서, 사랑의 속성을 파악하고자 한다.

사랑의 속성에는 사랑과 관련된 다양한 태도, 감정, 행동 등이 나타난다. 사랑에 빠진 사람은 상대방에게 긍정적이고 호의적인 태도를 보이며 열정적인 감정에 휩싸이고, 적극적인 행동을 통하여 자신의 마음을 전달하고자 한다. Rubin(1973)은 사랑의 감정을 4가지로 표현하였다.

① 상대방을 도와주고자 하고, 실제로 돌보는 것
② 상대방이 나를 생각해주고 나에게 마음 쓰기를 갈망하는 것
③ 서로 속 깊은 이야기를 털어 놓을 수 있을 만큼 상대방을 신뢰하는 것
④ 결점까지 포함하여 상대방을 너그럽게 수용하는 것.

사랑의 감정이 지나치게 되면, 사랑하는 사람의 생각과 행동을 제약하려 하고, 자신의 소유물로 만들고자 하는 부작용이 일어나게 된다. 이러한 부작용을 피하기 위하여 사랑하는 사람들은 먼저 개인적으로 성숙해야 한다. 자신이 성숙해야만 상대방을 이해하고 받아 들일 수 있기 때문이다.

페르(Fehr)가 제시한 사랑의 특성은 다음과 같다. 신뢰감, 충실성, 돌보는 것, 헌신, 정직성, 상대방의 방식을 받아들이는 것, 우정, 지지해 주는 것, 존중, 상대방과 함께 있기를 원하는 것, 상대방이 잘되도록 마음을 쓰는 것 상대방에 대한 관심 등이다.

프롬(Fromm)은 사랑이란 적극적인 과정이며, 끊임없이 학습하고 노력하여 개발되는 기술(art)이라고 하였다. 즉 모든 인간에게는 사랑할 수 있는 잠재력이 있다는 것이다. 그러나 그러한 잠재력을 개발하고 가꾸고 발전시켜 나가야만 사랑의 기쁨을 맛볼 수 있다고 하였다.

마슬로우(Maslow)는 사랑을 존재적 사랑(being-love)과 결핍된 사랑(deficiency-love)의 상반된 개념으로 구분하였다. 존재적 사랑은 자신보다는 사랑하는 이의 욕구와 성공에 관심을 두고, 상대방을 배려하

는 이기적이지 않은 사랑의 형태이다. 결핍된 사랑은 자신의 욕구와 성공이 더욱 중요하고 상대방도 자신의 즐거움을 위한 대상으로 생각하는 이기적인 사랑이다. 어떠한 유형의 사랑을 선택하는가는 상호간의 작용의 결과이다.

2) 좋아하는 것과 사랑하는 것

"나는 그를 좋아하기는 하지만 결코 사랑하는 것은 아니다"라는 말을 우리는 주위에서 많이 듣는다. 그렇다면 어떤 사람을 좋아한다는 것과 사랑한다는 것의 차이는 무엇일까? 그리고 이 두 가지 감정의 구별은 사회학적으로 어떠한 근거에 의하는 것일까? 이에 대한 켐퍼(Kemper, 1988)의 이론에 의하면 우리는 우리에게 보상물을 제공하는 사람들을 좋아하는 반면에 우리가 아주 강한 정서적 애착을 갖게 되는 사람을, 마치 그가 이 세상에서 가장 가치 있는 것이라도 되는 듯이 느끼게 되는 그런 사람을 사랑한다고 한다. 좋아하는 것은 유쾌한 감정이며 우리에게 어떤 좋은 일을 해준 사람에 대해 느끼는 일종의 감사와 같은 감정이지만, 사랑하는 것은 전혀 다른 차원에서 일어난다. 그것은 결코 유쾌한 느낌일 필요가 없는 성질의 것이다. 그것은 훨씬 더 감정적이고, 어쩌면 당황스럽거나 기분이 들뜬 것일지도 모른다. 그저 우리는 사랑하는 사람과 가까이 있고 싶지만 그가 우리에게 어떤 것을 해줄 것을 기대할 필요는 없다. 대신 우리는 그를 응시하면서 그와 함께 하고자 하며, 그에게 무엇인가 해주고 싶을 뿐이다.

좋아하는 것은 결국 타자로부터 우리가 취하는 보상과 관련성이 있다. 그 타자가 우리에게 보상을 중지한다면 그를 좋아하던 우리의 감정이 감소할 수 있다. 그러나 사랑은 전혀 반대 방향으로 작용할 수 있는 것이다. 사랑은 보통 증오를 도발하는 상황에 보다 가까울지도 모르는 그런 상황에서 일어난다고 엘레인 왈스터(Elaine Walster, 1974)는 설명하고 있다. 사랑받는 사람은 냉정하고 거부적이며 심지어 모욕적이기까지 할 수 있지만 여전히 사랑을 받을 수 있으며, 거부는 사랑을 높이기까지 할 수 있다는 것이다.

좋아하는 감정과 사랑하는 감정을 각각 측정하기 위해 루빈(Rubin, 1970)이 개발한 척도에 의하면 좋아하는 것의 기본 요소는 애정(affection)과 존경(respect)이고, 낭만적 사랑의 기본 요소는 애착(attachment), 돌봄(caring), 및 친밀감(intimacy)이다. 애정에 기초하여 좋아한다는 것은 정서적으로 온정과 친근함을 경험하는 것이 되며, 존경에 기초하여 좋아한다는 것은 감탄과 예찬으로 경험되는 것으로 이 두 가지 형태는 보통 우정에서 발견된다. 루빈은 적당량의 좋아함은 사랑관계를 형성하는데 필수조건일 것이라는 결론을 내리고 있다. 이 두 가지 감정은 미묘한 방식으로 연결되어 있기 때문일 것이다. 그러나 이 두 가지가 많은 공통점을 갖고 있음에도 불구하고, 그리고 양자 사이에 상호 관련성이 있음에도 불구하고 결코 동등한 것은 아니며 분명히 다른 태도라고 말한다. 사람들은 전혀 사랑하지 않는 사람을 좋아한다고 표현하는 예가 허다한 것이다.

3) 사랑과 증오

"사랑과 증오는 종이 한 장의 차이다"라는 단정적 표현이 암시하듯이 열정적 사랑과 증오는 극단적이고 상반되는 것일 수 있으나 이 두 가지는 실제로 많은 공통점을 갖고 있다는 것이 우리의 경험이 주는 지식이 아닐까? 이 양자는 고강도의 감정이며 열정적 관계에서 개인들을 묶는 것이기 때문일 것이다. 사랑의 반대는 사실 증오가 아니라 무관심인 것이다. 증오는 정서적 특질에 있어서는 사랑과 상이하지만 사랑과 동일한 구조적 본성을 갖는다. 증오는 사랑 감정이 위협당하거나 부정당할 때 발생하고, 그 강도는 그것이 밀어내는 사랑의 강도와 관계가 있다. 사랑하는 사람들은 그 정서적 유대가 단 두 사람으로 맺어져 있어 국외인이 이에 끼어들 여지가 없으며 사랑하는 사람들 간의 상호작용에서 수수되는 다양한 상징들은 상처받기 쉬운 취약성마저 갖는다. 예를 들면 손을 잡거나 키스를 하는 것이 사랑관계의 상징이라 할 때 사랑하는 여인이 다른 남자와 접촉하면 그녀의 애인은 질투를 느끼게 된다.

정서적 유대가 강한 성적 유대로 구체화된 경우, 애인들은 그들의 상대방의 신체에 대해 일종의 소유권을 요구하는 경향이 있다. 즉 어떠한 육체적 성행위일지라도 그것은 전체적인 정서적 관계를 상징화하게 되는 것이다. 정서적 관계가 배타적이기에 성적 관계도 배타적이지 않을 수 없게 된다. 성적 배타성이 침범 당했을 경우, 배제된 파트너는 흔히 가눌 수 없는 분노를 느껴 예상치 못한 결과를 초래할 수 있는 행위를 시도할 수 있는데 이러한 점은 강렬하고 배타적인 사랑유대의 부정적 측면이라 하겠다. 다시 말해서 사랑하는 사람들 사이에는 강한 헌신과 이상화가 존재하는 긍정적인 면과, 그들 관계가 공유하는 상징들이 침해당했을 경우 발생하는 질투와 이로 인해 연쇄적으로 발생하는 싸움, 폭력, 심지어 살인까지도 예상되는 부정적인 면이 동시에 상존한다는 사실을 인식할 필요가 있다.

4) 사랑의 유형

캐나다의 사회학자 리(John Lee, 1974)는 사랑을 일차적 형태와 여기서 파생될 수 있는 이차적 형태로 분류하고 있다. 그는 이상적 구성개념(ideal constructs)으로 간주될 수 있는 사랑의 6가지 형태를 다음과 같이 기술하였다.

(1) **일차적 형태**

- **에로스**(Eros) - 에로틱 러브(erotic love)를 말한다. 열정적인 사랑 혹은 낭만적인 사랑이라고도 한다. 에로스는 강한 욕구와 정서적 애착이 특징이다. 첫눈에 육체적 매력과 사랑을 강조하는 열정적 형태의 사랑이다. 즉 성적 매력이 사랑의 시작이고 성적 만족이 두사람의 유대를 강화시켜주며, 사랑과 성의 상호의존적인 성격이 강조된다. 자신의 이상형을 만나게 되면, 첫눈에 반하고 육체적인 자극도 요구하고 항상 사랑을 할 준비가 되어있는 유형이다.
- **스토르게**(Storge) - 우애적 사랑이라고 한다. 소위 동료애(companionate love)에 비유될 만한 것으로 우정(friendship)을 강조하는, 두 사람이 서로의 친구됨을 좋아하는 지속적인 유대의 동료애이다. 애정의 발달은 점진적이며, 편안한 형태의 사랑이다. 서로에 대한 감정은 시간이 흐르면서 서서히 깊어지고, 노골적인 표현보다는 서로 공유할 수 있는 관심사를 통하여 친밀감을 다져 간다. 감정적으로 성숙하고 안정적이므로 사랑의 격정에 휘말리지 않는다. 상호의존, 상호욕구충족의 특성이 있으며, 에로스가 강렬한 성적 매력과 욕구를 강조하는 것이라면 이것은 애정과 친숙함에 기초한다.
- **루두스**(Ludus) - 유희적 사랑이라고 한다. 라틴어로 "게임"이라는 개념인데 장난기어린 성을 포함하는 장난, 놀이 같은 사랑을 말한다. 사랑에 대한 책임을 느끼지 않고, 정서적유대도 깊지 않으며, 사랑하는 이와 미래를 설계하는 일은 거의 없다. 결혼이나 장기적 헌신에 이르지 않는 비소유적 형태의 사랑으로 다수의 성적 상대를 즐기는 것에 초점이 주어진다. 사랑은 인생에서 유일하고 가장

소중한 것은 아니며, 인생을 살아가는데 하나의 즐거움에 불과하다고 본다.

(2) 이차적 형태

- **마니아**(Mania) - 흔히 소유적 사랑이라고 하는데, 극도의 의존성과 불안, 질투가 강한 것이 특징이다. 강박적인, 질투심에 눌리는 소유적·의존적 스타일의 사랑이다. 흥분 아니면 절망의 심연의 두 정점을 오가는 고도로 긴장이 감도는 특징이 있다. 사랑하려는 욕구는 매우 강하면서도, 사랑이 힘들고 고통스럽다고 느낀다. 또한 자신이 사랑받고 있다는 사실을 확인하고, 상대방이 자신만을 생각하기를 원한다 그러면서도 자신이 사랑하는 만큼 상대방이 사랑해주지 않을지도 모른다는 불안감에 때로는 질투에 쌓인다. 이러한 유형은 의존적 사랑(dependent love)으로 범주화될 수 있는데 상호의존성을 포함하는 강력한 관계라는 점에서 가치가 있다. 또한 누군가를 대상으로 사랑을 한다기 보다는 사랑 자체를 사랑하는 경향이 있다. 나 한 쪽의 욕구가 지나칠 때 신경질적이고 소유적인 의존성이 이 관계의 기초라는데 문제가 있다.
- **프라그마**(Pragma) - 사랑의 시장가치를 비교하는 논리적 사랑이다. 실질적 이유가 있으면 사랑은 유지되지만 이런 이유가 소멸되면 끝나버리는 사랑이다. 상대의 배경, 가치관, 관심사 등이 자신의 기대치에 적합한가를 판단하여 선택한다. 자신에게 어울리는 대상을 만나기 위하여 노력하고 관계에 무분별하게 몰입하지 않는다. 행복을 추구하기는 하지만, 사랑을 위하여 자신을 희생하려고 하지는 않는다. 주로 중매혼이 이루어지는 지역에서 흔히 볼 수 있다.
- **아가페**(Agape) - 이타적 사랑(Altruistic love)이다. 사랑하는 사람에 대해 아무런 조건 없이 좋아하고 베푸는 비이기적 관심과 염려가

특징이다. 이런 유형의 사랑을 하는 사람들은 헌신적이고, 희생적이며, 자신을 앞세우지 않다. 또한 상대방 돌보는 것도 단순히 감정이 아닌 실질적인 행동으로 보여준다. 이들은 타인에 대한 돌봄을 통해 만족을 얻게 되는 것이며 사랑을 받는 쪽은 그 자신을 위해 돌봄과 사랑을 받는다는 것을 느낀다. 아무 대가 없이 자유로이 주어지는 사랑이며, 때로는 상대가 자신보다 다른 사람과 함께 있으면 더욱 행복할 것이라고 판단되면, 사랑을 포기하기도 한다. 이타적인 사랑을 장기적으로 하기는 어렵지만, 단기간에 어떤 사람을 위하여 헌신하는 것은 가능하다.

3. 사랑에 대한 이론

1) 스턴버그의 사랑의 삼각이론

스턴버그(Sternberg)는 사랑의 다양한 형태를 분석하고, 그 차이를 밝히고자 하였다. 그리하여 완전한 사랑은 친밀감, 열정, 그리고 관여의 세요소의 결합에서 비롯한다고 지적하였다. 또한 사랑의 관계는 이러한 세요소가 동등한 정도일 때 비로소 균형을 이룬다고 강조하였다. 다시 말하면 사랑의 삼각형이 조화를 이룰 때 자신들의 관계에 만족하게 된다는 것이다.

■ **친밀감**(Intimacy)

타인과 친밀하다는 것은 그 사람과 정서적 지지와 이해를 교류하고 서로 의사소통을 할 수 있는 가깝고 따스한 사랑의 감정을 갖는 정서적 요소를 의미한다. 상대방의 존재가 자신의 인생을 보람

있게 만들어 주므로 상대방과 함께 하는 것이 행복한 그러한 감정을 의미한다. 친밀하다는 것은 필요할 때 반려자로 생각될 수 있다는 신뢰를 의미하며, 상대방의 행복을 증진시키고자 하는 바램, 곧 이타주의를 포함한다

친밀감을 형성하는 데에는 다소 시간이 걸린다. 친밀감은 처음에는 지속적으로 증가하다가 점차 그 증가 추세가 둔화되어 한계점에 도달하게 되면 정체상태를 유지한다. 이때 신뢰감이 형성된 관계라면 그 연결고리는 더욱 깊어진다. 친밀감은 발달될수록 상호간에 너무나 잘 알게 되므로 초기의 경험만큼 가까운 느낌을 갖지 못하고 일상적 감정으로 변하기도 한다.

친밀감은 명시적 친밀감과 잠재적 친밀감으로 구분된다. 명시적 친밀감은 두 사람이 함께 있으면서 보여주는 친밀감이고, 잠재적 친밀감은 두 사람이 서로 떨어져 있을 때 느끼게 되는 외로움이나 허전함을 통하여 친밀감을 다시 확인할 수 있다. 흔히 일생을 동고동락한 부부들은 명시적 친밀감이 저하되기도 하지만, 서로 떨어져 있음으로써 얼마나 가까운 관계였던가하는 잠재적 친밀감을 느끼게 된다.

■ **열정**(Passion)

어떤 관계에 있어서 성성(sexuality), 매력, 연애감정, 낭만을 의미하는 생리적 요소이다. 즉 상대방을 향한 응축된 감정의 에너지(긍정적인 측면)의 발산을 의미한다. 열정은 급속하게 발전한 후 더 큰 효과를 충족시키기 위하여 더욱 자극적이 된다. 급기야 습관화되는 단계에 이르면 상대방으로부터 더 이상의 자극을 받지 못하면서 열정은 식는다. 열정은 사랑의 중요 요소이기는 하지만 열정만으로는 사랑의 감정을 지속시킬 수 없다.

■ **결심/관여(decision/commitment)**

관여는 사랑의 3가지 요소 중 인지적 요소에 해당된다. 여기에는 단기적, 장기적 요인들이 포함되는데, 단기적 요인은 타인을 의식적, 무의식적으로 사랑하겠다는 마음의 결심을 의미한다. 장기적 요소는 그 사랑을 오랫동안 유지하고자 하는 약속, 혹은 헌신을 의미한다. 사랑에 대한 결심과 헌신은 반드시 함께 하지는 않는다. 사랑을 하겠다는 결심이 섰다고 해서 반드시 그 사랑을 유지해나가고자 헌신할 것을 약속하지는 않으며, 또한 사랑을 장기적으로 유지해나가겠다는 헌신이 곧 사랑을 하겠다는 결심은 아니다. 대체로 사랑에 대한 결심이 헌신보다 시간적으로 선행된다.

관여정도가 낮은 사람은 일단 사랑에 빠지기는 하지만, 그 이후에 현재의 사랑을 유지해 나가기 위하여 어떠한 노력도 하지 않는 경우이다. 따라서 헌신의 정도가 낮으면 순간적인 사랑은 가능하나 영원한 사랑은 꿈꾸기 어렵다. 초기의 강한 사랑의 결심이 시간이 흐름에 따라 관계가 소원해지면서 원래의 위치로 돌아가는 경우에는 상호간의 헌신의 정도가 부족하기 때문이다. 관여는 사랑을 소중히 키워나가고 발전시키는 매우 중요한 요인이다.

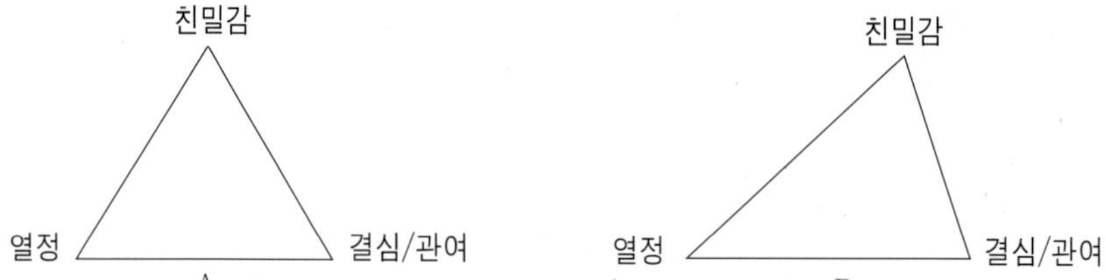

A : 사랑의 세 요소가 균형상태를 이루고 있음을 나타냄.
B : 사랑의 다른 두 요소보다 열정의 비중이 더 큰 관계를 나타냄.

스턴버그의 사랑의 3요소를 결합해 보면 8가지 유형으로 나눌 수 있다. 이에 대한 그림은 다음과 같다.

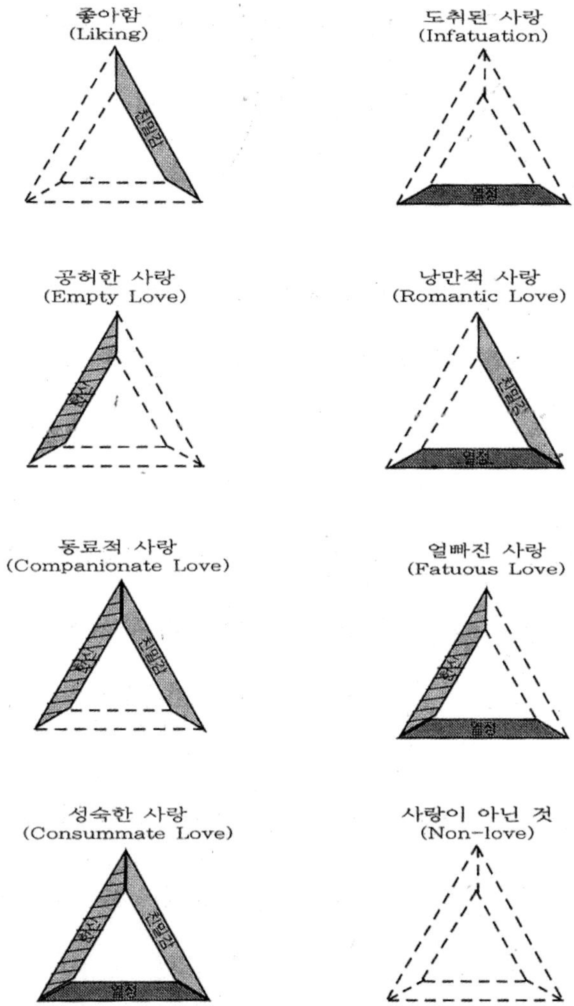

<그림 4-1> 사랑의 여덟가지 유형

① 좋아함: 열정이나 결심/관여는 없고 친밀감만 있다. 주로 친한 친구관계에서 볼 수 있는데, 서로 좋아하는 마음은 분명하지만, 뜨거운 열정이나 헌신적인 관여는 없다.

② 도취성 사랑: 열정만이 있으며, 대부분 첫눈에 반한 사랑이다. 도취성은 일순간에 나타났다가 사라지기 때문에, 사랑에 홀린 느낌이다. 상대방을 지나치게 이상화하여 완전히 빠졌다가 그 속에서 나올 때는 좌절감, 허탈감, 그리고 기력을 잃게 된다. 이런 유형의 사랑을 하는 사람은 상대방을 보기만 해도 심장이 두근거리고, 긴장되며, 성적 흥분을 하게 된다.

③ 공허한 사랑: 결심/관여만이 있는 사랑이다. 상대방과의 친밀감이나 열정은 없이, 사랑해야 한다는 결심과 의도적인 관여를 통하여 관계를 유지한다.

④ 낭만적 사랑: 친밀감과 열정이 결합된 사랑으로 육체적 매력과 더불어 강한 정서적 결합이다. 서로에 대한 책임감이나 결심은 차후의 문제이며, 현재 이 순간은 사랑하고 함께 있다는 사실을 중요시한다. 주로 대중매체나 문학작품에서 그리는 사랑의 유형이다.

⑤ 동료적 사랑: 친밀감과 헌신이 결합된 사랑이다. 육체적 매력이나 타오르는 열정은 없지만, 오래된 우정과 같이 은근한 사랑이다. 한 때는 낭만적인 사랑이었다 할지라도, 시간이 흐르면서 서로의 믿음을 바탕으로 사랑을 지속시켜나가면서 우애적인 관계를 유지한다.

⑥ 얼빠진 사랑: 열정과 헌신이 결합된 사랑으로 친밀감이 결여되었다. 따라서 서로의 관계에 대한 확신이 없으면서도 열정으로 미래를 약속하게 된다. 시간이 흘러 열정이 식고 나면 결국은 결심/관여만이 남게 되는 이런 사랑은 고통을 가져온다. 또한 사랑에 속았다는 느낌도 갖는다.

⑦ 성숙한 사랑: 친밀감과 열정과 헌신이 결합된 사랑으로 모든

사람이 추구하는 사랑이다. 성숙한 사랑도 두 사람의 노력 없이는 지속하기 힘들다. 그러므로 성숙한 사랑을 지켜 나가기 위하여 상호간의 성숙한 자세가 필요하다.

⑧ 사랑이 아님: 사랑의 세 요소가 모두 결핍된 상태로, 서로가 사무적이고 공식적인 관계이다.

2) 프로이드의 사랑이론

프로이드의 사랑이론에서 핵심 개념은 리비도(libido)라는 충동(drive) 및 본능(instinct)이다. 리비도는 생의 모든 긍정적 측면에 감정적 에너지를 공급하는 힘이며, 성적 쾌감에 대한 충동을 의미한다. 리비도는 맹목적, 충동적인 욕구이지만, 자아본능(ego instincts)이나 현실적 본능(reality instincts)에 의하여 균형을 이룬다.

프로이드에 의하면 리비도는 유아의 구순기에서 엄마 젖과 손가락 빠는 것을 거쳐 그후 담배피우는 것, 무절제하게 먹어치우는 습성으로 이행해가고, 마침내 항문기에서 대소변 가리기로, 그리고는 성인들간의 성행위에서 성적쾌감으로 그 성적 충동이 집중적으로 이동 혹은 전위(轉位, libido displacements)된다. 리비도는 감각적 쾌감을 추구하지만 충분한 표현이 방해받을 때에는 상징적 형태로 출구를 찾는데 이를 승화(昇華, sublimation)라고 한다.

성인이 되어 이성과의 사랑에 빠지게 되면 심리학적으로 이들은 그들의 어린 시절의 환상적 성애로 되돌아간다. 즉, 사랑이란 우리가 세상현실로부터 유아적인 성적 축복상태로 후퇴한 심리학적 상태라는 것이다. 또한 사랑의 에너지는 성적 에너지의 전위에서 이루어진다고 하였다. 한편, 프로이드는 사랑을 최면상태에 빠지는 것에 비유하였다. 즉 두 연인이 서로 똑같이 열중해 있을 때 그들은 일시적으로 공유하는 정신이상(psychosis)이나 상호 최면상태에서 일종의 그들만의 환상적 영역을 만들어 낸다는 것이다.

프로이드에 의하면, 사랑은 몰두하는 대상에 따라 두 가지로 분류할 수 있다고 하였다. 즉 그 하나는 대상사랑(object love)이다. 이는 부드럽고 보호적이며 양육적인 사람을 사랑하는 사랑을 말하며 어린이의 최초의 사랑대상인 어머니로의 복귀형태로 나타난다. 특히 남자들은 어머니를 소유하고자 하는 유아와 같이 하나의 여성을 이상화하여 소유한다. 사랑의 다른 하나는 자기중심적 사랑(narcissistic love)이다. 자기를 사랑하는 사랑을 말하며, 그 자신을 상기시키는 사람이나 그 자신이 되고자 하는 것과 흡사한 사람을 사랑하는 경우가 여기에 해당된다. 프로이드에 의하면 이 후자의 사랑이 동성애의 기초라고 한다. 특히 여성들 중에 사랑의 대상이 남자가 아니라 그들 자신으로 스스로 예찬받기를 즐긴다. 그러나 이 두 형태의 사랑은 남녀 모두에게서 발견되고 있다.

3) 사랑의 수레모델

라이스(Ira Reiss, 1960)는 낭만적 사랑의 발달을 설명하는 다음과 같은 모델을 제시하였다. 사랑의 발달에 있어 기본적 가정이란 한 쌍의 남녀가 만나 서로 이끌리고 친밀한 관계로 발전시켜 나가기를 희망한다는 것이며, 사랑의 발전은 다음과 같은 네 개의 요소에 기초하고 있다고 한다.

- 라뽀(Rapport) - 한 쌍이 상호작용하는 가운데 서로가 편하게 느끼고 서로를 이해한다는 사실을 느끼게 됨에 따라 라뽀(일치, 조화) 감정이 발달하게 마련이다. 라뽀 정도는 당사자들 서로가 편안하

게 느끼는 정도에 의한다. 그리고 배경의 유사성, 공통이해와 가치 등이 라뽀 발달을 조장한다.

- 자기알림(Self-Revelation) - 라뽀가 확립되면서 친밀한 의사소통과 자기 알림의 과정이 시작된다. 이 과정은 상호적인 과정인데 한 쪽이 그 자신에 관해 개인적인 자세한 내용을 드러내게 되면 상대방도 이에 상응하여 교환이 이루어진다. 결국 자기는 상대방의 자기알림을 유도해내고 이리하여 서로의 개인적인 생활을 공유하게 되면서 친밀한 감정이 발달한다. 이러한 교환이 없이는 친밀한 사랑관계가 발달하기 어렵거나 불가능하다.
- 상호의존(Mutual Dependence) - 제2단계가 자연스럽게 발달하면서 두 당사자는 서로 함께하는 시간을 더 많이 욕구하고 다양한 활동을 공유하기를 바란다. 활동의 공유는 상호의존을 증진시킨다. 이제 이들은 상대방 없이 다양한 활동에 참여하고 즐긴다는 것이 어렵다는 사실을 알게 된다.
- 인성욕구충족(Personality Need Fulfillment) - 끝으로 두 사람 상호간에는 욕구충족과정이 이어진다. 그리하여 두 사람 사이에는 사랑하고 사랑받고 싶은 욕구, 신뢰하고 신뢰받고자 하는 욕구, 정서적 지지를 수수하고자 하는 욕구가 충족된다. 양쪽은 이제 서로의 심리적 욕구를 충족시키는데 있어 지극히 중요한 존재가 된다. 그리고 이와 같은 상호간의 욕구충족은 또다시 증가된 라뽀, 자기알림, 상호의존과 더 큰 욕구만족으로 이어진다.

4) 페미니즘 사랑이론

남성은 원천적으로 사랑관계에서 섹스를 염두에 두고 섹스를 쟁취하기 위해 사랑을 가장할 수 있는 데 반해, 여자는 섹스요소를 무시하고 낭만적 사랑을 상상하고 이에 도취하는 경향이 강하다고 한다. 즉 여자는 섹스보다는 정서적 애착과 친근감을 더 요구한다는 의미가 된다. 이러한 평가는 남자와 여자가 사랑의 감정과 성적 욕구에 있어 상이한 방식으로 경험한다는 것을 의미하는 것이다. 이는 또한 많은 페미니스트들의 사랑의 관점을 대표하는 내용이기도 하다.

일부 페미니스트들은 사랑, 성, 세력 사이에 복합적 관계가 있다는데 착안하고 있다. 이들의 주장에 의하면 육아제도는 남녀에게 기본적으로 상이한 퍼스낼리티를 형성시킨다. 여성들만의 배타적인 자녀 돌보기(maternal care)등은 여성들이 밀접한 정서적 관계에 가치를 부여하고 이에 의존적이도록 조장하는 한편, 남자들에게는 이러한 정서적 연결을 두려워하고 대신 독립성에 가치를 두도록 조장한다는 것이다.

또한 남녀는 세력의 상이성 때문에 사랑을 달리 정의한다고 주장한다. 즉 남성은 사랑을 섹스와 동일시하거나 도움을 제공하는 것과 동등시하는 한편, 여성은 사랑을 언어적 교환(verbal exchange)과 정서적 라뽀(emotional rapport)와 동등하게 여긴다. 이러한 접근법은 갈등이론 및 교환이론에 초점을 두고 분석한 것으로 특히 남성들의 사랑 스타일이 여자에 대한 남성의 지배를 확인, 영속화한다고 주장하고 있다.

5) 프롬(Fromm)의 사랑과 기술

프롬은 사랑도 노력하고 학습하며 개발해야 할 대상이라고 주장하였다. 현대인들이 직면한 사랑의 결핍은 사랑을 실천하는 기술이 부족하기 때문이라고 지적하면서, 사랑의 기술을 구체적으로 제시하였다.

① 사랑은 누구나 우연한 기회에 경험하게 되는 즐거운 감정이다. 대부분의 사람들은 사랑의 문제를 '사랑하는' 혹은 '사랑할 줄 아는 능력'의 문제가 아니라 오히려 '사랑받는'문제로 생각한다.

② 사랑의 문제는 '능력'의 문제가 아니라 '대상'의 문제이다. 사람들은 '사랑한다'는 것은 쉬운 일이고 사랑의 올바른 대상을 발견하는 것이 어려울 뿐이라고 생각한다. 현대인의 사랑은 상대방이 사회적 가치의 관점에서 보아 바람직해야 하며 자신의 교환가치 한계 내에서 최상의 대상을 찾아냈다고 느낄 때 사랑에 빠질 수 있다.

③ 사랑을 '하게 되는' 최초의 경험 상태와 사랑을 '하고 있는' 지속적 상태 혹은 사랑에 '머물러'있는 상태는 동일하다. 사랑은 시간이 흐름에 따라 친밀감, 일체감은 줄어들고 실망감, 적대감, 권태감이 생긴다. 그러나 사랑에 빠진 남녀는 이러한 과정을 알지 못하고 사랑의 감정은 처음 그대로 계속되리라고 생각한다.

Fromm은 사랑의 실패를 극복하기 위하여 사랑의 의미를 배워야 한다고 주장한다. 사랑은 천부적인 능력이 아니라 '사랑도 기술'이라는 사실을 깨닫고 지속적인 훈련, 인내, 그리고 습득이 필요한 능력이라고 한다. 건전하고 이상적인 사랑을 하기 위하여 능동성, 관심과 배려, 책임감, 존경, 그리고 지식 등의 5가지 요소가 필요하다고 하였다.

6) 사랑의 성공을 위하여

사랑은 깨지지 않는 신화적 신비로 혹은 일시적 환상으로 우리들에게 남아 있다. 어느 누구도 사랑에 대하여 총체적으로 알고 있지 못하며, 각자 단편적이고 애매모호한 지식을 가지고 있을 뿐이다. 그러면서도 누구나 한 번 쯤은 이상적인 사랑에 대하여 꿈꾸어 본 적이 있을 것이다. 과연 사랑의 본질은 무엇일까? 사랑을 어떻게 받아들여야 하는가? 사랑은 상대방에 대한 집착인가 아니면 영혼의 구원인가? 사랑에 대한 정의는 시대적, 공간적 상황에 따라 어떻게 정의되고 해석되어 왔는가? 또한 사랑의 육체적 측면과 정신적 측면은 어떠한 조화를 이루어야 하는가?

고대 신화에 의하면 인간은 원래 자웅동체였다가 신의 노여움을 사서 남성과 여성으로 갈라지게 되었다고 한다. 그 후 인간은 서로 잃어버린 반쪽을 찾아 항상 이성을 그리워하고 찾게 되는데 이러한 감정이 바로 사랑이라고 한다. 이와 같이 남성과 여성은 서로를 필요로 하며 상호 보완하는 것이 가장 이상적이다. 인간이 가진 다양한 욕구 중에 가장 강렬한 욕구는 다름 아닌 사랑에 대한 욕구이다.

사랑을 받고자 하는 욕구, 사랑을 하고자 하는 욕구, 그리고 자신을 사랑하고자 하는 욕구는 가장 본질적인 욕구로써 충족되지 못할 경우 불만이나 좌절감, 우울증 등의 정신적 불안감에 빠져 삶의 의욕까지 상실하게 되는 등 심각한 문제가 발생한다. 그러므로 남성과 여성의 관계에서 사랑을 바탕으로 한 신뢰감과 만족감이야말로 바람직한 남녀관계를 맺을 수 있는 가장 중요한 요소라고 하겠다.

사랑에는 무엇인가 결핍되어 욕망이 충동질 되어 나오는 사랑과 충만 된 상태에서 우러나오는 사랑이 있다. 즉 마음이 허전하거나 함께 있을 상대를 찾기 위하여 생기는 사랑은 결핍의 사랑이라고 한다면 아무런 이유나 보상이 없이 그저 사랑하는 감정이 넘쳐흘러서 사랑을 하는 것은 충만의 사랑이라고 본다. 그 어느 쪽도 다른 쪽보다 더 좋다 혹은 나쁘다 라고 판단할 수는 없는 문제이다. 단지 어떠한 마음상태로 사랑에 임하게 되는가를 구분할 뿐이다. 또한 사랑의 실천 방식에도 차이가 있다.

사랑을 성취시키는데 장애물로써 무엇보다 질투심이다. 질투는 인간이 느끼는 보편적인 감정이지만, 사랑에 있어서는 매우 미묘한 감정 상태이다. 질투는 사랑의 상실에 대한 두려움으로 인하여 자신의 행동이나 상대방과의 관계를 보호하려는 감정이다. 가벼운 질투는 사랑의 활력소가 되지만, 지나친 질투심은 파괴적이고 부정적인 표출로써 사랑의 장애물이 된다. 흔히 질투심은 자아존중감이 결여되었거나 독점적 소유욕이 강할 때 발생한다. 질투에 현명하게 대처하기 위한 방안들로는 관계에서 벗어나는 것, 질투를 느끼도록 하는 행동을 무시하거나 참는 것, 상대의 행동을 변화시키기 위한 시도, 그리고 자기 자신을 점검하여 질투의 감정을 극복하는 등이 있다.

사랑의 또 다른 장애물은 불신이다. 사랑하는 두 사람의 관계는 신뢰를 바탕으로 할 때 지속될 수 있다. 신뢰감은 관계의 안정성 및 지속성을 위하여 반드시 필요한 요소이다. 비록 눈에 보이지 않을 때라도 상대방이 여전히 자신을 사랑하고 변함이 없을 것이라는 확신은 신뢰감이 형성되어야만 가능하다. 신뢰감이 깨어지는 순간 불신이 싹트고 상대방에게 끊임없이 사랑을 확인하려는 노력을 하다가 이루어지지 못하면 실망하고 공허감과 불안을 경험하게 된다.

질투심, 불신, 혹은 결핍의 사랑은 이러한 욕구가 충족되기를 원하므로 상대편을 도구화시킬 위험도 내재되어 있다. 배려와 신뢰, 그리고 충만의 사랑은 상대 앞에서 자신의 욕구를 잊고 오직 사랑의 감정만을 표현하고자 하므로 서로에 대한 소유나 통제의식이 관계를 지배하지 않는다. 그러나 사랑이 가득하여 넘쳐흐르는 것이 현실적으로 흔한 일이 아니다. 어떤 형태의 사랑을 논하던 간에 사랑은 상대편에 대한 구속적 이데올로기가 되어서는 안 될 것이며, 자기 이익을 초월하여 상대에 대한 관심을 쏟는 것이다. 상대방을 지배해서도 안 되며, 더욱이 상대방에게 의존적이어서도 안 된다. 따라서 남녀관계에서 진정한 의미의 사랑이 존재하기 위하여서는 두 사람이 동등한 주체로 사랑의 한 마당에 발을 들여 놓아야 한다.

사랑을 하다가 실패하는 경우는 허다하다. 사랑의 실패는 좌절감, 불안, 질투, 그리고 무기력감을 가져온다. 또한 사랑에 대한 환희가 크면 클수록, 그 실패의 결과도 더욱 심각하다. 그러나 사랑의 실패에 대하여 적극적으로 대처하고, 고통을 극복하여 더욱 성숙한 사랑을 실현할 준비를 해야 한다. 그리하여 사랑의 경험을 통하여 개인적 성숙을 하고 원만한 대인관계를 발전시킬 수 있는 잠재력을 키워나가야 한다.

성공적인 사랑은 서로가 사랑한다는 감정을 공유하고 서로를 이해하면서 때로는 인내력을 가지고 기다릴 수 있는 믿음이 충만할 때 가능하다. 각자 성장해왔던 배경이 다르고, 가치관도 다르기 때문에 때로는 자신이 상대방에게 원하는 것을 정확히 알려줄 필요도 있고 자신의 사랑의 표현방법이 잘못될 수도 있다는 점을 인정해야 할 때도 있다. 그러나 사랑한다는 것은 두 사람이 존경심과 신뢰감을 가지고 서로를 배려하면서 관계를 증진시키고자 하는 의지가 강할 때 실현되는 감정이다. 사랑은 결코 아무런 노력없이 자연스럽게 찾아오는 감정이 아니다. 사랑의 성공은 다른 어떤 인생의 과업들보다도 더 열심히 노력할 때 성취될 수 있는 과업이다.

사랑함과 좋아함을 측정해보는 척도

당신은 어떤 사람을 사랑합니까? 아니면 단순히 그/그녀를 좋아합니까?
빈칸에 그 사람의 이름을 써넣고, 각 문장에 1(강력하게 동의하지 않는다)에서 9(강력하게 동의한다)까지의 점수를 주십시오. 5는 중성 점수(동의도 반대도 아니다)입니다. 두 가지 척도를 가산하십시오. 어느 쪽이 더 점수가 높은가요?

A. 사랑함의 척도 항목들

1) 만일 (　　　)가 기분이 나쁜 상태라면 나의 첫째 의무는 그/그녀를 위로하는 일일 것이다.
2) 나는 내가 모든 것에 관해서 (　　　)에게 비밀을 터놓을 수 있다고 생각한다.
3) 나는 (　　　)의 허물을 무시하는 것이 쉽다는 것을 알고 있다.
4) 나는 (　　　)를 위해 거의 모든 것을 할 것이다.
5) 나는 (　　　)에 대해 매우 소유욕이 강하다고 생각한다.
6) 만일 내가 (　　　)와 절대로 함께 할 수 없다면 나는 비참해질 것이다.
7) 만일 내가 외로우면 나는 먼저 (　　　)를 찾을 생각을 할 것이다.
8) 나의 일차적인 관심의 하나는 (　　　)의 복지이다.
9) 나는 실제적으로 모든 것에 대하여 (　　　)를 용서할 것이다.
10) 나는 (　　　)의 안녕에 책임을 느낀다.
11) 내가 (　　　)와 함께 있을 때면 나는 그/그녀를 단지 쳐다보는데 많은 시간을 보낸다.

B. 좋아함의 척도 항목들

1) 내가 (　　　)와 함께 할 때면 우리는 거의 항상 같은 기분상태에 있다.
2) 나는 (　　　)가 현저히 잘 적응한다고 생각한다.
3) 나는 (　　　)를 책임 있는 일에 격찬하여 추천할 것이다.
4) 내 의견에 의하면, (　　　)은 예외적으로 성숙한 사람이다.
5) 나는 (　　　)의 훌륭한 판단에 큰 신뢰를 갖는다.
6) 대부분의 사람들은 잠시 동안의 사귐 후 (　　　)에게 대단히 호의적으로 반응할 것이다.
7) 나는 (　　　)와 내가 서로 아주 근사하다고 생각한다.
8) 나는 반장선거나 집단선거에서 (　　　)에게 표를 던질 것이다.
9) (　　　)는 빨리 존경을 받을 수 있는 사람들 중 하나라고 생각한다.
10) 나는 (　　　)가 대단히 지적인 사람이라고 생각한다.
11) (　　　)는 내가 아는 가장 좋아할 수 있는 사람들 중 하나이다.

(콜린스, 1991)

05장 이성교제

1. 이성교제의 출현

인간의 발달 과정에서 중요한 것은 신체적인 면과 정신적인 면이 균형을 맞추어 발달해 나가야 한다는 점이다. 신체적인 발달은 정신적인 발달을 가져오며, 정신적인 발전은 곧 신체적인 발달과정에 반영되기도 한다. 최근에는 이러한 발달과정이 과거보다 단축되는 경향을 보이기도 하지만, 신체적인 발달과 정신적인 발달이 적절하게 맞물려야 한다는 점은 과거와 그리 다르지 않다.

사춘기에 이르게 되면 급격한 신체적 발달로 인하여 정신적인 혼란을 경험하게 된다. 그러나 이러한 정신적 혼란은 일시적 현상으로써 대부분의 청소년들은 성인과 같은 신체구조를 갖게 되면서 정신적 성숙에 이르게 된다. 특히 자아를 의식하고 삶의 의미를 고민하게 되는 사춘기에 이성에 대한 관심을 갖는 것은 자연스러운 일이다. 이성에 대한 관심은 이성을 알고자 하는 욕구를 불러일으키면서, 정보를 수집하도록 만들고, 자신의 관심을 표현할 수 있는 구체적인 대상을 찾도록 한다. 이성에 대한 높은 관심은 외부적으로 표현되면서, 더욱 적극적이고 과감한 행동으로 연결되기도 한다. 이성과의 사귐은 동성에게서 볼 수 없는 새로운 관계를 맺을 수 있고, 자신과는 다른 사고방식과 관심사를 이해하고 나누면서 자신이 성장하는데 도움을 준다는 면에서 매우 긍정적이다. 그러나 이성에 대한 지나친 호기심과 동경은 자칫하면 집착과 실망을 가져올 수 있는 부정적인 점을 간과할 수 없을 것이다.

미국의 심리학자인 마슬로우는 인간 욕구의 단계설을 주장하면서, 성욕은 배고픔, 수면, 갈증에 대한 욕구와 더불어 인간에게 가장 기본적이고 일차적인 욕구에 속한다고 하였다. 따라서 이성에 대한 관심에서 시작되는 이성교제는 자연스럽고 순수하며 본능적이다. 사람이 배가 고프면 음식을 먹고, 잠이 오면 자야하듯이, 이성에 대한 관심도 충족되어야 하는 욕구이다. 마슬로우가 지적하였듯이, 각 단계의 생리적인 욕구를 충족하지 않으면 신체적인 이상이 생기고, 정신적인 균형도 잃게 된다. 따라서 이성교제는 성장기에 자연스럽게 나타나는 이성에 대한 욕구를 바람직한 방향으로 배출할 수 있는 하나의 사회적 매커니즘으로 보아야 한다.

과거에는 사람이 태어나서 성장하여 결혼적령기에 이르면 결혼을 하고 자녀를 낳아 키우는 과정이 자연스러운 생애과정으로 여겨 왔었다. 그러나 사회가 복잡해짐에 따라서 이러한 과정도 사회화 과정의 일부이며, 그 시대의 문화적, 사회적 분위기를 반영하는 사회행동으로 인식하는 추세이다. 서구사회에서의 이성교제는 산업혁명이후 커다란 변화를 보였다. 대량생산을 위하여 젊은이들이 공장에 취업을 하면서 부모와 떨어져 살게 되고, 경제적으로도 독립할 수 있게 됨에 따라서 부모의 감시와 감독으로부터 자유롭게 되었다. 또한 젊은 남성과 여성들이 스스럼없이 접촉할 수 있는 기회도 크게 늘어났다. 그러나 1920년대 이전까지는 이성교제는 그리 흔한 현상은 아니었다.

이성교제가 본격적으로 나타나기 시작한 시기는 제 1차 세계대전 이후 기존의 보수적인 가치관이 무너지면서 새로운 가치관이 정립되기 시작하였다. 이러한 새로운 물결 속에서 남성과 여성의 만남도 자유롭고 진취적인 방향으로 바뀌게 되었다. 게다가, 산업화, 그리고 도시화와 같은 급격한 사회 변화로 인하여 젊은 사람들은 부모곁을 떠나 도시로 이동하면서, 남성과 여성이 보다 자유롭게 접촉할 기회가 많아졌다. 또한 남녀공학의 증가, 여성들의 교육수준 향상, 그리고 여성들의 사회진출의 증가는 남성과 여성이 일터에서 자연스럽게 만날 수 있는 기회를 제공해주게 되었다. 한편 대중매체 속에서의 남녀간의 낭만적 사랑에 대한 동경이 늘어나고, 피임약의 발달과 보급이 확대되면서 성의 개방도 높아졌다. 이러한 총체적인 사회 변화는 자유로운 개인중심적인 가치관과 더불어 이성교제를 활발하게 하는 기폭제가 되었다.

초기의 이성교제는 결혼의 전단계로서 상대방을 탐색할 수 있는 기회가 되었다. 그러나 시간이 흐르면서 이성교제가 반드시 결혼으로 이어져야만 한다는 도식적인 사고나 강박관념이 사라지기 시작하였다. 이러한 현상은 남성과 여성 모두에게 인식되면서 데이트를 한다고 해서 상대방에 대한 공적 혹은 사적인 관계를 반드시 지속해야만 한다는 의무감 등은 희박해진 것이다. 물론 사랑하는 동안에 지켜야 할 것은 지켜야 하겠지만, 그 사랑이 반드시 결혼이라는 제도적 틀을 갖추어야만 한다는 것은 아니라는 점이다.

한편, 유교적 규율이 지배하던 전통 한국 사회에서는 배우자 선택이나 결혼이 부모에 의하여 결정되었기 때문에 이성교제라는 개념은 거의 없었다. 게다가 '남녀칠세부동석'이라는 사회적 규범은 어떠한 형태의 남녀 접촉이라도 모두 반사회적인 행위로 구분지어 왔다. 남성과 여성은 아주 어릴 때부터 격리되다시피 양육됨으로써 이성에 대한 이해가 부족하였다. 1945년 해방이후 서구문화의 도입으로 인하여 사회가 개방적인 분위기를 띄게 되면서, 자유로운 이성교제가 시작되었고, 결혼 배우자를 연애를 통하여 당사자들이 직접 선택하는 경우가 증가하게 되었다. 또한, 결혼을 전제로 한 이성교제는 부모들도 허용하는 변화된 모습이 보이기 시작하였다.

이성교제는 흔히 결혼이전의 사귐이라고 볼 수 있지만, 반드시 결혼을 해야만 한다는 사회규범이 사라지면서 사교적인 사회행위로 보아야 한다. 즉 이성교제는 비교적 상대방에 대한 의무나 통제가 적은 자유로운 만남이며, 관계가 해소될 때도 역시 의무나 어떠한 조건이 전제로 되지 않는다. 오늘날의 이성교제는 다양한 성격을 지닌 사람들과의 관계를 통하여 자신의 인격을 수양하고, 이성에 대한 폭넓은 이해를 증진시키는 교제활동으로 보아야 할 것이다. 물론 이성교제를 진행하다가 자신의 이상형을 만나면, 인생의 동반자로써 함께 하고자하는 욕구가 생길 것이고, 이러한 욕구가 생기면 특정한 상대방으로 좁혀지면서 결혼을 전제로 이성교제로 발전하게 될 것이다.

이성교제에 대한 사회적 금기가 사라지면서 이성교제를 시작하는 연령도 점차 낮아지는 현상을 보인다. 최근에는 청소년기 뿐만 아니라, 그 이전의 연령에서도 소위 이성교제라고 표현할 수 있는 남녀간의 사귐이 이루어지고 있다. 이성교제를 하는 당사자들의 연령에 따라서 다른 양상을 볼 수 있다. 청소년기에는 자칫하면 이성에 대한 막연한 혐오감이나 공포심을 가질 수도 있는데, 이러한 경우 이성교제는 상대방을 알 수 있는 좋은 기회가 된다. 즉, 청소년기의 이성교제는 자신과 다른 성을 존중하고 이해하며 함께 살아갈 수 있는 자질을 개발할 수 있는 기회가 된다. 그러나 이성교제를 하면서 지나치게 외모에 신경을 쓰거나, 이성에 대한 관심이 지나쳐서 학업이나 자신이 해야 할 일에 집중을 하지 못하거나, 성적충동에 사로 잡혀서 자신을 통제하지 못하는 역기능도 있다. 이러한 역기능에도 불구하고, 오늘날 이성교제는 성장과정에서 경험하는 과업으로써, 점차 일반화되면서 아주 자연스러운 사회생활의 일부분으로 인식되어야 할 것이다.

2. 이성교제의 기능

이성교제는 상대방을 통하여 다양한 행동 및 가치관을 배울 수 있다는 점에서 폭넓고 다양하게 하는 것이 바람직하다. 가령 일대 일의 사귐보다는 청소년단체나 종교기관, 스포츠 및 오락 모임 등을 통하여 집단적 만남이 더욱 좋다. 또한 서구사회에서 볼 수 있듯이, 부모님의 허락이나 사회적인 인정을 받는 속에서 이루어지는 만남이 바람직한 것은 두말할 필요도 없다.

스티넷과 월터스(Stinnett & Walters)는 이성교제의 의의를 다음과 같이 설명하였다(김정옥외, 2002, 재인용)

(1) 이성교제는 가능성이 있는 많은 상대자들과 인간관계를 형성하고 발전시킬 수 있는 기회를 제공한다.

(2) 이성교제를 통해 자기의식과 자기 이해를 증진시킬 수 있다. 특히 자신을 상대방에게 투사하여 자신을 성찰 하는 자기 평가의 중요한 계기가 된다.

(3) 자신의 인간관계 기술을 발전시키는 촉진제 역할을 한다. 초기의 이성교제는 인간관계의 기본적인 사회적 기술을 습득할 수 있는 계기를 제공한다.

(4) 이성과의 사귐을 통해 만족을 증진시킨다. 이성에 대해 보다 많은 지식과 이해를 얻을 수 있는 기회를 제공함으로써 상대방과의 관계를 통하여 보다 만족하고 확신하도록 한다.

(5) 이성과의 조화를 경험할 수 있는 기회를 제공한다.

이성교제의 기능에는 사회화의 기능, 인격적인 성장의 기능, 오락적 기능, 이성에 대한 적응의 기능, 배우자 선택의 기능 등이 있다(유영주 외, 2000).

1) 사회화 기능

이성교제는 단순히 이성을 사귄다는 차원을 넘어서서, 성별, 성격, 그리고 성장배경이 다른 또 하나의 인간과의 만남이다. 다양한 성향을 가진 이성들과의 상호작용을 통하여 인간관계를 유지하는 기술을 배울 수 있고, 상내방의 행동과 대화를 통하여 남녀의 역할에 대한 차이도 알 수 있는 계기가 된다. 이성과의 만남, 관계 유지, 그리고 관계 종결과정을 거치면서 인간관계의 역동성을 경험할 수 있다. 또한, 남녀관계에서 지켜야 할 도리, 상대방에 대한 배려 및 이해하는 방법을 습득하여 결혼 후의 원만한 부부관계를 대비하는 예비사회화 과정이기도 하다.

또한 최근 우리 사회의 주요 코드는 양성평등적 개념이다. 과거 남성 중심적인 가치관을 과감히 버리고 남성과 여성의 평등적 가치관을 수용해야만 한다. 양성평등적 사회에서는 상대방의 성에 대한 이해는 원만한 인간관계를 맺는데 필수적인 조건이다. 또한 상대방의 성역할을 이해하고, 비록 성이 다르다 할지라도 평등한 인간이라는 점을 인정하면서, 이성간의 진정한 교류를 나눌 수 있는 한층 완숙한 인간이 될 수 있다. 즉 이성교제는 양성평등적 시각을 가진 균형있는 사회구성원으로써의 자질을 배울 수 있다는 점에서 그 중요성이 더 커지고 있다.

2) 인격적 성장의 기능

이성과의 접촉은 새로운 경험이므로 긴장, 불안, 그리고 갈등이 뒤따르기 마련이다. 이러한 어려움을 경험하면서, 자신의 모습을 새롭게 발견하고, 평가하고, 성숙시킬 수 있다. 또한 상대방에 의하여 어떤 영향을 받게 되며, 자신의 태도가 상대방에게 어떤 영향을 주는가를 알게 되면서, 상호작용의 중요성을 터득하게 된다. 이성에게 관심을 준다는 일, 이성으로부터 관심을 끌어 보려는 시도를 통하여 자신의 고집을 접고 인격을 다져 나가야 할 필요성도 느낄 수 있다. 때로는 이성교제를 통하여 자신의 장점과 단점을 알게 되면서, 자아의식을 발달시키고, 자아존중감 내지는 자신감을 불러 일으킬 수도 있다. 특히 청소년이나 젊은 층의 건전한 이성교제는 학업이나 취업으로 인한 스트레스를 함께 나눌 수 있으며, 진지한 대화를 통하여 고민을 해결하는 경우도 많다. 사귀는 사람이 배우자가 되는 경우도 있겠지만, 설사 그렇지 못한 경우라도 인생에서 자기성장의 소중한 기회가 될 수 있다는 것만으로도 이성교제는 인격의 성장에 매우 긍정적인 기능을 가지고 있다고 하겠다.

3) 오락적 기능

이성과의 사귐은 무엇보다도 마음이 설레고 즐거운 일이다. 만약에 이성과의 만남이 고통스럽고 우울한 경우라면, 그 만남은 이미 본연의 기능을 상실한 것이다. 이성과의 첫 만남으로부터의 기대감, 행복감, 그리고 함께 하는 동안 두 사람만의 몰입 등은 열정과 환상의 세계로 들어가면서 커다란 에너지를 축적시킬 수 있다. 이 에너지는 현실에서 문제에 직면하게 되었을 때 사용될 수 있는 에너지인 것이다. 이성과의 만남으로 인하여 삶이 문제해결의 연속이 아니라, 즐거움이란 휴식기간도 있음을 알려줌으로써, 삶의 의미를 찾게 만든다. 최근 우리 사회에서는 펀(Fun)경영이나 웃음치료에 대한 관심이 높다. 이성교제는 이러한 펀이나 웃음을 가져다주는 효과적인 상호작용이다.

4) 이성에 대한 적응의 기능

이성과의 만남이 적절히 이루어지지 않는 다면, 이성에 대하여 매우 비현실적인 기대나 환상을 가지기 쉽다. 따라서 적절한 시기에 이성과의 만남은 이러한 그릇된 환상이나 기대를 불식시키고 현실을 직시하면서 편안한 마음으로 이성을 볼 수 있는 시각을 키워 준다. 대부분의 사람들은 처음 이성을 만나게 되면 어색함과 수줍음을 느끼게 된다. 그러나 시간이 흐르면서, 이성에게 적응하는 법을 터득하게 된다. 어떻게 자신의 감정을 조절할 것인가?, 어떻게 상대방의 태도를 이해해야 하는가? 어떠한 대화를 어떠한 방식으로 진행해야하는가? 상대방이 하는 말의 진정한 의미는 무엇인가? 등에 대한 구체적인 생각을 할 수 있다.

5) 배우자 선택의 기능

이성교제의 중요한 기능 중에 하나가 바로 배우자 선택의 기능이다. 비록 과거에 비하여 배우자 선택의 기능이 약화되기는 하였지만, 다양한 이성을 통하여 자신의 이상적인 배우자를 찾고자 하는 것은 여전하다. 이성교제 기간 동안 자신에게 어울리는지, 인생을 함께 할 수 있는 의지가 있는가를 살펴보면서, 순간적인 연애감정이 아니라 지속적인 신뢰와 사랑의 감정인가를 탐색해 볼 수 있다. 다양한 이성들과 교제를 하다가, 점차 대상을 좁혀 나가고, 또한 교제기간도 길어지면서, 서로 아껴주고자 하는 마음이 들고, 정이 깊어지게 된다. 그리고 자연스럽게 서로의 성장을 도와주면서, 평생의 반려자로써의 확신을 갖고 배우자로써 선택을 결정하게 되기도 한다.

3. 이성교제의 단계

1) 그룹데이트(group date)

이성교제를 시작하는 첫 단계인데, 대부분 이성과의 첫 만남에서 오는 어색함과 쑥스러움을 없애기 위하여 그룹으로 만나는 형태이다. 여러 사람들과 함께 하는 데이트는 불안감을 떨치고 자신감을 불러일으킬 수 있다는 점에서 바람직하다. 특히 청소년들이나 대학 신입생들의 경우에는 소위 '미팅'이라고 불리는 집단적 만남을 흔히 볼 수 있다.

2) 일시적 데이트(casual or random date)

여러 이성과 부담 없이 데이트를 하면서 즐거움을 추구하는 형태이다. 상대에 대한 책임이나 의무감을 느끼지 않으면서 자유롭게 교제를 한다. 이러한 만남을 통하여 자신이 선호하는 이상형의 기준을 확인할 수 있으며, 자신도 또한 어떻게 하면 상대방에게 호감을 줄 수 있는가를 인식하게 된다.

3) 지속적 데이트(steady or serious date)

일시적 데이트를 하다가 자신과 어울린다고 생각되는 특정한 이성과 지속적인 만남을 가지면서 친밀한 관계로 발전하게 된다. 이 시기에는 상대방에게 관심을 집중하면서, 상대방도 역시 자신하고만 만나기를 원하므로 심리적 구속감을 느끼기도 한다. 이러한 관계는 상호간의 동의가 없으면 갈등에 빠지게 되며 만남을 종결지어야 하는 상황도 발생한다. 그러나 서로가 같은 감정을 가지고 만난다면, 심리적 안정을 얻게 되고, 사랑의 희열도 맛볼 수 있다. 그룹데이트나 일시적 데이트의 경우와 같이 만날 때 마다 어떤 사람을 만나게 될 것인가에 대한 불안감에서 벗어나 자신을 진정으로 사랑하는 한 사람이 있다는 믿음을 갖게 된다. 이러한 믿음은 상호간의 신뢰로 발전하게 되고, 이러한 신뢰는 상대방이 미래를 함께 설계할 수 있는 사람인가를 확인하게 만든다. 지속적 데이트는 신중한 결심을 필요로 하며, 두 사람은 서로에 대한 책임과 의무를 어느 정도 느껴야 한다.

4) 결정적 데이트(pinning date)

지속적 데이트가 장기간 지속되면 결혼에 이르게 된다. 상대방을 배우자감으로 인식하면서 데이트를 하는 형태가 결정적 데이트이다. 따라서 상대방이 다른 이성과 만나는 것을 통제하고, 미래에 대한 구체적인 계획을 함께 세우기도 한다. 이 시점에서 두 사람의 관계는 정신적 뿐만 아니라 육체적으로도 매우 친밀한 관계를 맺기 마련이므로 결정적 데이트에 진입하기 이전에 마음의 준비를 해야 한다. 실제로 이성교제를 하다가 깊은 상처를 입는 경우는 대부분 결정적 데이트가 실패로 끝나는 경우이다. 이는 상대방에 대한 실망, 배신, 그리고 좌절로 인하여 세상을 원망하기도 한다. 그러나 실패의 경우라 할지라도 이성을 깊이 알 수 있었던 소중한 기회였다는 점을 인식하면서 어려움을 극복해나가는 것이 현명하다.

4. 이성교제의 장애요소

현대사회에서 이성교제는 매우 보편화되었다. 인터넷을 통해서 교제할 수 있는 대상이 더욱 넓어지고, 기회도 늘고 있다. 일반적인 채팅뿐만 아니라 동호회에 가입하여 관심과 취미가 같은 사람들을 만나면서 사이버 공간에서도 친밀한 관계를 맺을 수 있게 되었다. 게다가 휴대폰이 대중화되면서, 데이트 약속을 하는 일도 수월해 졌다. 이러한 주변적 변화에도 불구하고, 일부 기성세대는 여전히 이성교제에 대하여 우려의 시선을 보낸다. 유교적 사회 규범, 성의 개방적 분위기, 그리고 학업방해 등의 장애요소들로 인하여 이성교제는 어느 정도 통제되거나 자제되어야 한다는 의견이 많다. 대부분의 성인들은 학업에 열중해야 하는 청소년들, 혹은 아직 나이가 어린 초 중등학생들에게 있어서 이성교제를 장려하지는 않는다. 그러나 앞에서 언급하였듯이, 이성교제에는 다양한 좋은 기능들이 있으므로 올바른 방향으로 권장하면서, 건전한 이성교제의 틀을 제시해볼 필요가 있다.

1) 이기심

이성과의 사귐에서 가장 중요한 것은 상호 존중이다. 상대방에 대한 호기심이나 자극만으로 가득차서 자신의 욕구만을 앞세우는 이기심에 가득한 행동은 이성교제에서 피해야 한다. 결국 이성교제도 크게 본다면 인간관계이므로 원만한 인간관계를 위해서는 상대방에 대한 배려와 존중이 있어야 한다. 또한 상호조화도 중요한 측면이다. 두 사람이 서로 사귈 때, 자신만의 요구를 주장하고 상대방에 대한 이해나 협조가 없다면 자신만의 일방적 사귐에서 끝날 확률이 높다. 사귐을 통하여 쾌락만을 추구하고 상대방을 소유하려고 한다면 공허함과 갈등만을 맛보게 될 것이다. 따라서 이성을 좋은 친구로 사귀려면 자신의 욕구를 조절하고 절제하는 방법을 배우고, 상대방에 대한 예의를 지킬 줄 아는 성숙한 인격체가 되도록 노력해야 한다. 서로 눈높이를 맞추면서 이해하고자 노력한다면, 이성교제는 두 사람이 모두 기쁨을 느낄 수 있는 윈-윈(win-win) 게임이 될 것 이다.

2) 이중적 기준

남성과 여성은 차이가 있다. 유전적인 기질이나 사회적 환경으로 인한 차이는 있을 수 있다. 그러나 이러한 차이가 때로는 남성 혹은 여성에 대한 오해와 차별로 이어지기도 한다. 가령, 여성에게는 순결을 요구하면서도 남성에게는 허용된다건가, 여성은 남성에게 의존적이라던가 혹은 교제의 비용이나 결정을 남성이 전적으로 책임지는 등의 일들이다. 즉 여성과 남성에 대한 기준에 차이를 두고, 각각 다른 기준을 적용하는 실수를 저지르기 쉽다는 점이다. 진정으로 바람직한 이성교제가 되려면, 남성과 여성을 하나의 동등한 인격체로 보는 양성평등적 시각이 전제되어야 한다.

이성교제에 있어서 이중적 기준은 자칫하면 이성교제의 기능을 서로 다르게 인식할 위험도 있다. 예를 들면, 남성은 오락적 기능을 강조하여 즐거움이나 쾌락을 목적으로 만남을 가졌으나, 여성은 결혼을 기대하면서 지속적인 관계를 유지하고자 하거나 혹은 이와 반대의 경우이다. 어느 경우나 남성과 여성이 각기 다른 목적으로 교제를 한다면, 이성교제의 본래의 취지와는 달리 부정적인 결과를 낳게 된다. 이러한 점을 염두에 두고, 남성과 여성이 서로 시각을 조율해나가면서, 이성교제의 장점을 최대한 발휘할 수 있도록 노력해야 할 필요가 있다.

3) 부모 및 주변인들과의 갈등

이성을 사귀고 있다는 말만 들어도 부모들은 상대방의 성격이나, 학력, 직업, 그리고 가족배경에 대하여 큰 관심을 보인다. 마치 결혼할 배우자를 선택하는 것으로 착각하기도 하기도 하지만, 부모나 주변사람들이 바라보는 이성교제는 결혼을 연상하기 마련이다. 그러나 당사자들은 그저 서로 만나서 좋은 시간을 보내고 있는 단계라면, 이러한 과중한 관심은 오히려 긍정적인 관계 발전을 위하여 걸림돌이 된다. 부모입장에서 궁금한 점이 많지만, 시간을 두고 기다려 주는 것이 필요하다. 특히 청소년기의 이성교제에 대하여 대부분의 부모들은 학업에 지장이 올까봐 무조건 반대하는 입장을 보이는 경향이 있는데, 이러한 무조건적인 반대는 설득력이 없다. 오히려 열린 마음으로 대화를 통하여 진전상황을 알아 가면서, 적절한 조언을 통하여 스스로 자제할 수 있는 계기를 제공하는 편이 바람직하다.

4) 비생산성

이성교제는 삶의 활력소 역할을 하기도 하지만 지나치게 몰입하면 자신과 상대방 이외의 다른 일에는 집중하지 못하는 부정적인 면도 있다. 자신에게 주어진 학업이나 일에 몰두하지 못하게 된다면, 시간 관리를 해야 한다. 즉 이성과의 만남의 시간, 학업이나 일을 하는 시간, 그리고 기타 의 영역에 시간 배분을 적절하게 하여 만남과 일을 효율적으로 해나가고자 하는 노력이 필요하다. 이러한 노력이 없다면, 두 사람의 만남이 아무리 즐겁다할지라도 쾌락의 수준에서 벗어날 수 없을 것이다. 게다가 개인의 인격적 성숙이나 발전적 미래는 더욱 기대할 수 없다는 점을 염두에 두어야 한다.

5) 데이트 폭력

데이트 문화와 데이트 폭력이 증가하는 것에 비하여, 데이트 폭력에 대한 우리의 인식은 매우 미미하다. 특히 데이트를 하는 10대나 20대들은 데이트 폭력에 대하여 무방비 상태로 노출되어 있다. 데이트 폭력은 남성과 여성이 교제하는 과정에서 의도적으로 상대방에게 해를 끼치는 행위로써, 신체적, 언어적, 그리고 심리적 폭력이 포함된다. 또한 심한 경우에는 성관계를 강요하는 성폭력도 행해진다. 친밀한 연인들 사이에서 행해지는 폭력은 외부로 드러나지 않고 은밀하게 행해지기 때문에 더욱 심각하다. 또한 교제중인 사람의 폭력행위는 사랑의 감정과 혼합되어 있어서 가해자와 피해자가 모두 범죄행위로 인식하지 못하는 경우가 많으며, 단순한 사랑싸움으로 치부하는 사회적 분위기는 데이트 폭력을 허용하도록 만든다. 특히 성폭력의 경우에는 외부에 알리는 경우가 거의 없을 뿐만 아니라 피해당사자 조차 윤리적인 문제는 있을지언정 그런 행위를 범죄차원의 폭력행위로 인식하지 못하는 경우가 많다. 실제로 데이트 폭력은 우리 주변에서 빈번하게 발생하고 있으나 의식하지 못할 뿐이며, 누구라도 데이트 폭력의 가해자 혹은 피해자가 될 수 있다.

한편, 데이트를 하는 도중에 폭력을 당하였다 할지라도 친밀한 관계이기 때문에 폭력을 행사한 가해자에게 책임을 묻기가 난처하다. 또한 가해자가 폭력을 행사한 이후 용서를 구하거나 위협을 하는 경우가 많으므로 쉽게 헤어지지도 못하며, 서로가 사적인 관계에 있기 때문에 법적 처벌을 하는데도 어려움이 있다. 따라서 폭력행위가 반복된다 할지라도 피해자가 적극적인 대처를 하기 어려운 실정이다.

5. 바람직한 이성교제

최근 우리사회에서도 이성교제가 보편적인 것으로 인식되고 있다. 그러나 초기의 이성교제와는 다른 몇 가지 특성을 볼 수 있다.

첫째, 이성교제를 시작하는 연령이 낮아지고 있다. 최근 남녀공학의 비율이 높아지면서, 남녀 학생들이 만날 기회가 증가하였다. 최근에는 청소년들뿐만 아니라 초등학생들도 이성교제를 하는 것으로 나타났다.

둘째, 이성교제에서 남성과 여성의 전통적인 역할이 붕괴되고 있다. 과거에는 남성이 주로 데이트 비용 및 데이트 장소를 정하는 등 주도적인 역할을 하였다. 그러나 최근에는 여성들도 자신이 원하는 남성에게 먼저 데이트를 신청하기도 하고, 데이트 비용도 공평하게 지불하기도 하는 등 적극적인 모습을 볼 수 있다.

셋째, 이성교제의 경로가 다양하다. 과거에는 친구 및 주변의 아는 사람의 소개로 만나는 경우가 많았으나, 요즈음은 대중매체, 인터넷, 그리고 전문기관의 주선으로 이성을 만나는 확률이 높아졌다.

넷째, 성에 대한 의식이 개방적이다. 친밀한 관계에 이르게 되면,

대부분 신체적 접촉이나 성관계까지 이르게 되는 경우가 많다. 과거에는 결혼을 전제로 하지 않는 경우에는 성관계는 금기시 되었으나, 오늘날에는 사랑이 확인되면 결혼여부와는 관계없이 성관계도 허용될 수 있다는 분위기이다.

다섯째, 이성교제가 각 연령에 폭넓게 일어나고 있다. 과거에는 이성교제라고 하면 젊은 미혼 남녀들을 떠올렸지만, 최근에는 중·노년층의 홀로 된 사람들이 활기찬 생활이나 재혼을 위한 이성교제에 적극적이다. 이성교제에 대한 욕구 및 필요성이 연령을 초월하여 나타나는 현상은 이성의 존재가 개인의 삶에 얼마나 중요한 의미를 지니고 있는가를 보여주는 것이다.

미혼시기에 여러 이성과의 사귐은 자기 성장뿐만 아니라 사회 적응과정에서도 필수적이라 할 수 있다. 이성교제가 보편화된 우리 사회에서 이성교제에 대한 부정적인 시각을 앞세우기보다는 오히려 바람직한 방향으로 장려해나가야 할 것이다.

이성을 하나의 인격체로서 존중하는 마음을 가지면, 정신적인 교감은 물론 성적 욕구도 조절되고 통제될 수 있다. 설레임, 호기심, 동경에서 출발한 이성과의 교제는 순수함, 신뢰, 그리고 이해를 기본으로 하여 사랑을 발전시켜 나가야만 진정한 이성교제라고 하겠다. 이러한 방향으로 나가기 위하여 이성교제에서도 올바른 태도와 예절을 가르칠 필요가 있다. 상대방을 구속하고 자신의 욕구만을 주장하는 이성교제는 결국은 파탄으로 끝나기 쉬우며, 또 다른 이성을 만난다고 하여도 결국 실패의 연속이 될 것이다. 반복적인 이성교제의 실패는 자신에 대한 좌절감과 세상에 대한 원망감을 불러일으킴으로써 궁극적으로 삶의 실패의 원인이 되기도 한다. 그러므로 성공적인 삶을 위해서라도 바람직한 이성교제는 필요하다.

남성과 여성의 사귐은 정신적인 교류와 더불어 육체적인 친밀감을 배제할 수 없는 것이 당연하다. 우리나라는 성교육이 완전히 개방되지 못한 실정이고, 이성교제에 대한 부모세대의 인식도 부족한 편이며, 청소년기의 이성교제에 대한 부정적인 시각도 여전히 남아 있기 때문에 이에 대한 올바른 지침이 요구된다. 따라서 이성간의 우정을 쌓고 자연스럽게 단계적인 교제를 할 수 있도록 지도하여 올바른 방향으로 발전해 나가도록 해야 한다. 바람직한 이성교제를 위한 몇 가지 제안을 살펴보기로 하겠다(유영주, 2000).

(1) 부모의 올바른 태도가 형성되어야 한다.
(2) 문화적 갈등이 조화롭게 극복되어야 한다.
(3) 올바른 행동규범이 형성되어야 한다.
(4) 혼전 성관계에 대한 올바른 가치관이 형성되어야 한다.

<표 5-1> 성별에 따른 이성교제 전략

남성의 전략
자원을 과시함
자원에 대한 허풍
박학다식함을 과시
힘을 과시함
스포츠에 대한 열정을 과시함
자랑을 늘어놓음

여성의 전략
화장을 함
깨끗하고 단정함을 유지함
모습에 변화를 줌
맵시 있는 옷을 입음
수줍어 함
악세서리 착용
섹시한 옷을 입음

성별을 초월한 전략
화를 냄
장난을 침
머리를 단정하게 함
사회적인 압력을 증가시킴
세련된 행동을 함
유머를 사용함
맘대로 행동함
순종적인 행동을 함
내숭을 떨기
신체적인 접촉을 함

Buss, D.M.(1988), The evolution of human intrasexual competition: Tactics of mate attraction. Journal of Personality and Social Psychology, 54.

06장 배우자 선택

아무리 사회가 변하였다할지라도, 평생을 함께 할 배우자를 선택하는 일은 여전히 가장 중요한 인생 과업 중에 하나이다. 결혼의 성공여부는 바로 자신에게 어울리는 배우자를 선택하는데 달려 있다. 배우자는 자신의 인생의 동반자로서, 친인척의 구성원으로서, 그리고 사회구성원으로서 영향력을 미치기도 한다. 따라서 배우자 선택문제는 결혼을 앞두고 있는 당사자들 뿐만 아니라 그 부모들까지도 많은 관심을 가지게 된다.

천생연분이라는 말처럼 배우자 선택은 운명인가? 아니면 적극적으로 자신과 조화로운 배우자를 선택하는 방법이 있는가? 최근에는 과거의 비공식적인 중매쟁이가 아닌 전문성과 조직성을 갖춘 결혼정보회사들이 출현함으로써, 배우자 선택도 인생의 중요한 과업으로써 적극적으로 계획을 세워 상대를 찾아보고 평가하여 자신에게 어울리는 최선의 선택을 장려하고 있다. 결혼 후 서로 갈등을 일으키고 이혼하는 부부들이 증가하는 추세이기 때문에, 배우자선택은 더욱 신중할 수밖에 없다. 자신이 원하는 배우자를 선택하여 행복한 결혼생활을 꾸려 나가는 일은 세속적인 성공의 가장 기초 열쇠이다.

1. 배우자 선택이론

결혼의 주도권이 부모로부터 결혼 당사자들에게 주어지면서 배우자를 선택하는 일은 더욱 중요한 관심사가 되었다. 배우자 선택은 시간적, 공간적, 그리고 문화적 양상에 따라 상이한 요인들이 작용하기 때문에 하나의 통합된 이론을 형성한다는 것은 불가능하다. 그러나 많은 가족관련 전문가들은 배우자 선택과정을 관찰하고 분석하여 이론적 틀을 제시하고자 하였다. 그중에서 많은 학자들이 중요하게 언급하고 있는 몇 가지를 알아보고자 한다.

1) 사회교환이론

배우자 선택이란 '최소 비용의 최대 만족'이라는 경제적 논리에 입각한 하나의 '거래'행위와 유사하다고 본다. 즉 사람들은 주어진 선택 상황에서 비용보다는 더 많은 이득을 얻고자 한다. 결혼시장에서 남녀가 서로 배우자를 선택할 때 자신이 가지고 있는 물질적·비물질적 자원을 동원한다는 것이다. 자신의 자원을 강조함과 동시에, 자신과 상대의 교환자원을 비교하거나, 주위의 자신과 유사한 사람의 자원을 비교함으로써 자신이 얻게 되는 보상을 최대화하고자 한다.

교환의 원리 및 자원, 그리고 비용과 보상에 대한 평가는 시대나 사회에 따라 다르지만, 일반적으로 학력, 경제력, 사회계층, 신체적 매력, 직업, 가문과 같은 요인들에 대해서는 일치한다. 몇몇 연구에 의하면, 교환자원은 성별에 따라 차이를 보이는 것으로 나타났다. 배우자 선택에서 가장 대표적인 자원으로 연령, 경제력, 교육정도, 외모, 성격을 들 수 있는데, 남성은 주로 경제력이나 교육을, 그리고 여성은 외모와 같은 신체적 매력, 혹은 성격을 주된 자원으로 본다

(Schoen, et al. 1988). 자신이 제공할 수 있는 자원이 많다고 생각하는 경우에는 자신과 유사한 가치나 자원을 가진 상대를 선호하는 경향이 있다. 중매혼의 경우에는 개인적인 선호보다는 가족 배경, 사회적 지위, 재산, 가문 등이 중요한 자원으로 등장한다.

2) 공평이론

교환이론을 발전시킨 이론이다. '공평'이란 개념은 거래의 공정성을 의미한다. 자신이 준 만큼 받아야 공평한다고 생각하는데, 여기서 중요한 것은 자원의 양과 질, 그리고 자원의 가치에 대한 주관적인 평가가 공평성을 결정한다는 점이다. 따라서 객관적인 중요성은 당사자가 인정하지 않는다면 아무런 의미가 없게 된다.

3) 동질성 이론

동질성 이론이란 사람들은 가족환경, 종교, 인종, 가치관 등의 특성이 유사한 상대방을 선택하는 경향이 있다는 것이다. 동질적인 상대를 선택하는 이유는 자신과 유사한 자원을 교환함으로써 공정하다는 만족감을 느낄 수 있고, 종교나 가치관이 유사하면서 대화도 잘 되고, 주변사람들로부터 유사한 배경을 가진 사람과 사귀도록 무언의 압력도 받기 때문이다. 특히 인종의 경우 동질성을 강조하는데, 이는 인종에 따라 언어, 문화, 가치관, 그리고 친인척관계 등이 너무나 다르므로 넘기 어려운 장애가 되면, 다른 인종적 배경의 사람은 이방인으로 여겨질 수 있다.

4) 보완욕구이론

윈치(Winch)에 의하면 사람들은 지리적 접근성이나 환경적 특성상, 사회경제적 지위, 문화, 종교, 인종, 그리고 연령상 동질적인 만남을 가지게 된다고 하였다. 그러나 정작 결혼상대자로는 자신의 결점이나 부족한 점을 보완할 수 있는 사람에게 매력을 느낀다고 하였다. 가령, 내성적인 사람은 외향적인 상대를, 지배욕구가 강한 사람은 순종적인 상대를, 모성적인 사람은 의존적인 상대를, 말하기 좋아하는 사람은 과묵한 사람을, 그리고 성취지향적인 사람은 대리성취를 원하는 상대를 선호한다. 이와 같이 성격이나 기질과 같은 심리적인 부분에서 특히 보완적인 욕구가 매우 높다. 그러나 지나치게 극단적인 두 사람의 만남은 장기적인 결혼생활에서는 부조화를 낳기 쉽고, 서로간의 이해가 부족하여 불행한 결과를 초래할 위험도 있다.

5) 여과망이론

케르코프와 데이비스(Kerkoff & Davis)는 배우자 선택과정을 단계적으로 발전하는 역동적인 과정으로 설명하였다. 배우자로서 최종적으로 선택되는 사람은 여러 여과망을 통과한 생존자이며, 이러한 여과망과정은 보다 바람직한 배우자를 찾고자 하는 사람들의 행동패턴이다. 우선, 배우자를 선택할 때 처음에는 근접성, 매력, 사회적 배경, 학력, 종교에 있어서 사회적 동질성에 기초하여 선택하지만, 시간이 경과함에 따라서 자신에게는 없는 점을 보완할 수 있는 사람으로 좁혀나간다는 사실을 발견하였다. 또한 우드리(Udry)는 이러한 이론을 발전시켜, 배우자 선택은 6단계의 여과망을 거친다고 주장하였다. 첫 번째, 근접성의 여과망을 통하여 공간적으로 가까이 있는, 만날 가능성이 큰 현실적인 대상으로 제한한다. 둘째, 매력의 여과망을 거쳐 신체적 혹은 정서적으로 상호 매력을 느끼면 호감을 갖는 대상으로 좁혀진다. 셋째, 사회적 배경이란 여과망을 통하여 연령, 학력, 직업, 사회계층, 종교, 인종 등이 유사한 사람들로 더욱 좁혀진다. 넷째, 의견합치 여과망을 통하여 유사한 태도, 가치관, 인생관, 신념을 가진 사람들로 축소된다. 다섯째, 상호보완성의 여과망을 통하여 서로에게 부족한 점을 보완할 수 있는 대상을 찾는다. 여섯째, 결혼준비 상태의 여과망을 통하여 결혼에 이르게 되는데, 결혼생활을 위한 의식주의 준비, 경제력, 그리고 마음가짐 등을 점검한다.

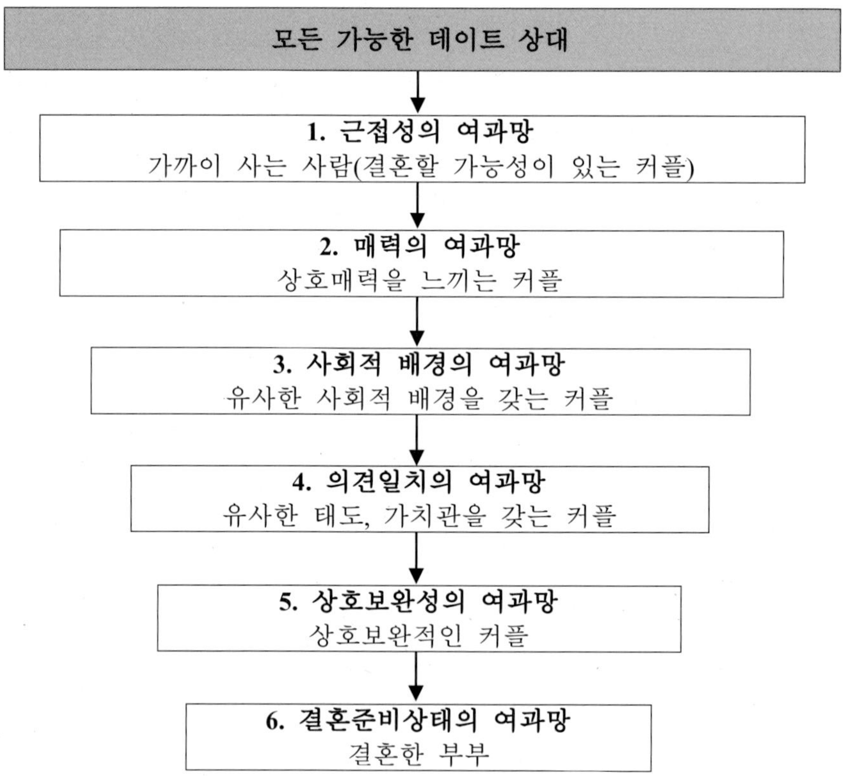

<그림 6-1> 여과망 이론

자료 : Udly(1971). The Social Context of Marriage.

6) 자극-가치-역할이론(Stimulus-Value-Role: SVR theory)

머스테인은 여과이론과 교환이론을 통합하여 새로운 이론을 제시하였다(Murstein, 1980). 이 이론에 의하면 배우자 선택은 세 단계를 거쳐 일어난다.

① 자극단계

이성과의 첫 만남에서 받는 인상으로, 주로 외모, 지위, 직업과 같이 외적으로 나타나는 자원에 의하여 자극을 받아 매력을 느끼고 상대를 평가하는 단계이다. 자신의 자원과 상대방의 자원이 공평하게 교환될 수 있는가하는 가능성을 분석한 후, 공평한 교환이 이루어질 수 있다고 판단되면 다음 단계로 넘어간다.

② 가치단계

어느 정도 관계가 진전되면 상대방의 결혼관, 인생관, 직업 및 자녀출산 계획, 부모님들과의 관계 등에 대한 가치관을 비교하여 서로 공존할 수 있는가를 살펴본다. 그 결과 자신과 유사한 가치관이나 사고방식을 가지고 있다고 판단되면, 관계를 발전시킬 것이고, 그렇지 않다면 관계는 해소된다.

③ 역할의 적합성 단계

앞의 단계가 진전되어 상대방을 배우자로써 구체적으로 생각해 보는 단계이다. 결혼이후 자신과 상대방의 역할에 대한 기대 및 수행능력 등을 고려해 본다. 가령, 남성은 남편, 아버지, 아들, 사위의 역할에 대하여, 그리고 여성은 아내, 어머니, 딸, 며느리의 역할에 대하여 서로 상의를 하여 일치된 의견을 수용하고자 노력한다.

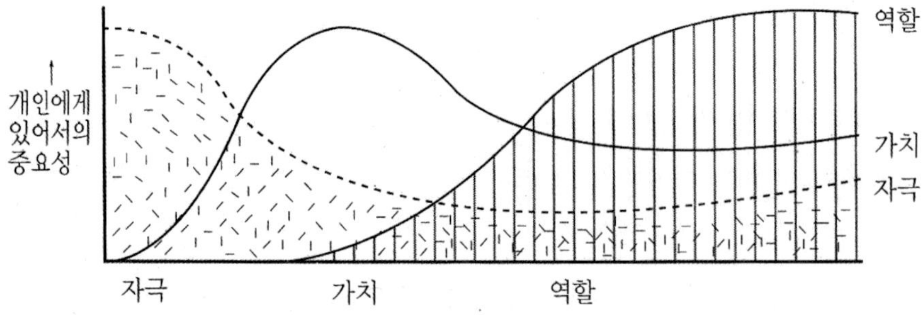

<그림 6-2> SVR 모델

자료 : Murstein(1980), 'Mate selection in the 1970's', Journal of Marriage and the Family.

7) 결혼전 상호관계 형성모델

루이스(Lewis)는 배우자 선택의 과정을 다양한 개념을 활용하여 여섯 단계로 설명하였다.

① 유사성 단계

연령, 종교, 학력, 인종, 가치관, 취미, 성격 등에서 서로의 유사성을 발견하여 매력을 느낀다.

② 라뽀단계

사귀는 두 사람사이에 라뽀가 형성되어 긍정적 평가를 하고 서서히 신뢰와 친밀감이 발달된다.

③ 자기노출단계

자신의 숨겨진 개인적인 부분을 솔직하게 드러내면서 친밀감을 더 진전시키고자 한다. 상대방의 협조가 없으면 관계지속이 힘들어 진다.

④ 역할취득단계

지금까지의 과정을 통하여 상호간의 역할에 대한 명확한 개념을 정립하고 공감을 갖고자 한다.

⑤ 역할적합성단계

이 단계로 접어들면, 두 사람의 유사성과 차이를 파악하고, 상대방의 역할에 대한 기대와 상호 이해의 가능성 등을 점검해 본다.

⑥ 상호결정단계

두 사람이 함께 정체감을 발달시키고, 고정 파트너, 혹은 결혼상대자로 외부에 알리면서 경계를 확실히 한다. 이 단계에 이르게 되면, 두 사람은 상호 관여정도 및 개입을 증가시켜서 서로의 개인적 영역까지 함께 하고자 한다.

8) 환상-검증-평가 모델

네피즈(Nafz)는 배우자 선택 행동은 기존의 이론들이 지적한 것처럼 도식화된 과정으로만 볼 수 없다고 주장하면서 새로운 이론을 제기하였다. 즉, 사람들은 배우자와 행복한 결혼생활에 대한 기대감이 다르다는 전제이다. 따라서 각자의 욕구나 기대, 그리고 결혼생활의 행복에 대한 예측도 다르게 되면서, 배우자의 선택과정도 다를 수 밖에 없다고 주장한다. 이러한 다양한 배우자 선택과정속에서 개인은 자신이 예측한 기대감을 현실에서 검증하고, 이에 대한 평가를 통하여 관계를 계속해나가거나 혹은 해체하게 된다. 이러한 선택 과정은 반복적으로 이루어지면서 순간 순간 관계지속 혹은 관계해체라는 의사결정을 하게 된다는 것이다.

2. 배우자 선택 유형

배우자를 선택하는 형태로는 흔히 중매혼과 자유혼으로 구분한다.

그러나 실제로는 두 가지 형태가 서로 복합된 절충형의 경우가 많다.

1) 중매혼

배우자선택권이 결혼당사자들에게 있는 것이 아니라, 부모나 혹은 가문의 어른들에게 있는 형태이다. 따라서 당사자들의 감정이나 성격, 혹은 선호경향은 거의 고려되지 않고, 가문이나 사회경제적 배경을 중요시한다. 두 집안을 연결해 주는 중매인의 역할이 매우 중요하며, 때로는 전문적인 중매인이 결혼을 성사시키고 일정한 성사비용을 받는 경우도 있다.

중매혼은 서로 잘 어울릴 것 같은 두 집안을 연결시켜준다는 긍정적인 측면도 있지만, 무엇보다도 결혼 당사자들의 의사가 충분히 반영되지 못한다는 점에서 결혼생활의 부적응을 야기시킬 수 있다. 또한 개인적인 만남이 아니라 가문과 가문의 결합이기 때문에 여성의 경우에는 좋은 아내가 되기보다는 좋은 며느리가 되어야 한다는 부담을 가지게 된다.

2) 자유혼

결혼은 사랑을 기반으로 결혼 당사자들의 행복을 추구하는 것이 가장 중요하다고 본다. 따라서 배우자 선택은 당사자들의 자유의사에 맡겨야 하고, 개인적인 호감이 발전하여 사랑을 하게 되고, 사랑은 곧 결혼이라는 결실로 표현되는 것이라는 관점에서 이루어지는 결혼의 형태이다.

자유혼은 서로의 마음이 이끌려서 교제를 하고, 교제가 깊어지면서 자연스럽게 함께 일생을 보내고 싶다는 욕구를 갖게 되는 과저이므로 상대방의 집안이나 사회경제적 배경요인들은 큰 의미가 없다. 오히려 개인의 성격이나 매력이 중요한 결정변수가 된다. 그러나 두 사람의 사랑만으로 모든 일을 해결될 수 있다는 지나친 환상은 현실을 바탕으로 두는 결혼생활이후에 실망을 가져 올 수 있다. 또한 사랑으로 맺어진 관계이므로 결혼을 한 후에 사랑의 감정이 식으면 쉽게 이혼할 가능성도 있다. 그리므로 비록 자유혼이 당사자들의 참된 사람과 자유로운 의사로 결합을 하였다 할지라도, 두 사람의 성숙한 자세로 상호관계를 발전시키는 노력과 인내가 뒤따르지 않는다면 성공할 수 없다는 사실을 기억해야 할 것이다.

3) 절충혼

절충혼은 자유혼과 중매혼의 중간 형태로, 배우자 선택권과 결정권이 당사자와 부모의 상호 결정에 의하여 이루어지는 경우이다. 절충형은 두 가지로 분류할 수 있는데, 그 하나는 당사자가 자유로운 교제를 통하여 결혼상대를 선택한 후 부모에게 소개하여 동의를 얻는 것이고, 다른 하나는 부모가 적당한 상대를 소개하여 자녀로 하여금 교제를 하도록 한 후 자녀가 선택권을 행사하는 것이다.

최근 우리 사회에서는 절충혼이 증가하는 추세이다. 신세대들이 자신들의 개성과 취향을 강조하면서 자신을 이해하고 함께 할 수 있는 유사한 배경을 가진 상대방을 원하는 경향을 보이면서 동질혼적인 성향이 증가하고 있다. 우연히 길을 가다가 마주쳐서 사랑을 느끼기 보다는 취미활동이나 동아리활동을 통하여 동질적인 요인을 가진 사람을 만날 기회를 만들고, 그 속에서 자신이 좋아하는 감정을 가진 사람에게 접근한다. 따라서 최근의 절충혼은 과거처럼 부모님에게 동의를 얻는 형태라기보다는 주변의 친지나 모임을 통하여 소개를 받는 형태가 압도적으로 많다. 어떤 경우든 간에, 절충혼은 중매혼의 결점을 보완할 수 있고, 상대를 구할 수 있는 기회가 많아진다는 장점이 있다.

3. 배우자 선택 요인

결혼형태가 중매혼, 자유혼, 또는 절충혼이던 간에 결혼당사자들은 자신의 배우자를 선택하는데 있어서 어떠한 조건에 우선순위를 두게 마련이다. 배우자 선택 기준에는 흔히 동질적 요인과 이질적 요인이 있다. 일반적으로 연령, 사회적 지위, 지역적 근접성, 가치관, 종교 및 인종은 동질적인 경우를 선호하며, 성격이나 행동유형, 지배력, 성취욕 등은 이질적인 경우를 선호한다. 그러나 동질적이거나 이질적인 요인들이 반드시 따로 있는 것은 아니며, 상대방에 따라 때로는 서로 다를 때 보완할 수 있어서 더 편안하다고 느끼기도 하고, 때로는 서로가 비슷하기 때문에 공감할 수 있어서 더 좋다고 느끼기도 한다.

배우자 선택시에 영향을 미치는 요인들을 구체적으로 살펴보기로 하겠다.

1) 연령

일반적으로 배우자를 선택할 시에 가장 염두에 두는 요인이 연령이다. 대부분의 사람들은 일정한 연령 범위내에서 배우자를 선택한다. 물론, 조선시대에는 신부의 나이가 더 많아 어린 신랑을 돌보는 경우도 있었지만, 대부분은 남자가 여자보다 연상인 경우가 많다. 나이차이가 많이 나는 경우에는 성장과정에서의 경험이 서로 다르기 때문에 상호 이해가 어렵고, 때로는 세대 차이를 초래하기 때문에 결혼의 갈등 요인이 될 위험도 있다. 최근에는 동연배이거나 여성이 나이가 많은 연상 연하남의 결합도 증가추세이기는 하지만 남자가 여자보다 서너 살 연상인 결합이 여전히 우세하다.

2) 사회계층

결혼이 두 사람의 결합이라는 인식으로 변화한 것은 사실이지만, 그들이 속한 사회적 계층은 결혼생활을 지속하는 과정에서 매우 중요한 요인으로 작용한다. 사회적 계층은 주로 부모의 소득, 교육, 직업등으로 결정되는데, 계층에 따라서 거주지, 취미활동, 가치관등이 상이할 확률이 높다. 서로 가치관이 유사하고, 취미활동을 함께 즐길 수 있으며, 두 집안의 경제력도 비슷한 수준일 경우에는 상호 편안함을 느낄 수 있으므로 배우자로써 선택할 확률이 높아진다.

3) 교육수준

교육수준은 부모나 주변사람들의 교육정도 보다는 교제를 하는 당사자들의 교육수준이 더욱 큰 영향을 미친다. 일반적으로 남성은 자신과 동등하거나 약간 낮은 교육수준을 수용하지만, 여성은 자신과 동등하거나 높은 수준의 남성을 선호하는 것으로 나타났다. 이러한 결과는 남성은 자신보다 높은 교육을 받은 상대 여성으로부터 위협을 느끼지만, 여성은 남성에게 의존하거나 신분상승의 기대로 인하여 상대방의 높은 교육수준을 긍정적으로 평가한다. 그러나 여성의 교육수준이 남성에 비하여 지나치게 낮을 경우에는 남성이 무시할 수도 있으므로 바람직하지는 않다.

4) 종교

종교가 없는 경우는 무관하지만 두 사람이 각각 확실한 종교적 성향을 띄는 경우에는 가능한 동일한 종교가 좋다. 또한 몇몇 종교들은 동일한 종교를 가진 배우자를 선택할 것을 요구하기도 한다. 특히 종교의례에 참여하거나 신앙활동을 하는 경우 한 쪽 배우자만 참여한다면 부부간의 관계는 갈등을 유발할 수 있기 때문에, 비록 교제를 시작할 때는 종교적 믿음이 다르다 할지라도, 결혼을 약속할 시기에는 가능한 동일한 믿음을 가지는 편이 바람직하다.

5) 건강

건강검진을 하고 나서 이성교제를 시작할 수는 없지만, 적어도 오랫동안 함께 인생을 살아갈 배우자로 선택할 시에는 상대방의 건강에 대한 확신을 가질 수 있어야 할 것이다. 알코올이나 약물중독, 그리고 정신적 결함등은 반드시 치료되어야 한다.

최근 외모지상주의로 인하여 날씬한 외모만 강조하면서 다이어트를 하다 보면, 건강한 신체적 조건을 유지하지 못하거나, 정신적 건강 등에는 미처 관심을 기울이지 못하게 된다. 행복한 결혼생활은 두 사람의 신체적 건강과 더불어 정신적 건강도 매우 중요한 요소임을 염두에 두어야 할 것이다.

4. 배우자 선택 시 고려할 점

서로 교제를 하면서 상대방을 자신의 배우자로 받아들이겠다는 결정을 내리기 전에 몇 가지 사항을 점검해보는 것은 행복한 결혼생활을 해나가는데 도움이 된다. 자신이 스스로 점검해 보는 것이 어려우면, 결혼 전 교육프로그램 등에 참여하는 것도 좋은 방법이다. 한 연구에 의하면 결혼 전 교육 프로그램의 효과가 매우 크다는 결과도 있다(정현숙, 2007).

성공적인 결혼을 위하여 고려해야 할 점들을 구체적으로 살펴보면 다음과 같다.

(1) 충분한 교제기간을 가져야한다
(2) 나 자신을 올바로 알고 정서적 성숙을 이루어야 한다.
(3) 상대방에 대해 제대로 알아야 한다.
(4) 나 자신을 있는 그대로 표현하고 상대방을 있는 그대로 수용할 수 있어야 한다.
(5) 결혼에 대한 비현실적인 기대, 오해, 환상에서 벗어나야 한다.
(6) 부모 및 친구나 가까운 사람들의 의견도 무시해서는 안 된다.
(7) 자신의 부모로부터, 정서적, 경제적 독립이 이루어져야 한다.
(8) 자신이 이상적으로 생각하는 배우자 상을 분명히 한다.

제3부

결혼과 가족생활

07장 결혼의 의미

1. 결혼의 사회적 의미

서로 사귀면서 사랑을 가꾸어 나가는 두 남녀는 자신들이 영원히 함께 있을 수 있기를 갈구하게 된다. 이 두 남녀의 결합을 사회적으로 인정하고 유지할 수 있도록 보장하는 방법이 바로 결혼이다. 결혼을 통하여 남녀의 만남은 비로소 하나의 진정한 의미를 갖게 된다. 즉 남녀가 만나서 즐거운 시간을 보내고 순간적인 쾌락을 즐기기는 관계가 아니라 지속적인 관계를 가지고 인생을 함께 설계해 나가는 부부관계를 맺게 되는 것이다. 결혼은 낭만적이라기보다는 오히려 꿈에 그리던 단란한 가족을 실제로 만들어 나갈 수 있는 매우 현실적인 장치이다. 그러므로 결혼의 진정한 의미는 남녀 간의 애정적 결합을 사회적 제도를 통하여 견고하게 맺어준다는데 있다. 또한 이러한 결합은 법적인 인정을 받게 됨으로써 부부로써의 권리와 의무를 수행하게 된다.

대부분의 사회에서 결혼의 요건을 법률로 정하고 있다. 또한 사회 구성원들의 동의하에 결혼과 관련된 사회적 규범, 풍습, 도덕적 기준 등이 규정되어 있다. 국가나 사회가 인정하지 않는 법적인 보호를 받을 수없는 남녀의 결합은 결혼이라고 말할 수 없다. 사회적 승인이 없는 남녀는 아무리 서로 사랑한다 할지라도 사회적 비난을 면하기 어려우며, 여러 가지 측면에서 정식 부부로 인정받지 못한다. 그러므로 사랑하는 남녀가 그저 서로 좋아서 혹은 사랑하기 때문에 함께 산다는 것만으로는 결혼의 충분조건이 되지 못한다. 자신들의 결합을 부모와 주변사람들에게 공포하고, 법적인 보호를 받음으로써 비로소 그 결합은 사회적 의미를 갖게 된다.

결혼을 공식적으로 인정하도록 만드는 방법에는 여러 가지가 있다. 우선 대부분의 사회에서 남녀의 결합을 결혼의식을 통하여 가족 및 친지, 이웃에게 공표한다. 결혼의식은 그 사회의 규범이나 문화적 차이에 따라 특정한 형식이나 절차를 따르게 된다. 또한 법적으로는 결혼신고나 결혼증서를 작성하도록 한다. 법적 절차는 부부의 관계를 사회적으로 승인한다는 의미뿐만 아니라, 나중에 결혼생활을 하다가 발생할 수 있는 여러 가지 갈등을 해결하거나 재산분배 및 상속의 경우에 중요한 근거가 되므로 반드시 따라야 할 절차이다.

2. 결혼의 특성

웨스터마크(Westermark)에 지적처럼, 결혼은「1인 또는 여러 남자와, 1인 또는 여러 여자의 결합에 의하여 이루어지고, 관습이나 법에 의하여 승인되는 사회적 제도이며, 결합하는 당사자나 결합에 의하여 출생한 자녀에 대하여 일정한 권리와 의무를 갖는 관계」라고 정의될 수 있다. 이와 같은 결혼을 통한 남녀의 결합은 다음과 같은 특성을 지닌다.

① 결혼은 합법적으로 인정된 남녀의 성관계이다

남녀가 성관계를 가졌다고 해서 모두 부부라고 할 수는 없다. 그것은 사회적으로 인정하는 법적인 보호를 받을 때 비로소 정당한 부부관계로 발전하는 것이다. 따라서 결혼은 남녀의 결합을 제도를 통하여 인정하는 의례이며, 결혼이후 혼인신고를 마치게 되면 비로소 사회적 관계로 인정받게 되는 것이다.

② 결혼은 영속적인 관계이다.

최근 우리사회에서 이혼율이 매우 높아지기는 하였지만, 결혼을 할 때부터 이혼을 생각하는 사람은 거의 없을 것이다. 다시 말하자면, 결혼을 하는 순간에는 누구나 상대방과 함께 삶을 다할 것이라고 다짐을 한다는 말이다. 이와 같은 결혼의 영속성은 자녀출산 및 양육과도 밀접한 관련이 있다. 부모가 자녀를 낳은 후 그 자녀가 성인이 될 때까지 상당기간 동안 심리적으로나 경제적으로 책임을 져야 한다. 만약 결혼이 일시적이고 지속성이 결여된다면, 출생한 자녀에 대한 부모의 책임감이 결여될 것이고, 자녀양육은 커다란 사회문제화 될 것이다. 따라서 결혼은 두 남녀가 영원히 함께 할 것을 맹세하며 시작하게 되는 것이다.

③ 결혼은 권리와 의무의 관계이다

앞에서 언급하였듯이, 결혼은 개인적인 선택이지만 사회적으로 인정받는 사회적 관계이기도 하다. 따라서 이에 상응하는 권리와 의무가 따르기 마련이다. 보편적으로 자녀부양의무와 권리, 배우자에 대한 정조의 의무와 권리, 가족에 대한 부양의무와 권리 등이 있다.

④ 결혼은 전인격적 관계이다

일반적으로 사회생활 속에서의 인간관계는 이해관계에 얽혀 있는 수단적이고 기능적인 관계이다. 그러나 결혼을 한 부부관계는 상대방을 통하여 자신의 가치관을 발견하고, 함께 동고동락을 하는 진정한 동반자적 관계이다. 그러므로 결혼을 통하여 두 남녀는 성적, 심리적, 경제적인 관계를 친밀하게 유지하면서 총체적인 관계를 유지하게 된다.

3. 결혼의 동기

결혼은 인류역사상 가장 오래된 전통을 가지고 있으며, 인종과 문화, 그리고 시간과 공간을 초월하여 존재하는 사회제도이다. 지금까지 대부분의 사람들은 결혼을 하여 가정을 이루고, 부부와 부모자녀의 인연을 맺어 왔다. 또한 결혼 이후 자녀를 낳고, 그 자녀들도 역시 사회화과정을 통하여 결혼을 하도록 학습되어 왔다. 그렇다면, 왜 이렇게 많은 사람들이 결혼을 하게 되는 것일까? 결혼을 하는 사람들의 동기는 무엇일까?

(1) 성적욕구충족

결혼생활을 통하여 성적욕구를 충족할 수있다. 특히 결혼에 의한 부부관계는 친밀하고 안정적인 관계를 유지할 수 있기 때문에 충동적이거나 비정상적인 성적욕구를 배제할 수 있다.

(2) 경제적 안정

사람들은 혼자 생활할 때 보다 결혼을 하게 되면 보다 합리적인 경제생활을 하고자 한다. 주택을 장만하거나 자녀출산 및 양육 등 가정을 꾸려 나가기 위하여 절약하는 생활을 하게 된다. 합리적인 소비행동과 계획적인 경제활동은 궁극적으로 가정의 경제적 안정을 가져다준다.

(3) 정서적 안정

결혼은 자신이 마음 놓고 의지할 수 있는 인생의 동반자를 얻게 되었다는 안도감을 가져다준다. 또한 개인은 자신을 지지하고 격려해주는 사람이 있다는 사실만으로도 자신감과 소속감을 느낄 수 있게 되어 정서적으로 안정된다.

(4) 자녀 출산

결혼생활을 통하여 자녀를 출산하고 자신의 핏줄을 이어나간다. 또한 자녀가 성장하여 가계를 계승하면서 세대 간의 고리를 이어나갈 수 있게 된다.

(5) 성인의 신분획득

결혼을 하면 사회적으로 성년의 대접을 받게 된다. 즉 타인의 도움이 없이 독립적으로 의사결정을 하고 경제적 권리도 행사할 수 있다.

4. 결혼의 기능

결혼은 당사자들의 자유의사에 의하여 결정되는 매우 사적인 형태이다. 그러나 일단 결정되면 사회적 권리와 의무를 갖게 되는 공적인 제도이기도 하다. 결혼은 사회적 제도인 만큼 기능적인 측면도 간과할 수 없다. 결혼의 기능은 개인적 기능과 사회적 기능으로 구분하여 살펴보면 다음과 같다.

(1) 성적통제 욕구 충족 기능

결혼한 남녀는 부부로써 성생활을 함께 하게 된다. 결혼이후 다른 이성과의 교제나 또 다른 결혼을 시도하는 것은 반윤리적이고 불법적이다. 이는 결혼한 사람들의 성 활동에 대하여 사회적인 통제를 함으로써 안정적인 부부관계를 유지할 수 있도록 하며, 무질서한 성생활을 미연에 방지하는 기능도 있다.

(2) 종족번식 및 사회구성원 보충의 기능

인간의 생명은 유한하다. 누구나 죽음을 경험하게 되고, 죽음이후 자신의 분신을 남기고 싶어 하는 것은 다 마찬가지 일 것이다. 자신의 존재를 영원히 기억하고, 가문의 대를 잇기 위하여 새로운 생명을 출생시키고자 한다. 또한 인간은 사회적 동물이므로 사회를 존속시킬 필요성이 있다. 특정 사회가 존속하기 위해서는 사회구성원들이 필요한데, 이를 위하여 결혼한 남녀는 새로운 생명을 출생시키고 양육시키는 역할을 맡게 된다.

(3) 사회적 관계 유지 및 지위 부여 기능

결혼은 두 남녀의 결합이기는 하지만, 실제로 여러 사람들의 관계를 엮어 내는 기능도 함께 한다. 가령, 결혼을 하게 되면, 남편과 아내의 부모들이 사돈관계를 맺게 되고, 각각의 친·인척들도 서로 연결된다. 이러한 연결고리는 또 다른 가족집단과 이어지면서, 사회 전반에 걸쳐서 사회적 관계가 자연스럽게 이루어진다.

5. 결혼의 다양한 모습

(1) 결혼 연령

대부분의 사회에는 소위 '결혼적령기'라는 것이 있는데, 시대에 따라 차이가 난다. 일반적으로는 결혼적령기는 20대 전후반기로 인식되고 있으나, 최근에는 만혼의 경향을 보이고 있다. 또한 결혼연령은 성별에 따라 다소 다른 양상을 보이는데, 일반적으로 남성이 여성보다 연상이다. 물론 이러한 추세도 최근에는 차츰 무너지기 시작하여서, 남성보다 여성의 연령이 높은 부부의 결합도 간혹 보인다.

결혼 연령이 반드시 결혼에 대한 만족도와 상관관계를 보이는 것은 아니지만, 지나치게 어린 나이에 결혼을 강행하는 경우 후에 후회를 하거나 이혼으로 이를 확률이 높다는 연구결과들이 있다. 특히 정서적 혹은 신체적으로 미숙한 상태에서 결혼을 하게 되면 오히려 스트레스가 쌓이고, 부모가 된다 할지라도 그 책임을 다하기 어려워 불행한 결혼생활로 끝나게 될 위험이 높다.

(2) 결혼생활 적응

결혼을 하면, 한 쌍의 남녀는 함께 공동생활을 시작하게 된다. 이러한 공동생활은 하루 아침에 순조롭게 이루어질 수 없다. 결국 남녀가 함께 협조하고 인내하고 적응하는 일정 기간이 필요하게 되고, 일정기간이 지났다고 할지라도 함께 살아가는 과정에서 지속적인 적응이 요구된다. 자신의 욕구가 충족되지 못한다고 상대방과 갈등을 느끼거나 신경적으로 화를 내거나 심지어 폭력을 행사한다면 이런 부부는 부부로써의 자격이 부족하다. 오랜 생활을 함께 하면서 발생되는 다양한 상황이나 문제들을 슬기롭게 해결하고 균형적인 판단을 지니면서 현명한 부부생활을 만들어 나가야 한다. 다가오는 문제들을 피하기보다는 부부공동으로 해결하고 적응해 나갈 수 있는 능력을 갖추어야 한다.

(3) 결혼생활 적응의 유형

부부가 직면하게 되는 적응의 유형은 가족생활주기에 따라 변화하기도 하지만, 각자의 성격이나 환경에 따라서 다른 양상을 보이기도 한다. Cuber와 Haroff(1965)는 결혼생활의 적응 유형을 다음과 같이 분류하였다.

① 갈등이 습관화된 결혼(conflict-habituated marriage)

부부가 말다툼에 익숙해져 습관화 된 유형이다. 상호간에 갈등이 내포되어 있기는 하지만 각자의 역할을 수행하면서 긴장을 통제한다. 따라서 부부가 비로 습관적으로 갈등을 표현하기는 하지만 근본적으로 심각한 상태라고 인식하지는 않는다.

② 생기를 잃은 결혼(devitalized marriage)

신혼초기의 열정과 관심이 서서히 식어가면서 서로에게 무관심해진 유형이다. 부부가 함께 취미활동을 하거나 함께 보내는 시간도 감소되면서, 최소한의 부부의 역할을 한다. 성적 관계도 소원해지고 만족도 떨어진다. 표면적으로는 어떤 갈등이나 긴장이 없는 것으로 보이지만, 내면적으로는 무관심 내지 무감각으로 생기를 잃은 결혼생활을 지탱해나가고 있다.

③ 수동적이며 소극적인 결혼(passive-congenial marriage)

결혼생활을 시작하는 순간부터 상대방에 대한 흥미나 관심이 없고 특별한 기대도 갖지 않는 유형이다. 그렇다고 결혼생활에 불만이나 갈등이 있는 것은 아니다. 결혼은 삶을 편안하고 안정되게 살아가도록 하는 하나의 방편이라고 생각하고, 극히 제한된 의무적 관계에 관심을 보인다. 가령, 부부사이의 애정이나 관심보다는 자녀, 직업, 지역사회의 일 등에 더욱 활동을 하는 경우가 많다.

④ 본질적 결혼(intrinsic marriage)

부부사이 정서적 유대가 강하여 상대방이 인생의 중요한 존재가 된다. 특히 두 사람사이 성생활에 적극적이고 애정적 표현도 활발하게 한다. 간혹 갈등이나 불만이 생길 경우에도 누가 옳고 그른가에 대한 논쟁보다는 두 사람의 관계에 상처가 나지 않도록 하는데 더욱 주의를 기울인다. 이러한 유형은 결혼 초기에 많이 볼 수 있으나, 시간이 흐르면서 다른 유형으로 변질되기도 한다.

(4) 성공적 결혼

결혼생활은 혼자 살아가는 것이 아니라 자신과 다른 성장과정을 걸쳐온 또 하나의 인격체와 공동생활을 한다는 점에서 호기심과 긴장감도 있지만, 적지 않은 어려움도 있다. 그러나 결혼의 성공이 곧 인생의 성공이므로 대부분의 사람들은 가능한 자신의 결혼생활을 성공적으로 이끌어 가고 싶어 한다. 흔히 결혼 전 궁합이나 사주를 보는 것도 결혼에 대한 성공률을 높이고자 하는 기대 때문일 것이다. 그렇다면 성공적 결혼의 조건에는 어떤 것들이 있는지 살펴보기로 하겠다. 먼저 자신이 원하던 배우자, 가족들의 긍정적인 인정, 자신의 성숙된 인격과 성품, 상대방을 통한 자신의 성장가능성, 상대방에 대한 인내심, 상호간의 갈등을 극복하고자 하는 노력, 그리고 사회의 기대와 욕구에 부합하는 결혼일 경우 그 결혼이 성공할 확률은 높아진다.

08장 결혼과 성생활

1. 아름다운 성 가치관

인류 역사를 돌이켜 보면, 사랑의 감정과 육체적 성의 관계는 시대와 장소에 따라서 별개 혹은 동일한 것으로 인식하는 다양성을 보여 왔다. 남녀가 친밀한 관계를 맺게 되면, 사랑과 성은 동전의 양면으로 작용한다. 이러한 친밀한 관계를 지속적으로 유지하다가 드디어 인생의 반려자로 평생을 함께 하겠다는 약속을 하게 되면 합법적인 과정을 통하여 부부관계로 발전하게 된다. 건강한 부부관계는 경제적 영역, 정서적 영역, 그리고 성적 영역의 세 영역이 균형을 이루어야 한다. 특히 성적 영역은 부부의 애정을 확인하고 결혼생활 중에 겪게 되는 갈등을 극복하는 중요한 힘이 된다. 이러한 점에서 성에 대한 지식과 이해는 행복한 결혼의 필수 요소이다.

성행동과 성가치관은 개인에 따라 차이가 난다. 또한 자신의 성행동은 성가치관에 따라 표출되기 마련이다. 과거에는 성에 관한 도덕적 기준이 비교적 간단하고 명료하여 대다수 사회구성원들에 의해 획일적으로 받아 들여 졌다. 그러나 오늘날에는 다양한 가치관이 혼재하고 있어 자신의 성가치관을 확립하고자 할 때 혼란스러운 경향을 보인다. 어떤 상황에서 어떠한 행동을 해야 하는가에 대한 사회적 동의가 이루어지지 못할 경우, 남녀관계에서 서로 상이한 성가치관에 의하여 행동을 함으로써 갈등의 소지가 발생한다. 때로는 성에 대하여 단순한 충동적인 행동과 무책임한 태도를 보일 위험도 있다 그러므로 남녀 관계에서 성에 대한 건전한 가치관을 확립하고 그에 따른 적절하고 책임 있는 성행동을 보여야 한다.

그렇다면 건전한 성 가치관의 확립과 성행동을 실현하기 위한 전제 조건들은 무엇인가? 여기에는 자기 자신에 대한 깊은 이해, 그리고 성적 유행 행위에 좌우되지 않을 확고한 신념, 성행동에 대한 준비성과 책임감, 그리고 상호간의 대화의 필요성과 사랑이 전제된 성 등이 전제 조건으로 들 수 있다.

1) 자기 자신에 대한 이해

먼저, 자기 자신을 잘 알고 자신의 성적 욕구와 성향을 받아들이도록 해야 한다. 건전한 성가치관 확립의 기초로 자신을 긍정적으로 수용하는 것이 필요하다. 비록 자신에게서 비정상적인 성적 욕구를 발견하게 되더라도 그것이 자신의 일부로 받아들이는 것이 중요하다. 그러한 비정상적인 성 욕구를 실행에 옮기고 안 옮기고는 전적으로 자신에게 달려 있기는 하지만, 그 결과에 대한 개인적 책임과 사회적 인식을 고려해야 한다.

2) 성적유행

자기기 받아들일 수 없는 유행하는 성기준에 속박당할 필요는 없다. 대중가요, TV, 광고 등 대중매체에 표현되는 성과 성적 매력에 현혹되어서는 안된다. 자신이 옳다고 생각되는 성에 대한 확고한 주장을 가꾸어 나가야 한다.

3) 준비된 성행동

다른 행동도 마찬가지이겠지만, 특히 성행동에서 무모한 행동은 절대 해서는 안된다. 성행동은 준비된 행동이어야 한다. 성적 상황을 다양하게 분석하고, 자신의 대처행동에 대하여 미리 예상해봄으로써 나중에 후회하지 않는 결정을 해야 한다. 가령 친밀한 남녀의 사이에 성적 행동은 어디까지 허용할 것인가? 성관계를 갖는 다면 그 시기는 언제여야 할 것인가? 그리고 피임은 어떻게 할 것인가? 성병으로 부터의 안전성은? 성관계의 결과는 무엇이며, 그 결과에 대한 책임은 어떻게 질 것인가? 하는 여러 의문들에 대하여 미리 준비를 해두어야 한다.

4) 책임 있는 성행동

항상 자신이 타인에 대해 어느 정도까지 책임질 수 있는지를 생각해볼 필요가 있다. 대부분의 성 활동은 다른 사람들과의 상호작용이다. 성적 착취가 되지 않도록, 또는 상대방을 해로운 상황에 빠뜨리지 않도록 하려는 어느 정도 까지 책임을 져야 하는가를 자신에게 물어야 한다.

5) 대화의 필요성

"열길 물속은 알아도 한 길 사람 속은 모른다."라는 말이 있듯이 모든 인간관계에서는 대화가 필요하다. 성관계를 맺기 전에 상대방의 성에 대한 생각과 태도를 먼저 알아보는 것이 중요하다. 다른 사람의 가치관과 감정을 자기 마음대로 가정하거나 유추하는 것은 위험하며, 상대방을 알기 위해 시간과 노력을 기울일 필요가 있다. 성에 대한 가치관이 서로 다르다면, 상대방이 이해를 할 수 있을 때까지 인내심을 가지고 기다리거나 설득해보는 노력이 필요하다.

6) 사랑이 전제된 성

모든 성관계는 사랑이 뒷받침이 되어야 한다. 매매춘과 같은 인격적 사랑이 결여된 성관계를 정당하게 받아들일 수는 없을 것이다. 올바른 성가치관을 정립하는 것이 필요한 이유는 바로 성은 곧 사랑의 표현이고, 사랑은 성과 불가분의 관계에 있기 때문이다. 성을 사고 팔거나 성적 학대행위는 어떠한 이유에서라도 사랑이라고 볼 수 없으며, 단호하게 배제되어야 하는 문제이다.

이러한 전제 조건들이 충족되었을 때 비로소, 두 사람의 관계는 안정적이고 지속적으로 유지될 수 있다. 두 사람 사이에 특별한 관심이나 애정 표현이 없더라도 그들이 함께 나누는 감정적 교류와 성적인 친밀감은 성공적인 관계를 만들어 나갈 수 있다.

2. 임신과 피임

"근세기 인류에게 가장 큰 영향을 미친 발명품 중에 하나가 '피임법'이라는 말이 있을 정도로 피임법이 우리에게 시사하는 바는 크다. 19세기에 접어들면서 의학의 급속한 진보로 전염병의 예방 및 치료가 광범위하게 행해졌고 생활 수준의 상승 위생법의 개선 등으로 인간의 사망률이 급격하게 감소되었다. 이로 인해 인구는 급격히 증가

되었고 대다수의 사람들은 사회적 경제적 측면을 고려하여 이전보다 아이를 적게 낳으려는 경향을 보이면서, 피임법은 더욱 발달하게 되었다. 피임법의 발달은 여성이 성교중에 갖는 임신에 대한 두려움으로부터 완전히 벗어나게 했을 뿐만 아니라 성적인 즐거움을 제공하게 되었다. 20세기에 들어와 종족 번식이 목적이던 섹스가 쾌락의 수단으로 바뀌었고 종교의 그늘을 벗어나 다양한 연령층이 과감하게 성의 즐거움을 누리게 되었다. 이러한 경향은 여성의 사회적 지위 변화와 양성평등적 시각이 확산되면서 더욱 결정적 계기를 제공하게 되었다.

임신해서 자녀를 갖는 데는 여러 가지의 여건을 고려해야 한다. 즉 경제적인 여건, 결혼의 상태, 자녀를 갖기로 상호 동의, 경제적인 여건, 종교적인 배경, 가족의 기대, 남편의 출생 순위, 산모의 나이와 건강, 임신에 대한 이전의 경험 등을 고려해야 한다.

미국의 통계에 의하면 약 백만 명의 십대에 임신한 미혼모들 중에서 약 30%는 낙태를 한다고 한다. 임신한 미혼모들은 많은 경우에 학교를 그만두고 직장을 갖지만 대체로 경제적인 어려움을 겪으면서 사회의 하류층으로 전락한다. 또한 결혼을 했더라도 언제 아이를 가질 것인가에 관해서 사전에 계획을 세우는 일은 매우 중요하다. 단순히 사랑한다는 감정이 앞서서 성적 관계를 가지고, 그 결과로 원하지 않는 임신, 혹은 준비되지 못한 상태에서 임신이 된다면, 이는 임신한 여성이나 상대방, 그리고 뱃속의 아기에게 까지 좋지 않은 영향을 미칠 수밖에 없다.

1960년 5월 9일 미국 FDA에서 공식 승인된 경구 피임약 “에노비드10”은 임신을 선택의 대상으로 만들어 여성 스스로가 임신을 조절하여 자신의 인생을 스스로 통제할 수 있게 만들었다. 초기의 경구 피임약은 부작용이 컸으나 현재 이용되고 있는 피임약은 초기보다 5

배 정도 용량이 감소 된 것으로서 우리나라에 1968년 처음 경구 피임약이 들어왔다. 이 시기는 정부주도하의 산아제한과 가족계획 프로그램이 활발한 시기였고, 경제개발 도상에서 인구조절을 반드시 해야만 하는 상황이었으므로, 개인적 선택과는 관계없이 사회적 슬로건으로 여성의 피임을 권장하였던 시기이다.

피임의 조건으로는 우선 효과가 확실해야 한다. 또한 실시 방법이 수월하여 원하는 사람은 누구나 사용가능해야 한다. 비용도 적게 들어야 하고, 실시하였을 경우 성생활에 가급적 영향을 주지 않아야 한다. 만약 피임이 실패하였을 경우에도 태아에게 나쁜 영향을 주지 않아야 한다. 피임의 목적은 원하지 않는 임신을 피하는 데 있다. 따라서 임신을 원하는 경우에는 언제든지 임신할 수 있도록 피임의 영향은 일시적이고 잠정적이어야 한다.

3. 피임방법

피임방법에는 여성의 월경주기를 이용하여 배란기간 동안 성행위를 피하는 등의 자연 피임법, 정자의 질의 내부로 들어가는 것을 방지하기 위해 콘돔이나 피임용 적발을 사용하는 기구 피임법, 배출된 정자를 죽이기 위해 피임용 거품, 젤리 등을 사용하거나 배란을 막아 난자가 생성 되지 못하도록 경구 피임약을 사용하거나 배란을 막아 난자 생성되지 못하도록 경국 피임약을 사용하는 약물피임법, 수술에 의한 영구 피임법 등 여러 가지가 있다 각 피임 방법마다 나름대로 장단점이 있으므로 개인의 특수한 사정에 맞춰 선택해야 한다.

1) 자연피임법

자연 피임법에는 3가지 형태가 있다 하나는 날짜 피임법(Calendar rhythm method)과 기초 체온법(Basal body temperature method ; BBT), 점액관찰법(the Billings ovulation method)이 있다.

(1) 날짜 피임법(Calendar rhythm method)

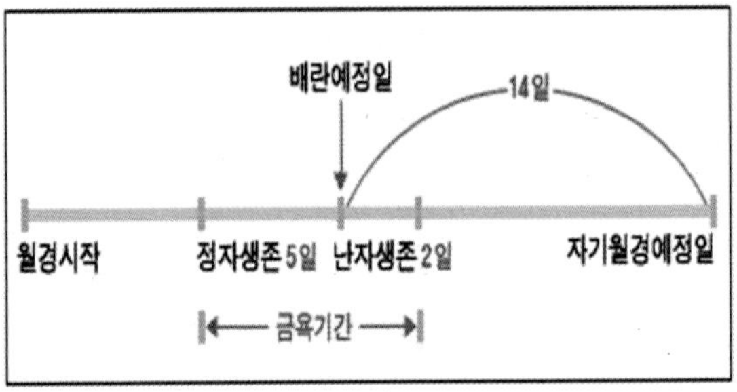

수정능력이 있는 난자는 배란 후 24시간, 정자는 성교 후 72시간을 넘지 않으며, 배란이 다음 월경일로부터 12-16일(평균14일전)에 일어난다는 가정을 전제로 하므로 월경주기에 따라 금욕기간이 달라진다. 지난 6개월간의 월경주기를 알아두는 것이 필수 있다. 월경주기라는 것은 월경개시일에서 다음월경 개시일까지를 말한다.

(2) 기초 체온법(Basal body temperature method ; BBT)

기초체온법은 배란 1,2일 후 황체형성호르몬의 증가에 따라 기초체온(BBT)이 상승하는 생리적 현상을 이용하는 방법이다. 매일 기초체온을 기록하여 월경 첫날부터 체온이 상승하고 3일째까지는 성교를 피한다. 즉 연속 체온이 상승한 3일째 밤부터 다음 월경일 전까지는 안심하고 성교를 할수 있다.

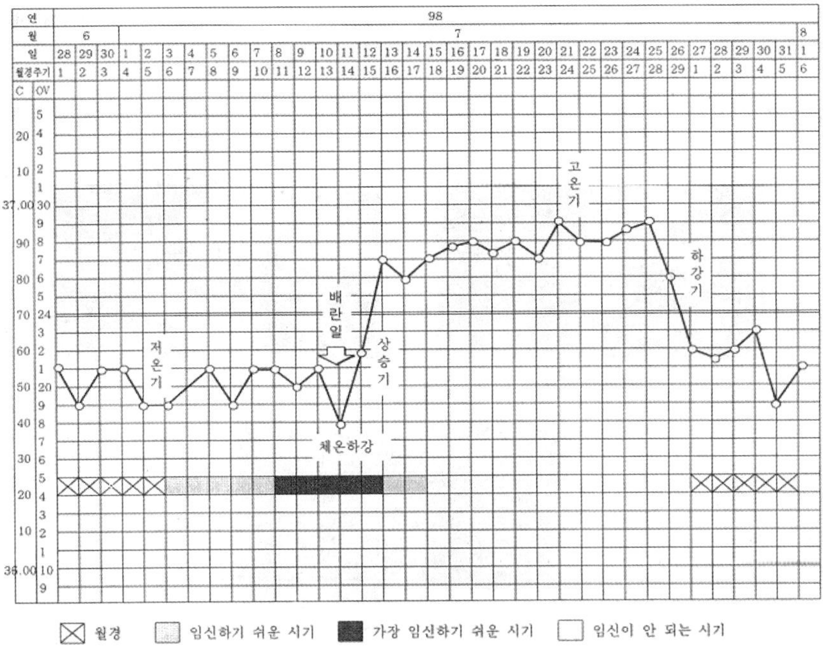

(3) **점액관찰법**(the Billings ovulation method)

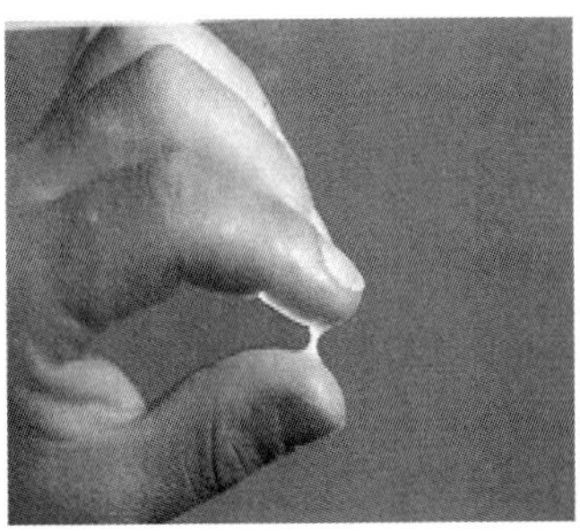

가임기 첫날

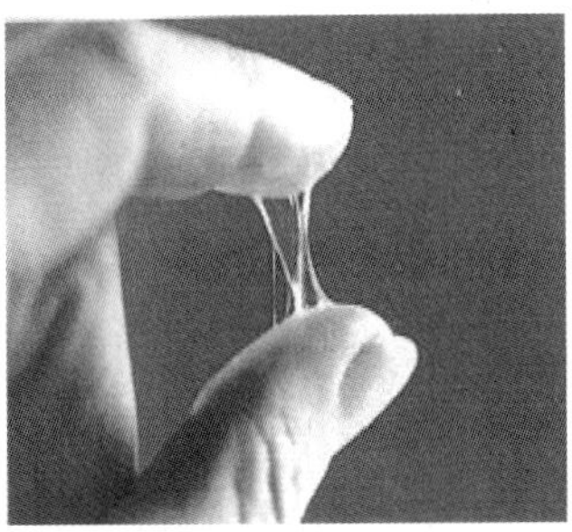

시간이 갈수록 맑아지고 늘어남

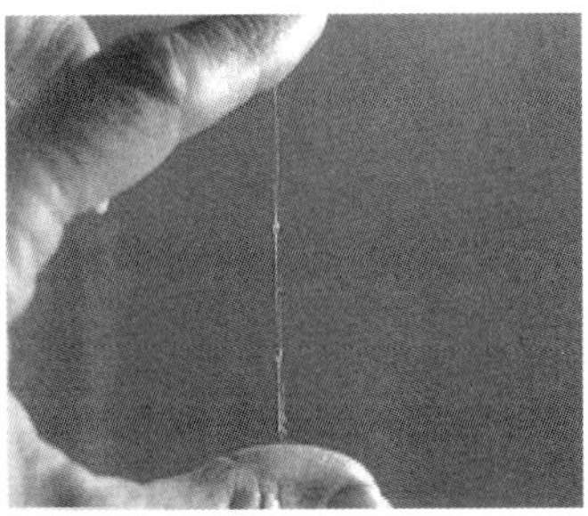

최고수정일

배란 전 후의 자궁경관점액의 변화를 이용하는 방법이다. 생리 후 자궁 경관점액은 거의 없이 질이 건조하다가 난포가 서서히 성장하여 여성호르몬이 분비되면서 점액이 증가되어 배란이 되기 전 여성호르몬이 가장 많이 분비되는 시기에는 점액이 맑고 양이 많으며, 길게 떨어지는 것을 느낄수 있다. 배란 후에는 황체형성호르몬이 분비 되므로 자궁경관점액이 끈적끈적하게 되어 정자가 자궁경관을 통과하기 힘든 상태가 된다. 그러므로 생리 후 점액이 관찰되기 시작하는 날부터 점액이 가장 많이 증가된 후 마지막 4일까지는 성교를 피하는 방법이다.

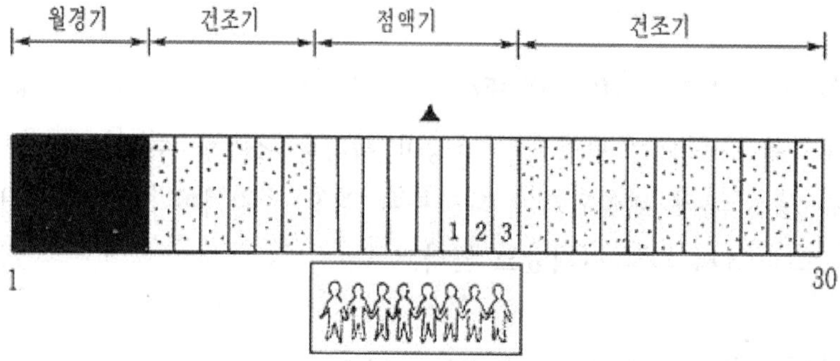

최고수정일과 가임기

2) 차단 피임법

(1) 콘돔

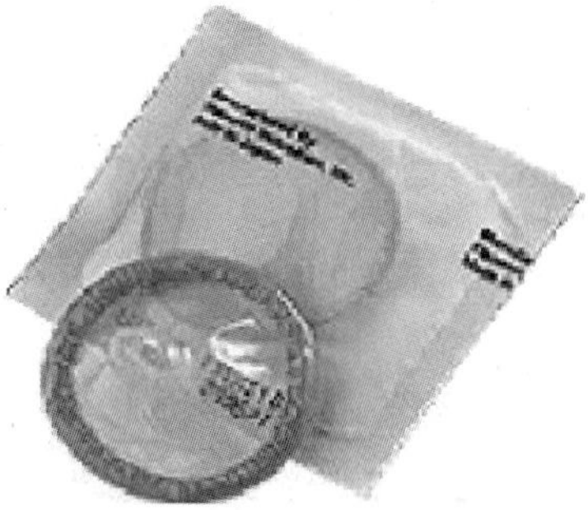

남성들이 가장 흔하게 사용하는 피임기구이다. 콘돔의 역사는 18세기 이탈리아의 해부학자 팔로피우스가 사용한 것으로부터 시작된다. 그러나 본래의 목적은 피임보다는 임질과 같은 성병을 예방하기 위해서였다. 초기의 콘돔은 어피나 양의 창자로 만들었으나 현재 사용되는 것은 매우 얇고 질긴 라텍스 고무로 만들어지고 있다. 콘돔에는 크게 2종류가 있는데 하나는 끝에 돌출부가 없는 둥근형이고 다른하나는 끝부분에 정액을 모을 수 있도록 작은 돌출부가 있다.

콘돔은 성교 전의 전희때 발기가 음경을 덮은 후 풀어내린다. 이때 공기가 들어가지 않도록 조심해야 하며 손톱이나 반지 등에 찢기지 않도록 해야 한다. 사정 후에는 콘돔의 아랫부분을 손으로 잡고 정액이 새어나오지 않도록 한 상태에서 질로부터 빼낸다. 만일 콘돔이 찢어졌으면, 즉각 살정제 거품이나 젤리를 사용하여 질내에 남아있는 정자를 죽이거나 모닝 애프터 필이라는 다량의 에스트로겐이 함유된 알약을 약5일간 복용하면 임신을 막을 수 있다. 콘돔은 어디서나 쉽게 구할 수 있으며 의사의 특별한 지시없이 사용할 수 있다는 것이 큰 장점이다. 콘돔의 사용은 신뢰도가 큰 피임법이며 특히 우연한 성적 교제의 경우 야기될 수 있는 AIDS를 비롯한 성병의 예방 효과가 크다.

콘돔 사용시의 문제점은 성교시 찢어지거나 벗겨지면 정자가 질속으로 들어갈 수 있어서 피임에 실패할 수 있는 것이다. 또한 오래된 것은 변질될 수 있으므로 제조 일자를 확인하여야 하며 성교 시 음경과 질 사이의 성적 촉감을 떨어뜨리는 단점이 있다. 특히 여성의 질 윤활액의 분비가 극히 적을 때는 콘돔 사용이 어려워질 수도 있다.

(2) 페미돔

페미돔은 최근에 등장한 여성용 콘돔으로 일반 남성용 콘돔과는 달리 라텍스 고무가 아닌 폴리우레탄으로 만들어져 재질이 강하고 부드럽다. 남성용 콘돔보다 훨씬 크고 양끝에 둥근 플라스틱 링이

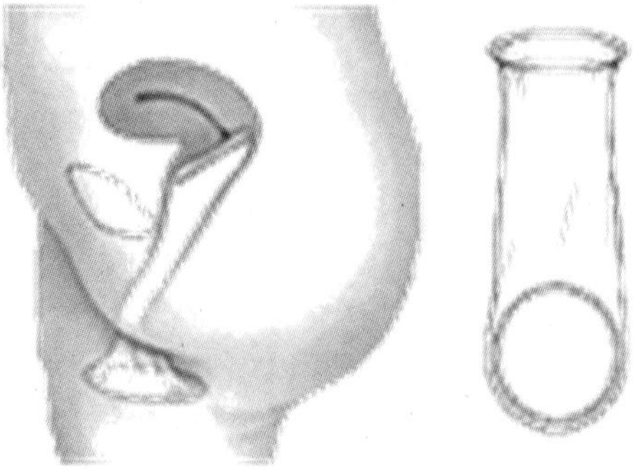

달려 있어 여성의 질 내부를 감싸 정자의 침입과 AIDS나 성병 확산을 차단시켜준다. 남성용 콘돔은 음경이 발기되어야 사용 가능하지만 여성용 콘돔은 성교 전에 탐폰처럼 사입하면 된다. 일회용이므로 성교때마다 새로운 것을 사용해야 한다. 남성들이 콘돔 사용을 기피하는 요인이 조임현상과 사정직후 성교를 중단해야 하는 단점을 보완한 것으로, 사용 후 남녀의 성만족도 조사한 결과 70%이상이 평상시와 다름없다고 대답했다. 그러나 사용하기 전에 사용방법을 숙지하여 정확히 삽입해야 한다. 한 방울의 정액에도 수백만 마리의 정자가 있어 임신할 가능성이 있으므로 제거할 때 정액 유출이 없도록 주의한다.

3) 약물피임법

(1) 살정제

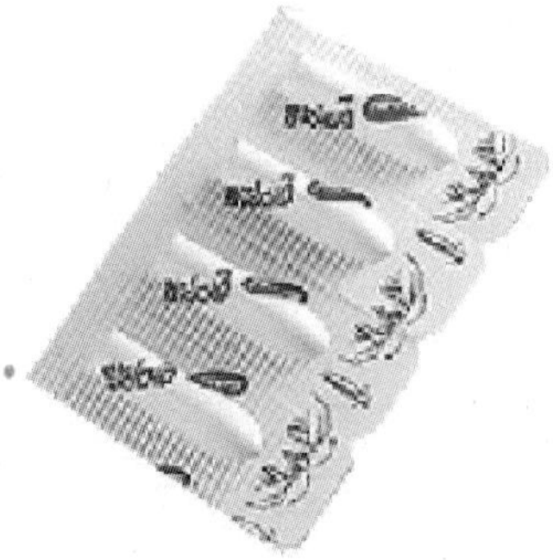

거품, 젤리, 크림, 좌약을 성교 직전 질내에 주입하면 정자의 세포막이 분해되어 세포대사를 저해시켜 정자는 죽게된다. 피임 실패율이 비교적 높고 임신시 기형아 출산 가능성도 있다. 사용시에는 주입후 1시간 이내에 성교를 해야 하며, 시간이 지나면 약효가 없어지므로 다시 주입해야 하는 불편이 따른다. 또한 좌약 삽입 후 앉거나 일어서면 약액이 흘러 나올 수도 있다. 질내 윤활액이 부족하면 발포성 살정제는 제대로 발포되지 않고, 질점막에 부작용을 일으킬 수 있다. 성교 후에 질의 주변을 세척해도 무방하지만, 질 내부 세척은 약효가 무효화됨으로 하지 않는 편이 좋다.

(2) 경구용 피임약

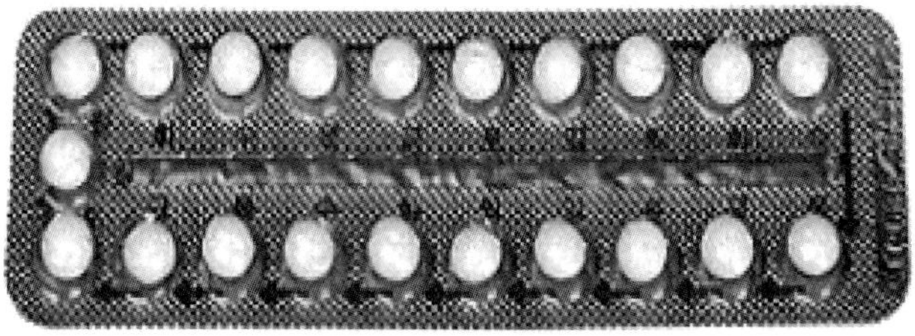

흔히 필 이라 부르는 이 경구 피임약은 많은 여성을 임신의 두려움으로부터 완전히 해방시켜 현재의 성문화를 이루는데 크게 기여하였다. 이 약은 요일이나 날짜별로 포장되어 하루에 1정씩 21일간 복용하고 7일간 휴약하는데 휴약 후 2-4일 이내에 월경이 나타난다.

그 성분은 인공적으로 합성된 에스트로겐과 프로게스테론을 혼합시킨 것이다. 이 합성 호르몬은 여성의 체내에서 배란을 억제 시킬 뿐만 아니라 자궁경부의 점액이 건조해져 정자가 통과하지 못하게 하여서 수정란이 자궁내막에 착상하는 과정을 차단시킨다. 최근 미국에서는 노어플랜트가 이용되고 있는데 이것은 피임약제 성분에 있는 6개의 성냥개비 모양의 것으로 외과적 수술을 통해 팔의 피부 밑에 이식시킨다. 5년 동안 피임 효과가 지속되나 비용이 많이 든다.

경구용 피임약을 복용할 때는 흡연을 삼가야 한다. 심혈관의 부작용이나 구토증, 두통, 기미, 피로감, 자궁출혈이나 체중 증가 등의 부작용이 나타나는 경우가 있다. 당뇨병이나 고혈압 증세가 있는 여성은 피하는 것이 바람직하며 40세 이상의 여성도 복용을 삼가는 것이 좋다. 그밖에 유방암이나 간기능 장애 및 황달에 걸릴 확률도 높다.

(3) 자궁내장치(IUD)

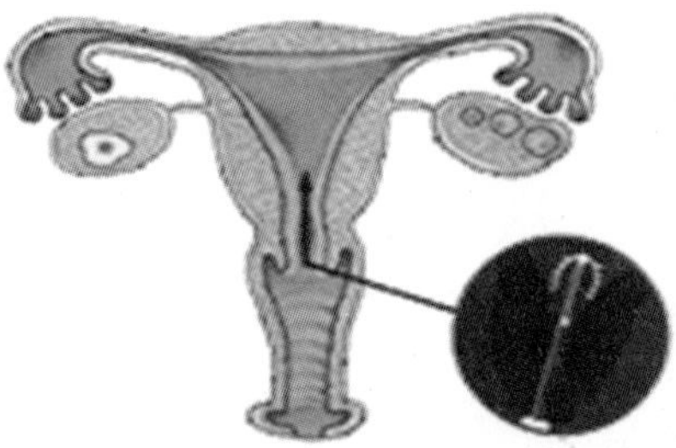

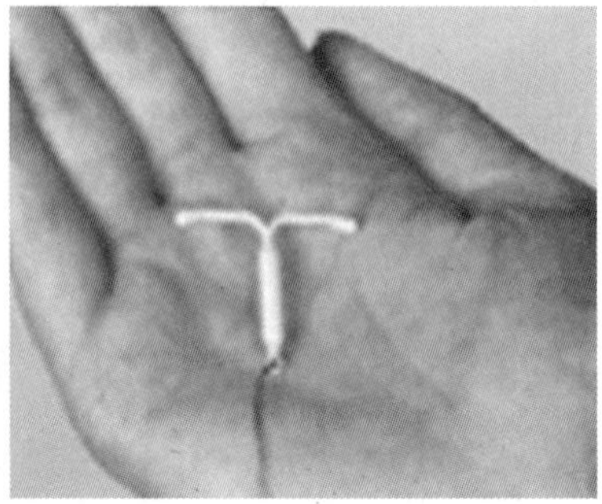

자궁내장치는 자궁강내에 이물질을 삽입하여 피임효과를 얻는 것으로 장점은 피임효과가 좋고, 전신대사효과를 유발하지 않으며, 한 번의 삽입으로 장시간 사용할 수 있다는 것이다. 자궁내장치의 종류는 화학적으로 활성화된 자궁내장치로 과거에 사용했던 Lippes Loop가 있으며, 요즘에는 구리로 만든 자궁내장치를 많이 사용하고 있다. 그리고 황체형성호르몬을 함유하고 있는 레보놀겟트렐 분비 자궁내 장치, 미레나가 있다.

장치를 하고 나서 월경량이 증가하거나 골반염증을 유발될 수도 있으며, 자궁천공의 문제가 나타날 수도 있다.

(4) 임플라논(Implanon)

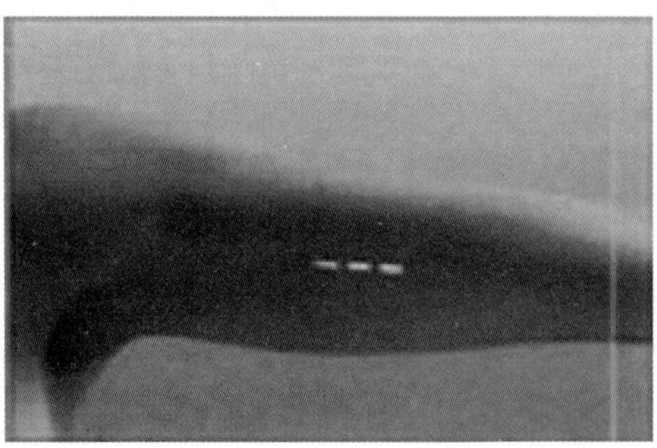

임플라논은 황체호르몬이 함유된 가느다란 관 하나로 되어 있으며, 황체호르몬 단일 제제로 에토노제스트렐 68mg을 함유하고 있다. 생리주기 1-5일 사이에 가는 관을 팔의 안쪽에 한번 심으면 황체호르몬이 배란을 억제하고 3년간 피임효과가 나타나게 되며, 관을

제거하면 대부분 3주후 배란이 돌아온다. 여성 호로몬을 이용한 피임제이기 때문에 때로는 여성호르몬의 이상이 올수 있으며, 경제적으로 볼 때, 시술 비용이 비싸다.

4) 수술에 의한 영구 피임법

(1) 정관수술

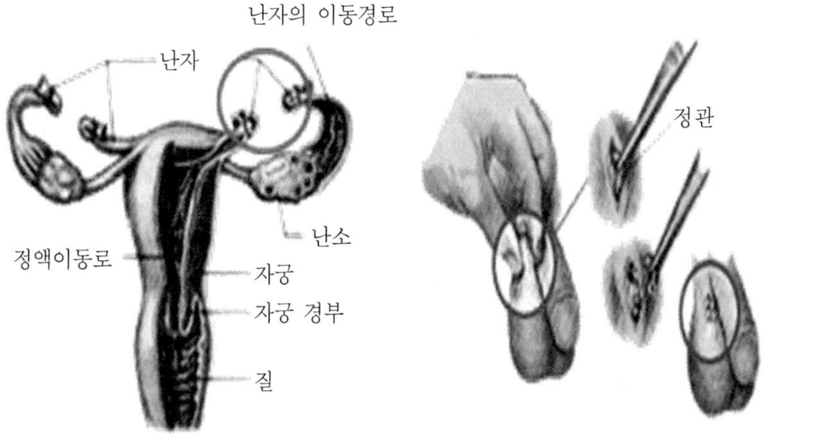

남자의 정관의 일부분을 자르거나 묶어 정자의 이동을 차단시키는 방법이다. 성행위 자체에는 큰 지장이 없고 다만 정자가 배출되지 않고 용해되어 혈액 속으로 흡수된다. 정관수술은 부작용이 거의 없으며 다시 복원이 가능하다.

사정관 속의 정자는 수 주일에서 수개월 동안 생존이 가능하므로 10~15회 정도를 사정해야만 정자가 완전히 없어진다. 수술 후 몇 개월에 한 번씩 정액 검사를 통하여 정자의 유무를 확인해야하는 번거로움이 있다. 정관 복원 가능 성공률은 28~40%정도이며, 시술비용이 많이 든다.

(2) 난관 결찰

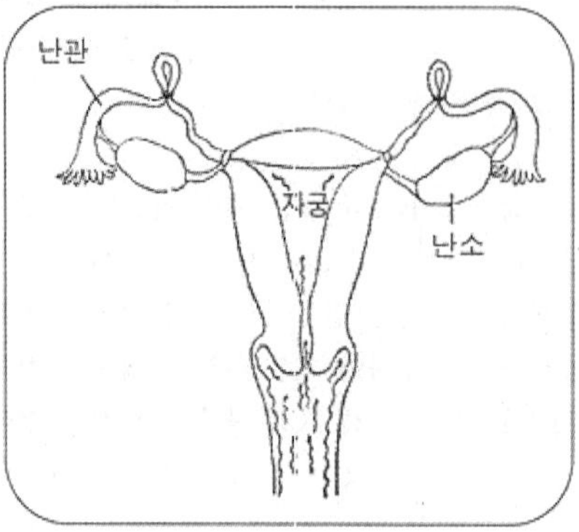

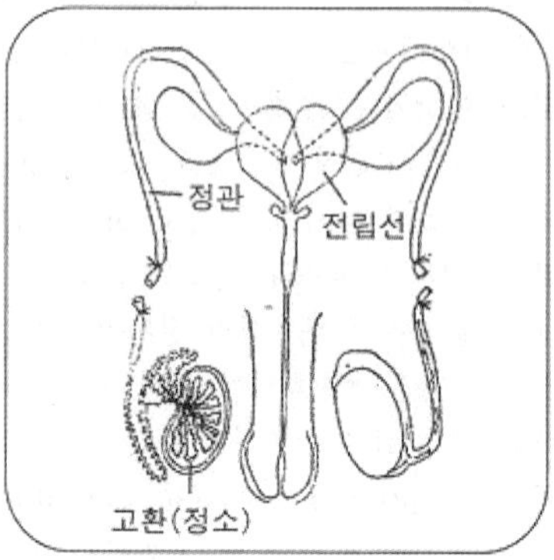

난관수술　　　　　　　　정관수술

난관을 잘라 묶어 난소에서 형성된 난자가 자궁에 도달할 수 없으므로 정자도 난자와 만날 수 없다. 최근 기술이 더욱 발전되어 하복부를 절개하지 않고 복강경을 이용해 난관 절개 수술을 할 수도 있는데, 수술 후 성감, 월경, 호르몬 분비 등에 영향을 미치지 않는다. 수술 후 다시 임신을 원하게 될 때 복원 수술의 성공률이 매우 낮다는 것이 단점이다

5) 응급 피임법

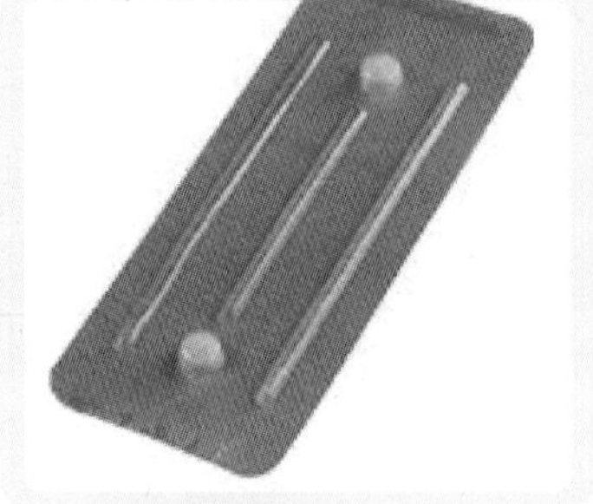

응급피임법이란 피임을 하지 않은 상태에서 성관계를 가진 후 원치 않는 임신을 방지하기 위하여 성교 직후 대처할 수 있는 피임법이다

응급 피임약은 여성호르몬과 황체호르몬의 복합제제와 황체호르몬 단일제제가 있다. 응급피임약은 성교 후 72

시간내에 복용하게 되면 임신을 약 75% 예방 할 수 있다. 응급피임약은 빨리 복용할수록 효과가 있다.
부작용은 응급피임약은 자궁외임신과 성병을 예방하지 못하며 다량의 호르몬을 일시적으로 먹게 되므로 신체에 무리가 갈수 있다는 점을 명심해야 한다.

근래에 들어 미혼모의 증가나 낙태문제가 심각하게 대두되고 있다. 바람직하지 않은 성적활동으로 인하여 출산된 아이들이 고아가 되거나 해외로 수출되는 입양아들도 증가하고 있으며, 낙태에 대한 찬반 토론도 끝나지 않을 것 같은 뜨거운 논쟁이 되고 있다. 이 문제들의 공통된 큰 원인은, 바로 원하지 않는 아이의 임신이다. 이들 문제를 해결하기 위해서는 피임이 가장 윤리적이면서 최선의 방법일 것이다. 그러므로 피임의 종류와 효과 등에 관하여 올바로 알아두는 것이 중요할 것이다

4. 낙태

1) 낙태의 정의

낙태란 자연분만기전에 인공적으로 임신자궁의 내용물을 제거하는 일이다. 따라서 의사의 지시에 따른 적법한 것도 당연히 여기에 포함되나, 대개 좁은 의미로 불법적인 임신중절만을 의미하고, 흔히 낙태라고 부르는 "인공 임신중절"은 잉태된 태아를 자연분만시기에 앞서서 모체로부터 인위적으로 분리시킴으로서 생명을 소멸시키는 것을 말한다. 이것은 임신부 스스로 행하는 것이든 타인에 의하여 시

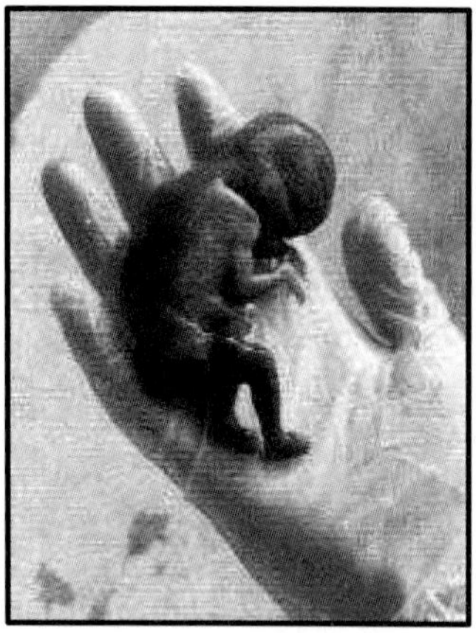

행되는 것이든 간에 모두 해당된다고 한다. 의사에 의한 합법적 임신중절이란, 임신의 지속으로 모체의 건강이 현저하게 나빠질 우려가 있거나, 악질적인 유전적 소인을 없애야 할 필요가 있는 경우, 태아가 모체 밖에 나와도 생명을 유지할 수 없는 시기에 행하는 것을 뜻한다. 낙태법에는 기계적 방법의 수술과 약물을 사용하는 방법이 있는데 어느 쪽이든 모체의 건강을 해치며 위험이 따르므로 신중히 해야 한다. 가톨릭 등에서는 적극 반대하고 있는데, 1995년 로마 교황청에서 발표한 새 '교황회칙'에 의하면, "낙태는 윤리적인 무질서이며, 안락사와 더불어 어떠한 인간의 법도 그것을 정당화할 수 있다고 주장할 수 없는 범죄"라고 규정한 바 있다.

2) 낙태의 위험성

낙태는 단 몇 분이면 끝나는 간단한 수술이 아니다. 자궁경부는 굳게 닫혀 있는데 이것을 확장시킬 때 상처를 입을 수도 있고, 이때 사용하는 쇠막대기로 인해 자궁에 구멍이 날 수도 있고, 질 내부에 염증이 생기면 이것이 자궁, 나팔관으로 퍼져 골반염증성 질환을 일으킬 수 있다. 또한 마취사고 출혈, 쇼크, 간질성 발작, 심하면 사망까지도 가져올 수 있는 수술이다. 수술 후에는 정맥내 혈전증, 폐정맥 색전증, 우울증, 골반내 감염, Rh-동종면역, 출혈, 발열 등을 일으킬 위험도 있다.

또 다음 번 임신에서 유산, 미숙아, 저체중아를 출산할 가능성이 보통 여성보다 2배 이상이나 높고, 또 태어난 아기가 조기에 사망할 가능성은 2배, 나중에 사망할 가능성은 4배나 높다. 첫 번째 임신을 유산시켰던 산모는 그렇지 않는 산모에 비해 임신 기간 중 합병증을 일으킬 가능성이 2배 이상, 임신 13주 이전에 자연 유산 할 가능성이 3배 이상 높고 정신과 치료를 요하는 질병에 걸릴 가능성 또한 그렇지 않은 여성에 비해 4배 이상 높은 것으로 나타났다. 이처럼 낙태수술은 임신부의 정신적, 육체적 건강에 심각할 정도로 위험한 수술이다. 마취 시 혹시 있을지도 모르는 경련을 방지하기 위한 아드로핀 주사도 생략하고, 출혈로 인한 위험에 대비한 수액제도 준비되지 않은 상태에서 수술이 이루어지기도 한다. 따라서 낙태는 '시간은 짧지만 매우 위험한 수술'임이 분명하다.

3) 낙태의 방법

(1) 월경 추출 임신 중절법

이 방법은 임신 5-6주까지만 사용할 수 있다. 아주 작고 유연한 플라스틱 튜브를 질을 통해 자궁에 넣는데 이것은 주사기나 펌프와 연결되어 있어서 자궁의 내용물을 조심스럽게 빨아낸다. 어떤 여성단체들은 이 방법을 배워서 스스로 실시하고 있으며, 그들은 이 방법을 '간단한 방법'이라 부른다.

(2) 진공 흡출에 의한 제거법

이것은 가장 흔한 낙태 방법이며 6-12주까지 사용할 수 있다. 금속확장기로 자궁구를 점차 늘여서 전기 진공펌프와 연결되어 있는 월경추출 임신중절법에서 사용하는 것과 비슷한 커다란 흡출 튜브를 자궁속으로 삽입한다. 가정에서 사용하는 진공 청소기보다 몇 배나 더 강한 압력을 가하여 튜브를 통해 태아를 찢어서 조각조각 받아낸다.

(3) 확장과 절단에 의한 제거수술

이 방법은 점차 사라지고 있는데 7-12주 사이에 사용한다. 자궁구를 늘여서 흡출튜브 대신 끝이 넓은 겸자 기구를 자궁으로 밀어 넣어 아이를 잡고 조각조각 잘라 꺼낸다. 아이를 꺼낸 후 큐렛으로 자궁벽을 긁어 태반을 떼어낸다.

(4) 프로스타그란딘 낙태법

임신 후기에 낙태를 할 때 사용하는데 15주에서 24주 사이에 프로스타그라딘 호르몬을 주입하는 방법이다. 프로스타그라딘을 자궁수축을 유발시키는 작용을 하여 5-20시간의 진통이 있은 후 분만을 하게 된다. 그러나 이 방법을 사용한 후 아이가 울면서 태어나서 의사와 간호사들이 아이를 죽여야 하는 끔찍한 일도 있었다.

(5) 소금물 주입법

농축된 소금물(생리 식염수의 24배정도의 강한 농도)을 양수에 주사하면 아이가 소금물을 들어 마시고 죽게 되며, 산모는 대략 24시간 후에 오그라들어 죽은 아이를 분만하게 된다.

(6) 기타

그밖에 제왕절개와 비슷한 자궁절개법이 있고 피임제를 사용하지 않고 성관계를 가졌을 때 다음날 아침에 먹는 경구용 피임약은 수정된 난자가 착상되는 것을 방지함으로서 아주 초기에 낙태시킬 수 있다. 또 임신 9주까지 사용할 수 있는 것으로 여성 호르몬인 프로게스테론의 순환을 막는 영양단절약 등의 낙태방법이 있다.

4) 낙태를 고려해야 하는 상황

낙태를 심각하게 고려해야 할 경우도 있다. 강압적인 근친상간을 포함한 성폭행에 의한 임신, 기형아 출산이 예상되는 경우, 산무구명 낙태 등이 있다. 그러나 실제 강간으로 인한 임신 확률은 대단히 낮다. 기형아가 예상될 경우 낙태한다면 장애인은 인간으로서의 존엄성을 가질 수 없다는 말인가? 그렇다면 정상인으로 태어났다가 불의의 사고로 장애인이 된 사람들도 다 없애야 한다는 말인가? 인간 삶의 질은 그 자신과 하나님과의 관계에서만 결정된다. 산모구명 낙태의 경우 물론 결정적인 순간에 가서는 산모와 아기의 생명 중 누구를 살리려 하는가의 양자택일의 문제이다.

이 경우 누구의 생명이 더 우선권이 있는 가는 상황에 따라 다를 수 있다. 왜냐하면 산모도 태아도 동등한 생명이기 때문에 그 우선권이 산모에게 있다고 주장할 수 없다. 단순히 '아기는 또 낳으면 되지 않는가' 라는 식의 해결 방식은 바르지 못하다. 두 생명 모두 동등한 권리를 가진 독립적인 인격체임을 먼저 인식해야 한다. 최근에는 의학이 발달되어서 실제 병원에서 산모의 생명이 위협 당해 낙태해야 하는 경우는 매우 예외적인 경우이다. 이러한 몇 가지 예외적인 경우 때문에 낙태를 합법화한다는 것은 위험한 생각이다. 물론 성폭행 당해서 임신한 경우 이것을 견디는 것은 무척 어려운 일이지만 더 높은 도덕적 가치인 미혼모 보호 그리고 더 원천적으로는 올바른 성교육을 통해서 문제를 해결해야 한다.

올바른 성교육은 성적활동의 건전성이나 성병의 위험도를 정확하게 알리기 위하여 필요하다. 오늘날에는 에이즈를 제외한 나머지 성병은 옛날처럼 공포스러운 것은 아니다. 정직한 자세로 상대방을 위하는 마음으로 성실하게 치료를 임하기만 하면, 해결할 수 있는 우수한 치료방법들이 있다고 할 수 있다. 그러나 아직도 심리적 도덕적인 면에서는 다른 질병들과 사뭇 다르게 받아들이는 것이 통례이다. 그것은 바로 성병이 성행위와 직결한다는 점에서 오는 인간성에 결부되는 인간상호관계의 타부 때문이다.

사람들의 생각이 성행위를 자연스러운 것으로서 즉, 인간이 숨을 쉰다거나, 음식을 섭취하는 행위들같이 기본적이고 필연적인 행위라고 받아들일 수 있게 될 때까지는 이런 형태의 성행위 또는 성병에 대한 거부는 계속 될 것이다.

5. 성병

1) 임질

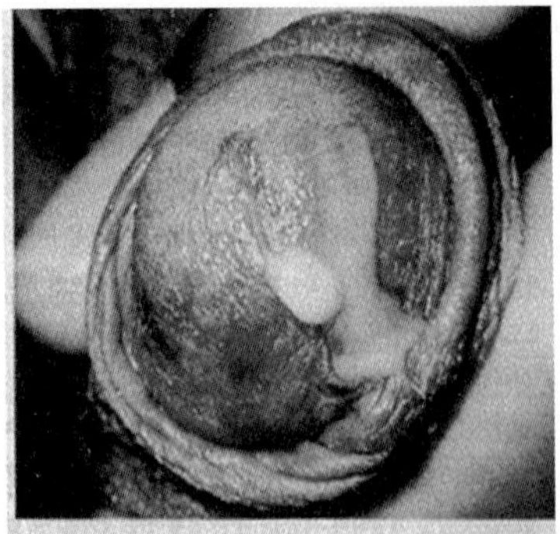

그림 4-1] 임질 초기에 관찰되는 남자 요도 분비물(미국 피부과학회지, 19

(1) 임질의 유래

임질은 가장 오래전에 알려진 그리고 가장 흔한 성병의 하나이다. 이 병은 우리 인류에게 이미 고대로부터 알려져서 모세가 이 병에 대해서 얘기한 것이 레위기에 나타나며, 플라톤, 아리스토텔레스, 히포크라테스의 저서에도 나타나도 있는 것이다. 이 질병에 대한 이름은 2세기경에 그리스의 의사인 갈렌(Galen)이다.

임질의 전염은 여러 가지 형태의 성행위를 통해서이다. 즉 오랄섹스, 키스, 성기접촉, 항문성교 등 모든 성 접촉에 의해서 전염된다. 임질을 가진 남자와 단 한 번의 성교로 여자가 전염될 수 있는 가능성은 50%이다. 남자의 경우에는 단 한 번의 성교로 임질이 전염될 수 있는 가능성은 그보나 낮아서 20~25%이다.

(2) 임질의 증상

임질의 증상을 보면, 남자는 음경의 끝부분 요도를 통하여 노란색의 분비물이 나오며, 초기증세로는 빈뇨현상을 나타낸다. 이런 증상은 감염 후 이틀내지 열흘 정도에 나타나며, 드물게는 한 달 후에 이런 증세가 나타나기도 한다. 이러한 증상은 요도의 감염에 의한 요도염으로 진전한다. 남성의 경우 10%정도는 전혀 증상을 나타내지 않아서, 이런 사람들은 감염사실도 알지 못한 체로 다른 사람들에게 이 병을 전염시키고 있는 것이다. 남성의 경우는 증세가 분명하여 바로 치료할 수 있다. 여성의 경우에는, 임균에 감염되었을 때에 그 절반 이상이 아무런 증상이 없기 때문에 자신도 모르는 체 치료를 받지 않고 지날 때가 많다. 따라서 자신도 모르는 사이에 타인에게 전염을 시키게 된다. 여성에 있어서는 비록 증세가 보이더라도 그것이 매우 미약해서 자각치 못하거나 오진을 할 경우가 많다. 임균에 감염되었을 때에 나타나는 증상으로는, 질 분비가 많아지며, 외부성기에 자극을 느끼며, 배뇨시에 통증이 오고, 비정상적인 월경 등이 나타난다.

(3) 진단방법

남자의 경우에는 요도분비물을 현미경으로 검사하여 임균을 확인한다. 이런 방법으로 90% 정확성을 갖는 진단이 가능하나 100% 확률을 얻기 위해서 세균배양검사를 병행하게 된다. 남성동성애자의 경우에는 이것 이외에도 인후나 항문으로부터 채취한 시료의 세균검사도 같이 해야한다. 여성의 경우에는 세균배양검사만이 유일한 검진방법이다. 세균은 자궁목부와 항문에서 동시에 채취하여 검사해야 한다. 질의 세균이 항문으로 유입되어서 항문도 감염시키기 때문이다. 오랄섹스를 했을 때에는 물론 인후로부터도 세균채취를 해야 한다.

(4) 유의점

임질에 감염된 것이 확인됐을 경우에는 항상 부부가 함께 노력하여 치료하여 완전히 임균이 근절되었다는 것이 확인될 때까지 성교를 금하고, 치료가 끝나고 나서도 몇 번 반복하여 주기적으로 재차 검진하여 임균이 완전히 발견되지 않을 때까지 확인하여야 할 것이다. 성교 상대가 자신에 의하여 전염될 가능성이 있을 때에는 솔직히 사실을 말해주어서 조기에 치료를 시작할 수 있도록 도와주는 것이 가장 좋은 방법이다.

2) 매독

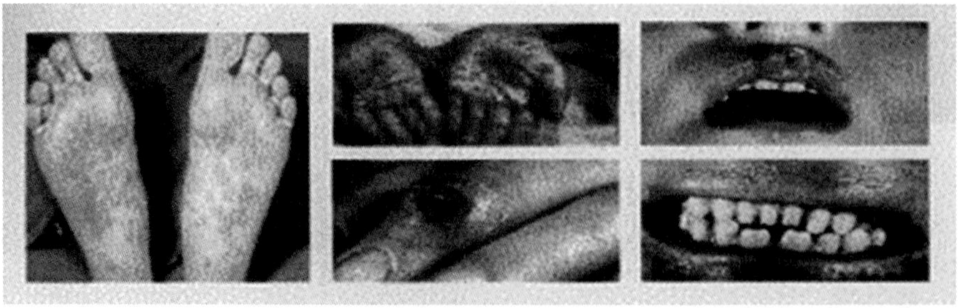

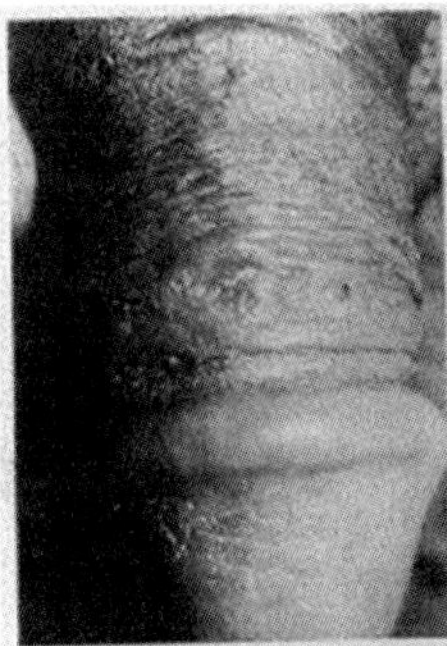

[그림 4-2] 음경에 생긴 경성하감
(미국 피부과학회지, 1999)

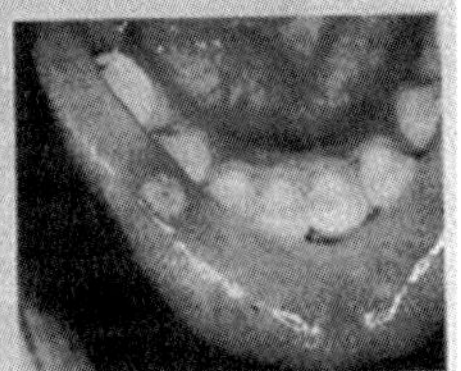

[그림 4-3] 입술에 생긴 경성하감
(미국 피부과학회지, 1999)

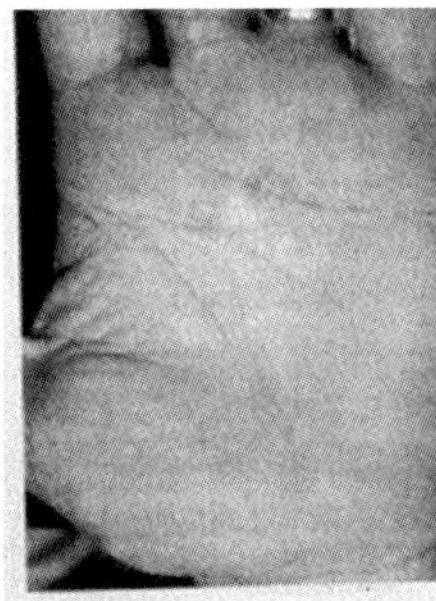

[그림 4-4]
2기 매독, 손바닥에 생긴 구진

(1) 매독의 유래

매독이 처음 일반의 주위를 끌게된 것은 15세기 말 무렵 전쟁중이던 유럽의 군인들에서 발견되었을 때였다. 매독의 근원지는 확실히 알 수 없으나, 혹자는 콜럼버스가 미대륙으로부터 귀환할 때에 그의 선원들이 그곳으로부터 감염되어서 옮겨왔다고 주장하고, 또 혹자는 유럽내에서 이미 존재하던 것이 전쟁중에 크게 번진 것일뿐이라고 주장한다.

(2) 매독의 감염경로

성행위에 의해서 전염되는 것이 가장 큰 감염경로이나, 때로는 수혈에 의해서도 감염되는 수가 있다. 또는 임신부로부터 신생아에게 전염되기도 한다.

(3) 매독의 증상

매독의 초기 증세에는 작은 피부궤양이다. 이 증상은 감염 후 2~4주의 시기에 나타난다. 이 궤양이 가장 흔하게 나타나는 곳은 성기나 항문이며, 이때 75%의 경우에 통증은 없다. 그러나 이 궤양은 입술, 입, 손, 가슴, 기타의 어느 부분에도 생길 수가 있다. 이 궤양의 모양은 처음에는 약간 붉은색의 반점처럼 보이다가 나중에는 돌기처럼 돋아 난다. 이 돌기는 점차 궤양이 되며 궤양의 주위에는 붉은 테를 두르게 된다. 이 궤양은 4~6주 후에 저절로 없어진다. 따라서 환자는 이 병이 없어진 걸로 착각하게 된다. 제2기 매독증세는 치료를 받지 않고 방치했을 경우에 궤양이 사라진 후 1주~6개월의 기간을 두고 다시 시작한다. 이때 나타나는 증상으로는 손바닥이나 발바닥에 약간 붉거나 분홍색의 발진이 돋고, 열이 오른다거나, 목의 통증, 두통, 관절의 통증, 식욕감퇴, 체중감소, 머리털의 소실등이 나타난다. 또한 편평습우라고 하는 축축한 매독진이 성기나 항문주위에 나타나며 이것은 대단히 전염성이 강하다. 제 2기 증상은 3개월 내지 6개월간 지속되나 이 기간동안에 사라지고 나타나는 것이 반복된다. 모든 증상이 사라지고 나서는 이 병은 잠복기에 들어간다. 잠복기에는 아무런 증상은 안 나타나지만, 세균은 계속해서 각 기관을 침투하여 뇌, 척수, 혈관, 뼈를 감염시키게 된다.

(4) 매독의 진단방법

매독의 진단방법은 보통 혈액검사로 이루어진다. 그 외에는 몇가지의 진단법이 있다. 그러나 어느 진단법으로도 초기매독은 100% 검진해 낼 수 없다. 단 제 2기매독은 100% 검진이 가능하다. 그러나 여성환자의 경우에는 자궁목관과 질에 발생한 궤양이 통증이 없으므로 주의깊게 진찰하지 않으면 발견하지 못하고 지나치는 경우의 수가 많다.

3) 허피스(Herpes)

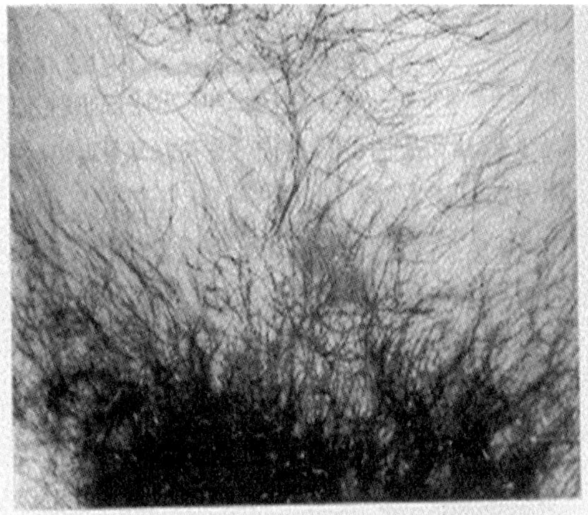

[그림 4-8] 치구에 생긴 포진(미국 피부과학회지, 1999)

(1) 허피스의 유래

이 질병의 이름은 그리스의 의사에 의해서 기원전 1~2세기에 헤르파인(herpein)이라는 말에서부터 만들어졌으며, 피부에 생기는 포진의 모양 때문에 그렇게 불리게 되었다.

(2) 허피스의 감염경로

허피스(음부포진)은 대체로 성교에 의해서 전염된다. 즉 성기를 서로 접촉하거나, 입과 성기를 접촉하거나, 항문성교를 하거나, 또 입과 항문을 접촉할 때 단순포진바이러스가 옮기게 된다. 그 밖에도 피부에 상처가 있을 때에 즉, 비었거나, 발진이 있거나, 할 때 에는 손가락이나 넓적다리나 몸의 어느 부분을 통해서도 전염이 가능하다. 즉 포진이나 가려움증이나 요도의 자각증세가 없는 보균자와의 성교에 의해서도 전염이 된다는 것이다.

(3) 허피스의 진단방법

증상이 없을때의 검진은 어려움이 있다. 허피스 바이러스가 늘 나타나지 않고, 주기성을 가지므로, 정액, 자궁목부의 점액, 질분비액으로부터 채취한 시료의 배양으로, 지난 주에는 바이러스가 안나왔다가 다음 주에는 나오기도 하고 하기 때문에 단 1회의 검진으로 속단하지 말고 몇 번 반복하여 검진해 보아야 한다. 즉 확실한 진단방법은, 적어도 일주일의 간격을 두고서 세 번 이상 반복하여 배양검사를 해 본 결과, 허피스 바이러스가 없을 때에야 감염이 안된 것으로 확인하는 것이다.

(4) 허피스의 증상

음부포진의 증상으로는, 성기의 주변에 솟은 작은 통증을 수반하는 포진을 들 수 있다. 이 포진들이 터진 며칠 후에는 그 자리에 궤양이 남는다. 남성에서는, 이 포진이 대개의 경우에 음경에 생긴다. 또는 요도나 항문에 나기도 한다. 여성에서는 가장 흔한 것이 대음순에 포진이 생기는 것이다. 그러나 자궁목관이나 항문에 나기도 한다. 또 다른 증상으로는, 초기에 39%의 남자와 68%의 여자환자의 경우에 신열과 두통, 그리고 근육통이 2~3일간 따른다고 보고되어 있다. 대개의 경우, 포진형성과 함께 피부에 따가움을 느낀다. 다른 증상으로는 배뇨시의 통증, 음경이나 질로부터 고름이 나오기도 하고, 살굴부위의 림프절이 부어오름 등에 있는데, 이 모든 증세는 1~2주내에 저절로 없어진다. 이것들 이외에는 남자보다 여자환자에게서 주로 나타나는 증상으로는, 8%의 감염자가 뇌막염 증상을, 1%는 안질을, 88%의 감염자가 자궁목감염을 보이는 것으로 보고되고 있다.

(5) 허피스의 진단 및 치료방법

허피스의 진단은 성기에 난 포진을 검사하여서 정밀하게 진단해

낼 수 있다. 그러나 때로는 허피스 이외의 다른 성병이 허피스와 유사한 증상을 가져오든가, 포진이 생길 때도 확실한 진단을 내리는 것이 쉬운 일은 아니다.

허피스를 치료 하기 위해서는 아스피린을 사용하든가, 통증을 가시게 하기 위한 방법으로 젖은 수건으로 포진의 위를 살짝 누르는 방법도 효과가 있을 때도 있다. 또 꼭 죄는 팬티를 피하고, 하루에 몇 번씩 성기를 더운 물과 비누로 씻는 것도 효과가 있다. 그런 후에는 깨끗한 수건으로 피부를 말려야 하고, 이때 성기를 문지르지 말고 성기를 만졌을 때에는 그 손으로 눈을 만지지 말아야 한다. 수건과 빨래는 타인의 것과 분리사용해야 하며, 또 자기 것이라해도 눈을 닦는 수건과 성기를 닦는 수건을 분리하여 사용하는 것이 현명한 방법이다.

(6) 유의점

초기 감염이 있을 때에는 음부 포진에 대한 치료가 완료된 후, 10일간은 성교를 완전히 피해야 한다. 포진이 없어졌다 해도 이 바이러스는 남아 있을 수가 있으니 이렇게 한다해도 전염을 완전히 차단할 수 있다고 보장은 할 수 없다.

4) 후천성 면역부전증후군 (Acquired immunodeficiency syndrome : AIDS)

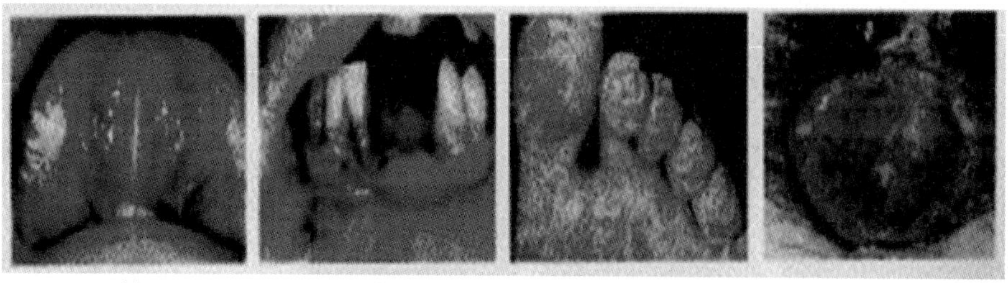

(a) (b) (c) (d)

(1) 에이즈의 유래

인류에서 가장 늦게 그리고 가장 두려운 것으로 발견된 성병은 1981년에야 알려진 한 성병이다. 이제는 에이즈라고 불리우는 이 성병은 후천성 면역부전증후군이라는 뜻의 약자로서 에이즈(AIDS)라고 불리우며, 인체의 면역체계를 파괴시키는 일종의 바이러스 감염에 의해서 일어나는 병이다. 이것에 감염되면 환자는 면역기능이 없어지기 때문에, 사소한 일상에서는 그냥 지나쳐 버릴 수 있는 감염에 의해서도 생명을 잃게 되는 것이다.

(2) 에이즈의 감염경로

모든 에이즈환자 발생의 78%가 성행위에 의해서 전염된 것이라고 보고되고 있다. 그러나 이런 주장은 지나친 과장일 수도 있다. HIV 바이러스가 한 차례 성기접촉으로 전염되는 확률은 여성에서는 1/1000,남성에서는 1/2000이다. 그 보다도 한번의 항문성교에 의해서 이 바이러스가 전염되는 가능성은 훨씬 높아서 1/50 내지 1/100이 된다. 그 이유는 항문의 점막은 매우 얇아서 항문성교중에 쉽게 상처가 나기 때문에, 이 상처를 통해서 사정시에 정액에 섞여 있던 HIV 바이러스가 용이하게 혈액속으로 침투하게 되기 때문이다.

(3) 에이즈의 감염예방 및 치료방법

에이즈 감염을 예방하기 위하여서는 체액이 교환되지 않는 방법으로 성행위를 하고, 가능하면 콘돔을 사용하는 것이 좋다. 또한 살정제 같은 약제를 콘돔과 동시에 병행해서 사용하면 더욱 효과가 있다. 무엇보다도 성교 상대를 신중히 선택할 필요가 있다.

에이즈치료는 아직 불가능하다. 그러나 앞으로 완벽한 치료방법의 개발이 가능하다는 증거가 나오고 있다. 현재 개발된 치료제로서는, 바이러스의 역전사 효소작용을 저지해서 증식을 억제하는 것으로써,

AZT(지드부딘), DDI(디아노신) 등이 있고, 이것들은 미국 식품의약국(FDA)에서 인가된 약제이다. 치료 효과는 크지 않다. 또 심한 부작용이 있으며, 내성을 유발하는 것이 밝혀졌다. 이외에 DDC(디오시시티딘)은 강력한 항바이러스작용을 가진 것으로써, DDI나 AZT와 병용할 때 효과를 기대할 수가 있다.

(4) 에이즈의 증상

에이즈라는 질병에 관한한 모든 환자에게 일관된 증상은 없다. 환자마다 다르게 나타나는 다양한 증상들을 종합해보면, 알 수 없는 이유로 계속되는 체중의 감소, 계속되는 신열, 부어오르는 림프절, 약간 솟아오르는 붉은 보라색의 동전만한 반점들이 있다. 이러한 피부염은 말초혈관의 암증세로 발전하기도 하는데 이것을 “카포씨육종”이라고 부른다. 미국의 에이즈 감염자 중에서 1/4이 이 카포씨육종을 보이고 있다. 이런 증상들이 생겼을 때 환자는 한두달간 별 다른 변화가 없을 수도 있고, 때로는 다른 감염증상이 몇 가지 더 나타나기도 한다. 이것은 면역기능이 떨어져서 합병증이 생기기 때문이다. 그 중에 가장 흔한 것은, “뉴모시 카리니”라는 원충에 의해서 발병하는 일종의 원충성 폐렴이며, 미국의 에이즈환자중 2/3가 이런 증상을 보이기 때문에 에이즈진단의 한 방법이 되기도 한다. 그 다음에 흔한 것이 심한 균류의 감염으로 인한 뇌막염 같은 것이다. 또 그밖에는 결핵, 보통보다 더 심하게 자주 포진이 나타나는 허피스, 뇌염들이 있다. 30%~65%의 에이즈 환자에게서 뇌·신경계통의 손상을 일으키고 있는 것으로 확인된다. 그 결과로 나타나는 증상은 기억상실, 정신분열, 정서불안, 보행곤란, 발작, 그리고 혼수상태 등이다. 그리고 현재 대부분의 경우에 에이즈의 발증 후에 2년 내지 4년 내에 예외 없이 생명을 잃고 있다.

〔부록1〕 성에 대한 남녀의 차이

	성적인 행동	성심리	성자극 요인	성의 성숙과정	성 관계후의 결과
男	 방출충동, 접촉충동	 능동적, 자연발생적	 시각적, 후각적	 유정, 몽정-쾌감 수반	 만족감, 정복감, 무책임
女	 접근욕구	 감정적,정서적	 청각적,촉각적	 초경-불쾌감, 놀람 수반	 새로운 관계의 시작,집착,임신,육아등의 사회적 제재

〔부록2〕 남녀가 사랑할 때 일어나는 과정에 대한 의미 이해

남녀가 사랑할 때 일어나는 생식기의 모든 작용은 새로운 생명창조를 위해 사랑을 함과 동시에 작동

	사랑의 작용	생명의 창조의 작용
발기작용	사랑을 위한 준비작용,각도	생명의 씨 전달구조
윤활작용	사랑을 위한 준비작용,각도 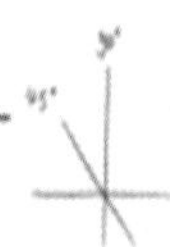	생명의 씨
요도 방울샘	윤활유 	생명의 씨 보호 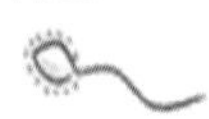
사정	최고의 기쁨 	생명 창조 

→가정완성으로 열매 맺어짐

09장 가족의 본질과 구조

1. 가족의 정의

가족이란 우리 인간이 형성한 가장 기본적인 사회집단이며, 사회를 구성하는 기본단위이다. 모든 인간은 태어나면서부터 자신의 의도와 상관없이 가족이란 집난생활을 시작하게 된다. 따라서 어떠한 형태의 가족이든 간에 우리들은 가족생활을 경험하고 성장하면서 변화하는 가족환경에 적응하게 되고, 가족은 결국 우리에게 가장 친숙한 집단으로 자리잡고 있다.

가족(Family)이란 말은 라틴어의 Familia에 어원을 두고 있는데, 이 말은 원래 노예나 하인을 의미하는 Famus와 유사한 말로 가족공동체를 의미한다. 즉 가족은 집이란 물리적인 것과 모든 가족구성원들을 포함하는 포괄적인 정의이다.

사회집단으로서의 가족이 없다면, 우리가 살고 있는 사회자체도 존재할 수 없다. 가족은 사회적 체계의 특성을 지니고 있으면서도 개인적인 관계를 중요시하는 개인과 사회의 복합적인 구조를 지닌 집단이다. 인간은 결국 가족 속에서 태어나서, 다른 가족구성원들과 더불어 대인관계적 상호작용을 학습하면서 홀로 서기를 준비하게 된다. 가족은 사회적 기술을 학습하고 연마하는 "학습의 장"의 구실을 하게 된다는 점에서 매우 중요하다. 즉 개인은 가족을 통하여서 사회에 참여할 수 있는 기회를 얻게 되고, 사회는 가족을 통하여 개인을 통제할 수 있으므로, 한 마디로 가족은 개인과 사회를 연결하는 연결고리의 역할을 한다.

가족이란 말은 우리에게 너무나 익숙한 단어이므로 새삼스럽게 그 정의를 알아 볼 필요가 없을 것이라고 생각하기 쉽다. 또한 가족이 무엇인지 누구나 알고 있다고 단언하기도 쉽다. 그러나 실제로 여러 가지 사회현상 속에서의 가족 변화나 가족문제를 다루고자 하는 경우에 닥치게 되면, 가족에 대한 정확한 정의가 없이는 사실 어떤 형태까지를 가족으로 다루어야 할 지 망설이게 되는 경우가 허다하다. 이러한 면에서, 가족에 대한 여러 학자들의 정의를 살펴 보는 것은 의미가 있다고 하겠다.

머독(Murdock)은 259개의 사회를 분석하였는데 핵가족이 가장 보편적인 제도라고 지적하였다. 이 연구에서 머독은 가족의 정의를 내리는데 세 가지 측면을 강조하였다. 첫째, 가족이란 공동의 장소에서 생활을 같이 하는 집단이라고 하였다. 한 방, 한 울타리, 그리고 한 지붕 밑에서 공동거주를 한다는 의미이다. 둘째, 경제적으로 공동생활을 하면서 재산은 가족의 공동소유로 인식하고, 소비활동도 하나의 단위로 움직인다. 셋째, 부부사이에 자신들의 자녀를 갖게 되면서 가족구성원이 생기고. 이들을 사회구성원으로 양육시킨다.

버제스(Burgess)와 로크(Locke)의 정의에 의하면, 가족은 첫째, 혼인, 혈연, 또는 입양관계에 의하여 결합된 동거집단이다. 둘째, 가족구성원들은 단일가구를 형성한다. 셋째, 가족은 각각 자신의 역할을 수행하면서 상호작용을 하는 집단이다. 넷째, 가족은 사회의 공통적 문화를 창조하고 유지하는 기능을 갖는다.

최재석은 가족이란 "가계를 공동으로 하는 친족 집단"이라고 정의하였다. 김택규는 "혼인한 부부와 그 자녀 또는 한 핏줄에 얽힌 사람들이 한 지붕 밑에서 한 솥 밥을 먹으면서 살림을 하는 아버지의 핏줄 외줄기로 이어지는 사회집단”으로 정의하였다.

레비스트라우스(Levi-Strauss)는 가족은 결혼을 통하여 부부와 자녀들로 구성되지만, 다른 근친자도 포함될 수 있으며, 가족원들은 법적, 경제적, 종교적 그리고 성적 권리와 애정등으로 결합되어 있다고 정의하였다. 이러한 정의는 머독의 정의보다 포괄적이라는 점에서 다양한 가족형태를 설명할 수 있다는 장점이 있다.

가족에 대한 법적인 근거로 민법 친족편 779조에 의하면, 가족은 “호주의 배우자, 혈족과 그 배우자, 기타 본 법에 의하여 그 집(家)에 입적한 자” 로 규정되어 있다. 물론 가족의 개념을 한 가지로 규정하는 것은 오히려 가족에 대한 현실적인 인식을 왜곡시킬 수도 있다. 그러나 보편적인 개념의 정립은 가족의 제도적 측면, 가족관계, 그리고 가족과 사회의 역동성을 설명하는 데에 반드시 필요하다. 따라서 가족의 정의와 더불어 집단으로써의 특징, 그리고 기능등을 구체적으로 살펴 봄으로써, 가족 전반에 대한 이해를 도모할 수 있을 것이다.

2. 가족의 특징

1) 1차적 집단(primary group)

우리들은 살아가면서 여러 집단에 속하게 된다. 가족은 우리가 자의적으로 선택할 수 있는 집단은 아니지만, 이 세상에 태어나면서 가장 먼저 속하게 되는 집단이다. 또한 이 집단의 영향력아래서 성장하게 된다. 미국의 사회학자인 쿨리(C.H.Cooley)는 집단을 1차적 집단(primary group)과 2차적 집단(secondary group)으로 분류하였는데, 가족은 1차적 집단의 특성을 보인다고 하였다.

1차적 집단은 구성원들간의 상호유대가 강하고 친밀하며, 애정과 소속감을 통하여 구성원들간의 일체감이 매우 높아 때로는 자신과 집단을 동일시하기도 하는 아주 강한 결합관계에 있는 집단이다. 사적인 성격이 강하여 구성원들간의 대면적 상황이 빈번하고, 규정된 규칙이나 규율이 거의 없으며, 특히 집단의 목적이 뚜렷하지 않은 경우이다. 이에 비하여 2차적 집단은 주로 공적인 성격을 띠고 간접적 거리를 지니면서 접촉하는 집단이다. 또한 집단의 목적의식에 부합하는 구성원들이 정기적인 모임을 통하여 집단유대감이 지속되고, 친밀한 관계보다는 규율에 의하여 행동지침이 마련되는 매우 객관성이 강한 집단이다. 이러한 기준에 비추어 볼 때, 가족은 1차적 집단의 대표적인 예로 볼 수 있다.

2) 공동사회집단(Gemeinschaft)

퇴니스(Tönnis)에 의하면 사회집단을 게마인샤프트와 게절샤프트로 분류하였는데, 이는 공동체의식의 정도에 따라 구분하였다. 즉 게마인샤프트는 쿨리의 1차적 집단과 유사한 개념으로 집단의 구성원간의 애정을 근거로 하여 친밀하고 이해관계를 초월하여 결합된 집단으로써, 가족이라던가, 친척, 민족 등이 대표적인 예이다. 이에 비하여 게절샤프트는 2차적 집단에 해당되는 개념이다. 공적이고 이해관계가 개입된 목적지향적인 사회집단이며, 인위적이고 수단적인 기준에 의하여 모인 집단이므로 흔히 이익사회라고 한다. 가령, 정당, 회사, 조합 등을 들 수 있다.

3) 폐쇄적 집단(Closed group)

폐쇄적 집단인가 개방적 집단인가 하는 구분은 구성원으로써의 자격을 획득하는 기준이 얼마나 까다로운가의 기준에 달려 있다. 가족 구성원이 되기에는 여러 가지 제한이 많으므로 가족은 폐쇄적 집단이다. 즉 일단 한 가족에 태어나면, 구성원으로써의 자격을 획득하고, 또한 자신의 의지에 관계없이 쉽게 탈퇴가 용이하지도 않다. 즉 가족의 구성원들은 자연스럽고도 운명적인 자격을 획득하게 되는 셈이다. 이에 반하여 대부분의 사회집단에서는 일정한 기준을 충족시키면 구성원으로써의 자격을 획득할 수 있다. 또한 집단이 자신의 목적과 일치하지 않을 때에는 비교적 쉽게 탈퇴를 할 수 있다는 점에서 개방적 집단으로 본다.

4) 형식적 집단(Formal group)

가족은 사회적으로 인정하는 절차를 통하여 구성되어야만 합법적인 집단으로 간주된다. 즉 결혼식과 혼인신고를 통하여서 법적인 절차를 통과하고 나서야 가족 구성원으로써의 권리와 의무를 갖게 되므로 매우 형식이 강조되는 집단이다. 또한 일단 구성된 가족내에서도 남편과 아내, 아버지와 어머니, 아들, 딸등의 역할들이 비교적 명시되어 있음으로써, 구성원들간의 상하관계가 뚜렷하게 구분되고, 각자에게는 역할수행과 역할기대가 잠정적으로 요구되는 집단이다.

3. 가족의 유형

1) 가족구성원의 수와 범위

■핵가족 : 부부와 그들의 미혼자녀로 구성된다. 부부가 자신들의 개인적 선택을 중요시 하면서 쌍방의 동등한 권리와 의무를 기반으로 하는 가족형태이므로 가계의 계승이나 연속성을 상대적으로 중요하지 않게 생각한다.

■확대가족 : 자신이 성장해온 가족과 결혼을 하여서 자신이 새롭게 형성한 가족이 분리되지 않고 여러 세대가 함께 동거하는 형태이다. 확대가족제도를 갖고 있는 사회에서는 대부분 배우자선택이 개인의 자유보다는 가문이나 친족집단의 결정에 의하여 이루어지는 경우가 많다. 즉 가족의 연속성을 중요시하면서 각 세대간의 유대감을 높이려고 한다. 확대가족에는 직계가족과 복합가족의 두 가지 형태가 있다.

· 직계가족: 혼인한 자녀(대개는 장남)와 함께 사는 형태

· 복합가족: 혼인한 자녀들(2 가구이상)과 함께 사는 형태

<표 9-1> 핵가족, 직계가족, 복합가족의 구성

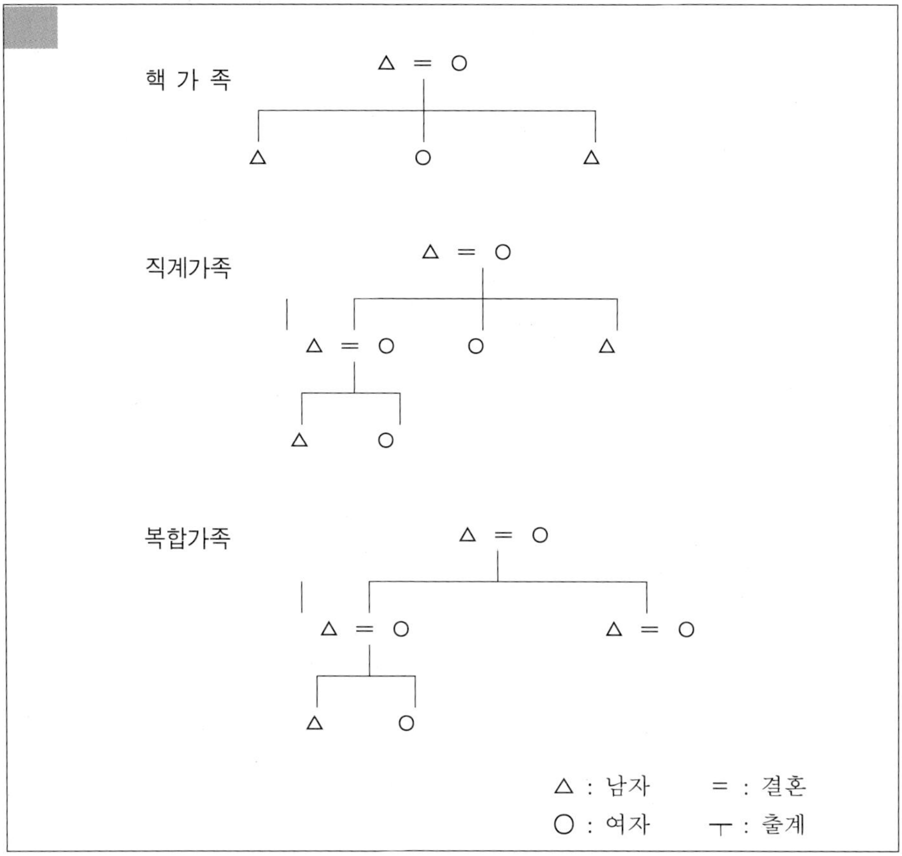

2) 가족권력의 소재

일반적으로 가족의 권한을 가장권이라고 하는데, 이에는 가족을 대표하는 대표권, 가족을 감독하는 가독권, 그리고 제사를 관장할 수 있는 제사권 등으로 구성된다. 이러한 가장권이 누구에게 있는가를 기준으로 가족유형을 나누어 볼 수 있다.

■부권제(patriarchical): 가장권이 부계에 속하며, 흔히 가부장제라고 부른다. 이러한 사회에서는 세력과 위신이 남성에게 더 주어지고, 소

위 남성지배문화가 주도되는 전형적인 사회체제이다.

■모권제(matriarchical): 가장권이 모계에 속하는 형태로, 아내와 어머니들이 세력을 장악하는 모계사회에서 볼 수 있다. 모권사회는 수적으로 희소하며, 모권이라 할지라도 다른 남성들(외삼촌등)의 영향을 무시할 수는 없다.

■동권제(egalitarian): 가장권이 양계에 공동으로 속한다. 즉 부부가 의사결정에 동등하게 참여하고, 함께 결정을 내리면서 상이한 관심영역에 대하여 각자 책임을 지는 유형의 권력형태이다. 현대사회에 들어 와서 여성들의 사회진출이 증가하고 경제력이 높아지면서 이러한 부부간의 동권제가 증가하고 있는 추세이다.

3) 가계계승의 원칙

가계 계승은 친족의 범위를 정하는 기준이 된다. 조상과 자손과의 관계를 통하여 혈통을 따지고, 그 혈통에 따라 친족집단이 형성되면서 특정집단에 귀속시키는데 이를 출계라고 한다. 출계에는 일정한 원칙이 적용되는데 이를 출계율이라 하며, 이는 가계의 계승과 밀접한 관계가 있다.

가계 계승에는 단계제(unilineal descent)와 양계제(bilateral descent)가 있으며, 단계제는 부계제와 모계제로 나뉜다.

■부계제 : 가계 계승이 부계의 혈통을 따른다. 즉 가계가 아들을 따라 계승되고, 아버지쪽의 친족집단의 구성원으로 귀속되고, 제사나 재산등도 아버지에게서 아들에게로 상속된다.

■모계제 : 가계 계승이 모계의 혈통을 따른다. 자식은 어머니의 친족집단에 귀속되고 가족재산 등이 어머니로부터 딸에게로 이어지게 된다. 세계적으로 모계제 사회는 소수인데, 일반적으로 어린이는 자

신의 아버지와 생물학적으로 관계가 없다고 생각하고, 오히려 외삼촌들이 중요한 역할을 한다.

■양계제 : 가계 계승에서 부계나 모계에 구별하지 않고 양계를 선택할 수 있다. 따라서 양쪽 집단의 가족구성원이 될 수 있으며, 재산도 아들과 딸에게 동시에 상속한다. 양부모의 친족이 모두 동일하게 인정되고 존중된다 할지라도 어느 친족 집단도 자녀들에게 강력한 세력과 영향력을 행사하지 않기 때문에 가치와 생활양식이 상이한 두 가족 출신의 남녀가 결혼한 후 양쪽 부모의 가치나 생활 양식이 아닌 그들 자신의 전혀 새로운 생활 양식을 만들어 갈 수 있다. 물론 결혼한 자녀들은 각자의 부모들과 동등하게 친밀한 관계, 즉 등거리 관계를 유지한다.

4) 거주방식

혼인을 하고 나서 신혼 부부가 자신들의 살림을 어디에서 시작하느냐에 따른 분류이다.

■시가살이 : 일명 부거제라고 한다. 혼인을 한 후 부인이 남편의 거주지, 혹은 남편의 친족들 가까이에서 생활을 시작하는 형태이다. 시가살이에서는 부인이 남편의 친족 집단에 귀속되는 경우가 보편적이다.

■처가살이 : 일명 모거제라고 하며, 모계친족집단 체제에서 많이 볼 수 있다. 남편이 부인의 거주지에 들어가서 생활을 시작하는 형태이다.

■단가살이 : 신거제라고 하여 남편이나 부인의 거주지에 들어가지 않고, 새로운 곳에서 새롭게 생활을 시작하는 형태로써 사회적 이동이 심한 산업사회에서는 매우 편리한 형태이다.

5) 배우자의 수

우리가 아는 대부분의 결혼은 한 남자와 한 여자가 만나서 결합되는 경우이지만, 세계적으로 살펴보면, 이밖에도 다양한 형태의 결혼이 있다.

- ■단혼제 : 일부일처제: 남편이나 아내가 단 한사람의 배우자와 더불어 결혼생활을 하는 형태이다.
- ■복혼제 : 일부다처제: 한사람의 남편이 여러 사람의 아내를 맞아 생활하는 형태이다.
  일처다부제: 한 사람의 아내가 여러 사람의 남편을 맞아 생활하는 형태이다.

6) 혼인여부

대부분의 사람들은 결혼을 하면서 자신이 성장하여 왔던 기존의 가족과 자신이 이루어 낼 새로운 가족을 갖게 된다.

- ■방위가족 : 태어나서 자신이 성장하여 온 가족으로, 자신의 선택권이 없이 운명적으로 처하게 된 가족이다.
- ■생식가족 : 결혼하여 새로운 가정을 이루면서 형성하게 되는 가족으로 자신이 원하는 배우자를 선택할 수 있고, 원하지 않으면 해체도 가능하다.

4. 가족의 기능

인류역사상 어떤 형태로든 가족이 존재하지 않은 시기는 없다. 가족이 나름대로의 기능을 충분히 수행하지 못한다면, 제도로서의 가족은 우리 사회에서 존재할 수 없을 것이다. 그렇다면 가족은 어떠한 기능을 갖고 있는가? 가족이 사회에 미치는 영향은 무엇인가?

1) 생식 및 출산

가족의 고유 기능에 속하는데, 혼인에 의하여 맺어진 부부간의 성생활을 통하여 자녀를 출산한다. 우리 사회가 지속적으로 발전해 나가려면 일정 수준의 인구를 유지해야 하며 새로운 구성원들이 공급되어야 한다. 따라서 가족을 통한 자녀출산은 사회적으로도 매우 중요한 기능이다.

2) 성적욕구충족 및 통제

인간은 일정한 연령에 도달하게 되면 본능적으로 성적욕구를 느끼게 되고 성적충동에 대한 통제가 필요하게 된다. 그러나 사회생활을 해 나가면서, 이러한 욕구를 원하는데로 발산할 수는 없으며, 또한 발산해서도 안된다. 사회에 따라 성적 욕구를 충족시키기 위한 방법도 다양하다. 따라서 사회질서를 유지하기 위하여 성적욕구에 대한 최소한의 사회적 제재 장치로써 가족이 대두된다. 우리 사회에서 부부는 합법적인 성관계를 인정받는 유일한 제도적 통로이다. 따라서 가족이 성적욕구의 사회적 통제의 기능을 담당하면서 개인은 자신의 성적욕구를 정당한 방법으로 충족시킬 수 있고, 사회는 성적문란을 방지할 수 있게 된다.

3) 자녀양육 및 사회화

가족은 단순히 재생산활동을 통하여 출산의 기능만 그치는 것이 아니라 태어난 어린 아이가 독립할 수 있을 때까지 양육시킨다. 가족 속에서 새로 태어난 아이들은 자신들이 살아 가야할 사회환경에 적응하는 법을 배우고, 사회가 요구하는 각종 규칙과 기술들을 학습할 수 있는 장소를 제공받게 된다. 이러한 과정을 "사회화"과정이라고 부르는데, 사회화과정은 일생동안 이루어지긴 하지만, 특히 어린 시절, 무방비상태에서 이루어지는 사회화 과정을 부모가 가족이란 안정적인 환경 속에서 이루어 냄으로써 올바른 자녀양육이 이루어지고, 유능한 사회구성원을 배출해 낼 수 있게 된다.

4) 경제력

가족은 무엇보다도 공동주거와 더불어 공동 재산을 전제로 하면서 일상생활 속에서 집단적인 생산과 소비기능을 함께 갖추어 왔다. 최근에는 생산보다는 소비의 기능이 강조되긴 하였지만, 경제활동의 가장 기본적인 단위로 중요한 역할을 담당해왔음을 부정할 수 없다. 또한 사유재산이 인정되는 대부분의 사회에서 가족은 재산을 공동으로 소유하고 증식시키고 처분하는 역할을 한다. 최근에는 소비가 미덕으로 인식되면서 소비기능도 점차 강화되고 있는 실정이다.

5) 정서적 안정

가족의 경제적 기능에 못지 않게 중요한 기능이 정서적인 지원체계이다. 요즘과 같이 급변하는 사회에서 가족은 구성원들에게 안정적인 정서를 제공하고, 여러 가지 위험과 변화 속에서 벗어날 수 있는 "충격 흡수장치"로써의 중요한 기능을 갖고 있다. 특히 예전과는 달리 핵가족 중심의 가족형태 속에서 가족구성원들은 어려움을 당하게 되면, 달리 의논을 하거나 상담을 할 주변의 상대가 사라지면서, 자신의 가족에 의지하게 된다. 따라서 단순히 경제적인 공동체를 넘어서서 정서적인 공동체적 기능을 할 때 비로소 건강한 가족의 기능을 다한다고 할 수 있다.

6) 교육

전통적인 사회에서 가족은 "가정교육"을 통하여 자녀들에게 올바른 교육을 제공할 수 있는 중요한 장소였다. 그러나 사회의 변화와 더불어 가족의 교육적 기능은 급격히 약화되기 시작하였다. 특히 인성이나 감성발달보다는 전문적 지식의 중요성을 강조하는 사회적 요구는 가족으로 하여금 교육적인 기능을 포기하도록 강요하는 수준에 이르렀다. 그러나 전인적인 인간을 키우기 위하여서는 어린시절부터 철저한 가정교육이 이루어져야 한다는 점에서 가족의 교육기능을 활성화할 필요가 있다.

7) 휴식 및 오락

농경사회에서 전통적인 놀이는 대부분 가족중심적이였다. 가족구성원들로 이루어진 놀이는 여러 가지 가족행사속에서 자연스럽게 진행되면서, 가족의 파생적 기능으로 남게 되었다. 그러나 현대 사회에서 오락이란 당연히 가정밖에서 이루어지는 것으로 인식되게 되었고, 또한 자본주의사회에서 오락은 돈을 버는 수단으로 수용하면서 자본주의적 오락이 대두하게 된 것이다. 따라서 가족내에서 순수한 의미의 놀이적 오락은 그 자취를 감추게 되면서, 가족의 오락적 기능도 급격히 쇠퇴하게 되었다.

8) 종교활동

조상을 숭배하는 제사는 가족의 중요한 연중행사로 자리잡고 있지만, 종교적인 의미라기보다는 단순히 가족의 유대를 강화하고 혈연의식을 확인하는 의미가 더 크다. 특히 거대화되어 가는 종교조직의 출현으로 인하여 종교활동은 더욱 조직적이고 체계화되면서 가족의 영역에서 벗어나게 되었다. 그러나 건전한 사회의 윤리성과 도덕성을 지키기 위하여서는 가족을 중심으로 한 순수한 의미의 종교 활동이 필요하다고 본다.

5. 친족의 개념

1) 친족구조와 현대사회구조

가족의 뿌리를 찾는 정서는 정도의 차이는 있을 망정 어느 사회나 보편적인 현상으로 확인되고 있다. 흔히 오랜 족보나 명문의 가족배경은 자긍심의 원천이기도 할 뿐 아니라 상대적인 위신의 척도로 평가되기도 한다. 비록 우리의 가족배경이 명문이 아니라 할지라도 조상을 확인할 수 있고 친척과 더불어 소위 관혼상제를 비롯한 인생살이의 크고 작은 일을 의논하고 서로 도움을 주고 받으면서 살아가는데서 보람과 행복을 느끼는 것이 역사적으로 거의 모든 사회의 공통적인 사회현상인 것이다.

현대는 핵가족의 시대라고 한다. 이는 핵가족이 사회구조의 기본 단위임을 강조하는 말이다. 그러나 핵가족이란 친족관계망의 일부일 뿐, 두 사람의 성인 남녀가 결혼하여 아래로 그들의 자녀를 낳아 기르고 위로는 두 가족의 성원들과 여러 친족성원들과의 상호작용을 계속해나가는 친족망과 연결되는 소집단인 것이다. 이와 같이 가족을 핵으로 하여 "뿌리의식"과 친족관계가 실질적으로 사회생활의 대부분의 상호작용의 배경에 깔려 있는 것이다. 이러한 현상은 물론 친족유대가 강하였던 전근대적 사회나 폐쇄적 사회에서 더욱 뚜렷한 게 사실이다. 관료적 합리성보다는, 또 직업수행능력을 기준으로 하기보다는 혈연적·지연적 친소관계(멀고 가까운 관계여부)에 기초하여 인사관리를 하는 경우가 허다하기 때문이다. 이러한 관행에 대하여 보통 특수주의 원칙(particularism)에 치우친, 보수주의적 인사라 하여 이를 부정적 시각으로 평가한다. "피는 물보다 진하다"는 옛말은 바로 이 친족감정과 친척관계의 강인한 성격을 단적으로 잘 나타내고 있는 말이 아니겠는가?

인류역사상 어느 시대, 어느 사회도 최소한의 친족구조에 기초한 사회관계를 배제한 사회구조가 존재하지 않았으며, 친족유대는 그리하여 가장 원초적인 사회적 결속의 힘이었다는 사실을 부인할 수 없는 것이다. 현대 기술관료시대에 있어서도 사회의 온갖 변화에도 아랑곳없이 합리적 사회구조 속에 여전히 온존해온 친족감정과 친족중심적 경험을 우리는 어떻게 설명해야 할 것인가? 근대화와 도시화, 기계화와 정보화가 빠른 속도로 20세기를 변화시켜 왔으며 현대의 개인들은 이러한 사회변화에 적응해나가는 과정에서 소위 고독과 소외, 비인간화를 경험하지 않을 수 없었다. 그리하여 현대인들도 상부상조 유대와 일차적인 온정적인 인간관계를 추구하고 있다면 혈연관계에 기초하는 친족관계는 가장 확실한 대안의 하나로 여전히 우리의 “우리감정”을 다스리고 있다고 하겠다. 친족을 가족구조의 한 측면으로, 가족을 친족조직의 일부로 연구할 때 비로소 우리는 많은 사회구조의 현실과 역동성을 이해할 수 있게 되며, 가족문제를 포함하여 정치제도, 경제제도 및 문화의 세부적인 문제들을 이해할 수 있을 것이다.

모든 사회는 나름대로의 안정적인 가족과 친족체계를 형성·유지하고 있다. 친족제도는 사회마다 상이하여 다양한 사회구조와 가족제도, 그리고 다양한 인간관계를 조성한다. 물론 어느 사회의 것이 표준이라 할 수 없으며 이에 대해 우열을 논할 수는 더욱 없다. 다양한 친족제도는 다만 상대적이며 대안적인 생활양식을 표출하고 있을 뿐, 결국 모든 인간은 그가 속한 사회의 가족, 친족과 결부되어 확립된 규칙과 규범에 따라 일생을 살아가는 것이다.

한 가족의 가계는 누가 계승하며, 누가 무엇을 누구로부터 상속받으며, 한 가족의 권위와 세력은 부모와 남녀 어느 쪽에 속하는 것일까? 즉 가계계승과 세력의 소재가 여성계통으로 이어지는 친족체계를 채택한 것인가, 남성계통으로 이어지는 친족체계를 채택한 것인가, 아니면 양쪽이 동등하게 인정되는 양계제인가? 하는 문제는 여전히 중요한 문제이다. 그리고 가족형성과정에서 혼인규정과 관련되는 많은 규범들이 역시 친족체계에 근거하고 있다. 결혼배우자는 어느 집단의 성원이어야 하는지에 관하여 거의 모든 사회는 그 범위를 한정하고 있으며 결혼 후 새 살림의 보금자리를 정하는 문제도 친족체계와 맞물려 있다. 기타 결혼제도와 관련된 인간관계는 사회생활의 크고 작은 사회조직의 인간관계에 두루 적용되고 또 확대·연결되어 있다. 이러한 친족체계의 여러 규정과 맞물려 모든 개인은 일차적으로 귀속적 지위(ascribed status)를 부여받고 태어나 그 인간관계의 망을 완전히 벗어날 수 없는 것이다. 나아가서 어떤 사회에서는 친족범위가 사회계층구조의 분화체계로 이어지며, 또 어떤 사회에서는 친족관계가 남녀의 지위관계, 성별구조, 및 성별역할구조에 깊이 영향을 미치기도 한다. 이런 의미에서 친족과 가족의 관계는 사회구조의 기초라 아니할 수 없다.

2) 성(姓)과 동족·종족, 그리고 친족

친족이란 개념은 일차적으로 동일한 성을 공유하는 사람들의 집단을 말한다. 동일한 성을 공유하는 집단을 지칭하는 개념으로는 친족이외에도 동족(同族), 종족(宗族) 등이 있다. 이들 개념은 모두 동일한 성의 조상을 근원으로 하는 후예들의 소식인 농시에 혈연집단으로 친족의 상위개념이다. 여기서 우리는 원시적 혈연공동체의 발달을 간단히 살펴보면서 이들 명칭의 차이와 그 형성과정 및 특징을 알아보기로 한다.

인류의 공동체생활의 최초단계는 무계급, 무가장(無家長)의 단순 혈연공동체가 일정지역에 군거하기 시작하되 공동조상을 중심으로 한 원시적 가족공동체의 시기였을 것으로 추정된다. 이러한 혈연-지연 공동체를 원시적 씨족(氏族)이라 한다. 다음 단계는 씨족이 정착생활을 시작하면서 농경사회로 진입한 단계이다. 농경사회의 경제적 기반이 점차 건실해지면서 잉여생산이 가능해지고 이는 권력의 집중 현상과 소유관념을 발생시키게 되고, 이 단계에서 씨족의 분화, 계급의 분화가 발생하고 필연적으로 가부장적 질서가 형성되기에 이른다. 이어서 가부장적 씨족들을 통괄하는 상위조직으로 부족이 출현하고, 부족은 하나의 정치질서를 갖춘 부족체계로 발전하여 계급적 혈연집단들을 산하에 하위집단으로 포함하게 되었다. 이들 부족 산하의 혈연집단들은 그들의 계급적 특권을 표시하는 명칭의 필요성을 인지, 마침내 성(性)을 사용하게 된다. 이리하여 같은 성을 공유하는 성원들 및 그 후예들로 구성되는 광범위한 혈연집단을 동일성족, 즉 동족이라 하는 것이다. 다시 말해서 동일조상에서 출발한 후예, 즉 동족은 범위가 광범하다는데 그 특징이 있으며 그 기준이 애매하여 보통 관념적인 혈연집단으로 간주된다. 이러한 종족 중에서도 그 성의 조상을 기억하고 공동으로 숭배하기도 하는데 이러한 혈연집단을 종교적 씨족(religious sib)인 족 결합체, 또는 종족(宗族)이라고도 한다. 다시 말해서 종족은 구체적인 사적 인물을 동일한 조상으로 삼는 후예들의 집단으로 동족의 하위집단이며 실질적인 친족집단이라 하겠다.

성씨제도는 사회에 따라 신화적 인물, 아니면 토템사상(totemism)의 발원으로 씨족을 상징하는 동물이나 자연물을 채택하여 추상적 표상으로 사용한데서 비롯되었다고 한다. 결국 동일한 조상을 가진 혈연공동체의 정체성(identity)을 강화할 목적으로 사용한 이름이 성칭이고 성씨인 셈이다. 동성을 지녔다는데 대해 성원들 사이에 친근감과 자부심을 느끼면서 동일 조상의 후손이라는 일체감을 갖는 것이며 이러한 의미에서 성은 친족집단의 정체성을 드러내는 아주 중요한 요소라 하겠다.

3) 친족의 범위

친족이 씨족, 동족, 종족과 같이 동일한 성을 공유하는 혈연집단을 의미한다는 점에서는 이들과 다를 바 없지만 혈연관계의 구조와 범위에서 당연히 차별화될 수 있다. 가족적인 친밀한 인간관계를 고려한다면, 그리고 가족적 의무와 협조를 기대하는 가족관계를 가정한다면 친족은 그 범위가 사회적으로 다시 조정되지 않을 수 없으며, 실제로 이 작업은 사회마다 그 문화적 배경과 상황에 따라 각각 상이하게 조정되고 규정되어 왔다. 한마디로 말해서 친족은 생물학적 종족이 아닌 사회학적 종족으로 재정의가 내려진 사회집단이라 할 수 있다. 생물학적 종족이란 생물학적 혈연관계를 말한다. 생물학적 종족(biological kin group)은 사실상 무한한 생식(재생산)에 의해 무한히 팽창하는 성질의 것이다. 한 인간은 무한한 생물학적 친족의 막대한 수의 인간들과 관련되는데 현실적으로 가족적인 상호관계를 꾸려나가기에는 무의미한 혈연망에 지나지 않는다. 그리하여 이상적인 가족관계의 수립을 위해 일정한 수와 범위로 한정시킬 필요성이 있으며, 이러한 필요성에서 일정한 수의 사회집단으로 경감·축소시킨 것이 바로 사회집단으로서 친족(managerial social group)이다.

모든 사회는 이와 같은 무한대의 광범위한 생물학적 혈연자들 중에서 일정한 범위의 근친자로 관계망을 한정하는 한편, 기타 범주를 무시하여 친소정도(親疎程度)의 순위에 대한 사회적 정의와 기준을 발달시켜 왔다. 인류학자 래드클리프·브라운(Radcliffe- Brown)은 한 인간과 관련되는 팽창하는 친척범위를 다음의 세 범주로 계산·분류하고 있다.

- ■일차적 친척(Primary Relatives): 나(자아)의 핵가족 성원의 범위 - 부, 모, 형제, 자매, 배우자, 아들, 딸의 7 범주
- ■이차적 친척(Secondary Relatives): 나의 일차적 친척의 일차적 친척, 33범주
- ■삼차적 친척(Tertiary Relatives): 나의 이차적 친척의 일차적 친척, 151 범주

4) 친족의 기능

친족의 기능은 사회의 두 가지 유형에 따라 수행되는 내용이 다소 다르다. 사회제도가 발달하지 못한 전근대적 · 농경사회나 미개사회의 친족과, 분화된 사회제도에 적응하는 현대의 산업화 ·도시화된 사회의 친족은 친족체계 자체와 그 기능에 있어서 다음과 같은 차이를 보여준다. 우선 전자적 사회들에서 친족집단이 수행하는 사회적 기능을 요약하면 다음과 같다.

(1) 사회통합의 기능

친족집단은 하나의 정체성을 갖는 공동체로 성원들을 통합시키는 기능을 수행한다. 즉 각 친족성원들에게는 일정한 의무와 권리가 부여되며, 상하 위계질서와 이에 준하는 예의, 법도가 규정되어 집행된다. 그리하여 친족집단은 동일 조상의 후손이라는 일체감을 갖고 구성원들 간에 단합을 도모하도록 한다. 이 기능은 결과적으로 전체사회의 통합에도 기여한다.

(2) 비형식적 사회통제기능

친족집단은 조직성, 계급성을 갖고 있을 뿐 아니라 성원들 간에 지켜야 할 윤리와 도덕규범을 규정하고 있는 일종의 규범체계이다. 그리하여 전통적 사회나 사회제도가 발달하지 못한 미개사회에서는 성원들의 상호작용, 일상적 공동생활, 예를 들면 관혼상제와 결부된 활동과 행사 일체가 친족규범에 기초하여 행해지고 있는데 이는 친족유대를 강화하는 방식으로 이루어진다. 공식적 사회통제기관이 아닌 친족조직의 이러한 활동은 사회통제와 사회질서유지에 견인차 역할을 하는 셈이다. 한국의 유교적 전통사회에서 본다면 친족집단은 향약제도(鄕約制度)를 제정하고 도덕적 질서규범을 세워 준법정신을 고취하였던 것이다. 위반자에게나 불이행자에게 처벌규정에 따라 징계하는 한편 모범자에게는 포상함으로 질서유지에 기여했던 것이다.

(3) 종교적 기능

일반적으로 전근대적, 혹은 미개사회에서는 친족공동체를 중심으로 종교적 의식활동이 포괄적으로 행해진다. 토템사상을 숭상하는 미개사회에서는 토템을 숭배하며, 조상숭배를 하는 동족집단은 조상을 위한 사당을 짓고 공동제사를 받들어 종교의식을 행한다.

(4) 교육적 기능

현대적 교육기관이 발달되지 못했던 사회에서 친족집단이 자녀들에게 교육 및 기술훈련의 기회를 제공하고 이를 후원하였다. 한국의 전통사회에서는 서원(書院)을 공동운영하였으며 자녀들의 교육을 위한 공동재정의 기반으로 장학재단을 마련하여 운영한다든가 향약계를 운영하든가 하였는데 오늘날까지도 그 명맥이 이어지고 있음을 볼 수 있다.

(5) 경제적 기능

병든 노약자와 경제적으로 빈궁한 성원들을 돕기 위한 방안을 창안해 내어 실행하는 것이 보통이다. 특히 향약계(鄕約契), 혼계(婚契), 상계(喪契) 등 여러 가지 상조위(相助會)를 조직하여 상부상조하는 사금융체의 역할을 하는 것은 잘 알려진 사실이다.

(6) 자치활동 기능

정치제도와 정치기구가 전문화되지 못한 단계에 있는 사회에서 친족집단은 여러 가족의 원로들로 구성된 친족위원회가 있게 되며, 족장, 원로 혹은 유능한 성원이 수장이 되어 자치기구를 조직·운영한다. 사회운영에 필요한 여러 가지 활동, 즉 치산치수의 산림녹화사업, 제방공사, 도로·교량건설 등 토목공사까지 하는 경우가 있다.

5) 현대사회에서의 친족기능

미국과 같은 서구 산업사회에 있어서 친족기능에서 현대산업사회들의 친족들이 수수하는 관계의 내용과 기능을 엿볼 수 있는데, 대체로 다음의 네 가지 기능으로 요약될 수 있을 것 같다. 1) 재산보유 및 상속문제 처리, 2) 주택과 거주유형에 대한 결정, 즉 형제들의 핵가족들이 한 주택에 함께 거주할 것인지, 또는 부모와 기혼자녀가 함께 거주할 것인지, 아니면 주거지를 인근에 정하여 지리적으로 근접하게 살 것인지 하는 친족근접성문제를 다룬다. 3) 장례 때와, 기타 경제적 협조 문제에 관심을 갖는 것, 즉 노인이나 궁핍상태에 있는 친척의 자립을 돕거나 재정적 협조와 같은 가벼운 가족관계의 필수적 책무에 관한 것. 4) 애정적, 정서적 유대 및 일차적 관계의 지속에 노력하는 것 등이다.

10장 가족의 이상과 현실적 실험

1. 플라톤의 이상적 가족제도

1) 플라톤의 「이상국가론」

그리스가 전성기인 페리클레스(Pericles)시대를 보내고, 펠로폰네소스 전쟁에서 패하게 되자 아테네(Athene)는 정치적·도덕적으로 혼란한 사회를 맞게 되었다. 이에 플라톤은 사회개혁의 필요성을 절감하고 그의 유토피아 사회론으로 평가되는 「이상국가론(Republic)」을 집필하였다. 이 책에서 플라톤은 당시 헬레니즘 사회의 세속적 사상을 표방하면서 인간본성이 최고도로 실현될 수 있는 인간 공동체에 대한 구상을 펼쳐 보였다. 즉 사회구조를 재편하고 사회제도를 개선하기 위한 여러 아이디어를 제시한 중에 성과 가족, 결혼 및 남녀관계에 대한 이상론이 포함되어 있다.

플라톤의 가족제도의 이상형을 이해하기 위하여서는 먼저 그의 사회구조론에 대한 이상을 알아야 할 필요가 있다. 플라톤의 사회구조론은 그의 정의(正義)개념에 기초하는 나름대로의 독특한 사회계급론으로 이 계급론에 따라 한 계급에 대하여 집중적으로 특이한 가족제도를 말하고 있기 때문이다. 플라톤에 의하면 정의롭고 질서있는 사회가 되기 위하여 공동체형식의 국가는 성원 모두가 각자의 다양한 소질에 따라 다양한 분업이 이루어져야 하고 성인들이 각자의 소질에 부합되는 한 가지 일에 종사할 때 비로소 가장 능률적이고 조화와 질서가 잡힌 국가 공동체가 이룩된다고 하였다. 그가 이상으로 제시한 사회구조는 세 계급으로 되어 있다. 통치자계급(The ruling class), 수호자계급(The guardians or warriors), 및 생산자계급(The working class)이다. 이 세 계급은 그들의 소질과 역량, 수련 정도에 따른 위계구조를 수용하도록 되어 있다. 어떤 계층에서 태어난 어린아이도 그의 자질과 업적 여하에 준하여 신분계층이 상승 또는 하강할 수 있다.

2) 성·결혼 ·가족에 대한 혁신적 아이디어

플라톤의 성과 결혼, 가족에 관한 아이디어는 그의 사회계급 중 수호자계급에 국한되어 적용되었다. 그 중요한 내용을 요약하면 다음과 같다.

첫째, 성과 가족의 면에서 수호자계급 성원들에게는 독특한 종류의 공유제- 부인과 자녀의 공유제(communism of wives and children)-를 적용시킨다. 이 계급의 남녀는 사적인 가족을 이룰 수 없다. 다시 말해서 여자와 자녀는 성원들이 공유함을 원칙으로 한다. 이런 원칙에 따라 부모는 자신의 자식을 알지 못하며, 어떤 아이도 그의 부모가 누구인지 알 수 없는 것이다.

둘째, 배우자선택과 결혼은 대략 다음과 같은 절차를 밟아 행해진다. 특별한 목적 하에 해마다 페스티벌이 개최되는데 이때에 일시적으로 결혼상태에 들어갈 배우자를 결정하되 추첨에 의한다. 결혼 커플의 숫자는 각 페스티벌에서 허가받은 후보자의 수와 페스티벌의 회수로 결정된다. 페스티벌은 매년 1회이며 마지막 페스티벌 이후에 아이를 출산한 여인은 재혼이 가능하다. 각 페스티벌에서 25세의 남자와 20세의 여자들은 새로운 집단을 형성한다. 이들 중 얼마는 짝을 짓거나 지난번의 집단 성원들과 짝을 짓는다. 짝을 이룬 쌍들은 1개월 동안 계속되는 페스티벌 기간 동안 동거하고 이 기간이 끝나면 결혼은 해체되고 다음 페스티벌까지는 최소한 독신으로 지낸다. 이러한 방안은 오늘날의 학문적 용어로 말하면, 유전공학적 · 사회공학적인 방안으로 볼 수 있다.

> 만일 우리가 아이들을 최고로 탁월한 수준으로 유지하고자 한다면 가능한 한 아주 훌륭한 남녀의 결합을 많이 있게 하고 열등한 남녀의 결합을 되도록 없게 해야 한다. 그렇게 함으로써 비로소 우량한 남녀결합의 후손만이 보유된다. 그리고 우리는 신부, 신랑들을 모을 수 있게 될 페스티벌을 마련하지 않으면 안된다. 여기에 희생적 행위 혹은 제물이 있게 되며, 시인들이 이 행사에 적합한 노래를 지을 것이다. 결혼의 숫자는 통치자들의 재량에 맡겨질 것이다. 통치자들은 전쟁, 전염병 등에 의한 인구 상실을 감안하여 가능한한 시민의 수를 일정하게 유지하는 것을 목표로 할 것이다. 그리하여 그들은 우리국가가 크거나 작지 않게 되도록 하는데 최선을 다 하지 않으면 안된다(Plato, XVI.V.457B-466D. p.159).

셋째, 자녀출산과 육아에 관하여도 역시 일종의 사회공학적 방법을 도입하고 있다. 즉 남녀 집정관(magistrates)이 적합하다고 판정한 커플들 만이 적출(嫡出)의 자녀를 출산하도록 한다. 건강하고 우수한 자손 확보를 위해 남녀는 각각 정력의 절정기(남 25-55세, 여 20-40세)에 수태하도록 한다. 이미 언급한대로 1개월의 페스티벌 기간 중에 임신된 아이가 페스티벌 후에 출생하면 출생 직후 성스런 의식을 받은 후 남녀직원이 받아 탁아소로 데려가 양육된다. 그러나 국가에 의해 과학적으로 엄격하게 조종되고 감독을 받고 태어난 아이들이라 할지라도 장애자이거나 열악한 건강상태로 태어난 신생아는 유기 또는 살해를 당하거나 아니면 별도로 분리되어 양육된다.

넷째, 남녀관계는 평등원리 위에서 사회적으로 동일하게 최급되어야 한다. 이미 살펴본대로 「이상국가론」설계의 근본원리 <정의>란 "모든 자는 그의 소질에 맞는 한 가지 일에 임해야 한다"는 것인데, 이는 다시 말하면 동일한 소질의 소유자에게는 동일한 직업이 허용되어야 한다는 것이다. 플라톤에 의하면 남녀 간의 차이란 힘에 있어서만 강약의 정도차이가 있을 뿐, 인성과 천부적 재능 및 역량의 면에서는 서로 유사하기 때문에 여자와 남자에게 각기 특유한 노동과 업무가 따로 있을 수 없다. 따라서 수호자계급은 남녀에게 모두 등가적 권리(equivalent rights)가 아니라 대등적 권리(equal rights)에 입각하여 남녀평등이 지켜져야 한다는 생각이다.

그리하여 수호자계급의 남녀는 동일한 교육을 받도록 하며 동일한 업무에 참여하도록 한다. 전쟁술 연마에도 함께 참여하고 공무에도 함께 참여할 뿐만 아니라 최상급의 수호자들이 통치자의 훈련을 받기 위해 선택되는 경우에도 여자에게도 피선자격이 부여되어 여성통치자(women-ruler)가 출현할 가능성이 열려 있다. 남녀평등의 완전한 경지에 대한 표현을 직접 플라톤의 대화에서 보기로 한다.

> 여자들이 교육에서, 육아에서 그리고 다른 시민들을 위한 방위책임에 있어서 남자와 완전히 함께 나눈다는 사실에 동의할 걸세. 즉 나라 안에 머물든지 전쟁터에 나가든지간에 그들은 양떼를 지킴에 있어서나 사냥함에 있어서 감시견과 같이 그들의 힘이 미치는 한 모든 일에 남자와 함께 그들의 몫을 다 할 것이라네. 이러한 행위는 비여성적인 것이 아닐 것이며, 성의 자연스런 동반관계에 상응하는 최선의 행위일 것일세(Plato, Republic, V. 466).

이상과 같은 여러가지 혁명적인 참신한 생각들은 플라톤의 이상국가가 지향하는 몇 가지 목적에 기여하기 위한 사회공학의 메카니즘이라고 생각될 수 있는데, 우선 결혼과 출산의 통제는 우수한 자손 확보라는 목적 이외에 이상적 도시국가의 적정인구수준(5,040명)을 유지하는 것과 관련되어 있다. 이는 국가가 단합을 유지하기에 차질이 없는 한도내에서만 인구성장이 허용되어야 한다는 뜻에서이다. 그리고 사적인 가족유대감을 가질 수 없도록 여자와 자녀를 공유하는 것을 원칙으로 하는데는 가족폐지에 목적이 있었다고 할 수 있는데, 이는 결혼과 출산이 편애나 비난, 개인적·이기적 동기에 좌우됨이 없도록 하여, 다시 말해서 사유와 사생활의 폐지를 통해업무상 혼란을 막고, 시간과 정력의 소모로 국사를 소홀히 하지 못하도록 하여 이들로 하여금 온전히 국가를 위해서만 봉사할 수 있게 하기 위한 것이라고 해석될 수 있겠다.

특히 남녀평등사상에 입각한 남녀차별 철폐는 비록 하나의 계급에 한하여 실시하는 방안이기는 하나 당시 그리스 여자들이 받던 극심한 차별대우에 비추어 볼 때 실로 혁명적인 여성해방사상으로 인류역사상 이에 대한 최초의 획기적 아이디어로 평가될 수 있다. 실제로 이후 많은 이상론에서 모방되고 또 역사적으로 많은 사회가 이를 실천·실험에 채택하여 여성권의 신장에 기여한 이데올로기로 작용하였던 것이다.

2. 토마스 모어의 이상적 가족제도

1) 소설 「유토피아」의 성격

작품 「유토피아」는 16세기(1516년) 영국의 토마스·모어의 가상적 소설이다. 모어는 헨리 8세 당시 영국의 사회상황이 매우 혼란스럽고 사회악과 경제악이 위험수위를 넘었다고 판단, 이를 구제하고 경종을 주기 위한 의도에서 보다 완전하고 부조리 없는 아름다운 사회에 대한 환상을 작품화하였다. 당시의 영국은 자본주의 경제제도가 싹트기 시작하면서 귀족· 부르조와·지주계급의 발흥과 이들의 산업독주가 극심해 농토가 목양산업으로 유린되고, 소규모 농업이 소멸되어가고 있었다. 모어는 이러한 사회현실을 분석하고 비판하면서 새로운 윤리관을 확립, 인본주의 정신으로 유지되는 이상향, 「유토피아」를 문학적 장르형식으로 설계, 묘사한 것이다. 이 「유토피아」작품 이후 유토피아란 개념은 지상 어디에도 존재하지 않는 행복과 완전성의 장소를 지칭하는 이상향의 대명사로 통용되어오고 있다. 즉 「유토피아」는 소위 낙원을 대표하는, 보편화된 이상향의 모형이며 전형이 되어 왔다. 이 작품은 기존의 사회제도와 상당한 거리가 있는 새로운 제도를 갖춘 사회가 행복하게 운영되고 있음을 과시하고 있다.

2) 「유토피아」속의 결혼과 가족제도

「유토피아」의 도시들은 가족을 기초로 이루어져 있다. 이는 가족을 국가의 기초로 하는 것을 의미하며, 이점에서 플라톤의 「이상국가론」과 다르다. 가족유형은 가부장제 대가족형태이며 일부일처제이다. 가족의 구성원은 어린이들과 성인을 합해 10-16명으로 제한하며 가부장은 가족의 최고령자이다. 한 도시는 이러한 가족 6,000세대로 구성된다.

가족관계에 있어서 아내는 남편을, 어린이는 부모를, 젊은이는 나이 많은 사람을 각각 공경하고 따른다. 식사는 식당에서 공동식사의 형식을 취하며, 식당에서의 허드렛일은 노예의 일이지만 음식 장만

만은 각 가정의 주부들이 돌아가며 담당한다. 육아는 어머니들의 역할이지만 어머니가 병들거나 사망했을 경우 유모가 대신한다. 유모가 찬양받는 사회로 많은 부인들이 유모를 자원한다.

결혼은 남자 22세, 여자 18세를 적령으로 하며, 혼전관계는 엄중하게 처벌된다. 배우자선택은 오늘날 우리의 판단기준에서 볼 때 이상스러울 정도의 관습이 행해진다. 즉 여자는 처녀든 과부든 존경할만한 기혼부인의 입회에 장래의 배우자 앞에 나체로 선을 보여야 하고 남자 또한 인품이 방정한 사람에 의해 여자에 나체로 선을 보이게 되어 있다. 그 이유는 일생을 같이 하게 될 배우자를 택하면서 전신을 옷으로 덮어 얼굴하나만 보고 전체를 평가한다는 것은 훗날 불평할 가능성을 배제할 수 없다는 생각에서이다. 또한 모든 사람은 이성의 성격만을 문제 삼을 만큼 고매한 사람들이 아니며, 설령 그런 고매한 사람들의 결혼에 있어서도 육체의 매력이 정신의 미덕에 적지 않은 영향을 미친다는 생각이다. 「유토피아」인들은 일부일처제를 지킨다. 사별의 경우를 제외하고는 간통과 같은 경우가 아니면 결혼이 파탄에 이르는 일은 거의 없기 때문에 더욱 신중을 기한다는 뜻도 담겨 있다. 이러한 제도에 담겨져 있는 그들의 휴머니즘을 작품에서 보기로 하자.

> 이러한 제도가 특히 유토피아인들에게 필요한 것은 우리가 아는 어떤 나라에서보다 그들은 일부일처에 만족하고 있어서 사별의 경우를 제외하고 나면 간통이나 묵과할 수 없는 추행이 있을 경우가 아니면 결혼이 파탄에 이른다는 것은 좀체 볼 수 없는 일이기 때문입니다. 강간이나 추행 등으로 결혼이 파탄에 이르게 되면 결백한 쪽은 다른 배우자를 얻을 수 있는 허가를 의회로부터 받게 됩니다. 잘못을 저지른 쪽은 평생을 불명예의 생활로 독신으로 지내야 합니다. 그러나 아내가 과실이 있어서가 아니라 육체적인 결합이 있다고 하여 버려진다는 것은 결코 용납되지 않습니

다. 아내가 동정을 가장 필요로 할 때 아내를 버린다는 것을 그들은 잔인한 짓이라 생각할 뿐 아니라 만약 그런 것이 허용되면 병을 앓기 쉬울 뿐 아니라 그 자체 하나의 병인 노년기에 대한 아무런 보장이 없다고 생각합니다(모어, <유토피아>, 1516).

3. 스키너의 「월덴 2」 코뮨의 가족제도

1) 「월덴 2」의 유토피아적 성격

「월덴 2」는 현대의 행동주의 심리학의 거장 스키너(B. F. Skinner)가 행동과학 연구에 기초하여 새로운 인간관·문화관 및 행복관을 제시한 현대적 유토피아소설이다. 그 내용은 유토피아적 코뮨의 집단생활을 소설화한 것이다. 스키너는 이 소설을 통하여 인간행동은 환경에 의해 좌우될 수 있으며, 이 환경은 문화조작(cultural engineering)으로 조성될 수 있으며, 인간의 만족과 행복은 소위 정치술이나 정치제도를 통하여 보장받을 수 있는 것이 아니라 행동공학(behavioral engineering)을 도입하여 설계된 집단생활에서 성취될 수 있다는 사실을 역설하고 있다. 이 작품은 고전적 유토피아작품과 비교하는데 유용하고 탈현대의 이상사회에 대한 상상력에 도움이 될 것으로 생각되며 특히 스키너의 가족에 대한 아이디어는 현대인의 사랑과 인권, 및 가족개념에 대한 심리학자의 대안으로 감상해볼 만 가치가 있을 것 같다.

2) 「월덴 2」의 사랑·결혼 및 가족제도의 이상

스키너에 의하면 오늘날의 가족은 공동체의 옛날 형식이며, 혈연

유대를 기초로 하는 과거의 가족과 관련된 관습들은 현대사회에서는 부적절하다. 또한 그는 금세기를 역사상 가족의 위치가 점점 약화되고 있는 시기로 확인하고 가족에 대한 새로운 대안을 <월덴 2> 공동생활에서 제시하고 있다. 그가 이상으로 하는 가족은 하나의 경제적 단위인 동시에 사회적, 심리적 단위가 된다. 이 공동체에서는 사랑, 결혼, 부모신분 같은 것을 수치로 여겨 은폐하는 기성사회의 관습을 일소하고 지체없이 명예로운 것들로 여겨 자긍심으로 이것들을 수용하고 있다.

우선 사랑이나 애정은 혈연관계의 전유물이 아니라 심리적인 것이며, 문화적인 것으로 간주되도록 인식시킨다. 그리하여 양성간에 "자유사랑"(free love)이 아닌 "자유애정"(free affection)을 장려한다. 자유로운 연애의 분위기에서 간혹 혼외의 우정이 결혼유대를 약화시키는 경우가 발생한다면 중재할 심리학자가 상담하여 이를 도와주고 가능한 한 결혼이 유지되도록 하되 먼저 애정이 식고 새로운 애정이 참인 것으로 드러나면 그때에 이혼이 허용된다. 가능한한 개인적인 재적응이 용이하도록, 그리고 스캔들의 대상이 되지 않도록 공동체가 노력한다.

부부는 별도의 방(房)을 사용하여 각자의 사생활을 존중한다. 각자의 방을 개인의 성(城)과 같은 것이라고 하여 이에 대한 합리성을 다음과 같이 설명하고 있다.

> 결과는 분명하다. 별도의 방에서 생활한다는 것은 개인들을 더 행복하게 더 잘 적응하게 하며 부부간의 사랑과 애정을 강화시키는 경향이 있었다. 우리 공동체의 대부분의 결혼한 쌍들은 방을 따로 사용하기로 했다. 갓 결혼한 자들이 자녀출산기가 끝날 때까지 한방을 사용하는 것이 전통이 될 수도 있겠으나 각방 사용에 따르는 건강, 편의, 및 개인적 자유라는 이점은 간과될 수 없는 것이다(스키너, 1948 : 139).

자녀양육과 부모자녀관계에 관하여는 집단적 보살핌(group care)을 채택한다. 이 방법은 부모자녀관계를 약화시키는데 목적이 있는데 그 불가피성을 다음과 같이 들고있다. 우선 집단양육은 부모양육보다 더 양질의 교육을 줄 수 있다는 것이다. 행동과학이 발달된 현대에는 과학적 육아가 가능해졌으며 부모들이 평균적으로 과학적 원리를 습득한다는 것은 어려운 일인 것이다. 다시 말해서 <월덴 2>가 추구하는 행동과학은 어머니가 주도하기에는 너무 복잡한 과학이기 때문이다. 둘째로 부모자녀간의 강인한 개인적 의존성을 피하도록 해야 한다는 것이다. <월덴 2>의 모든 성인은 모든 어린이를 그자신의 아이로, 모든 어린이는 모든 성인을 그의 부모로 간주하도록 유도한다. 즉 자신의 자식이기 때문에 편애하는 것을 악취미로 여긴다. 결과적으로 고아를 포함한 모든 어린이는 공동체의 공평한 보호와 배려를 받게 되고 무자식의 성인들도 그들의 자연스런 애정을 어린이들에게 표현할 수 있게 된다. 그리고 이러한 애정관계는 부모들의 이혼이 불가피할 경우에도 어린이들에게는 피해가 가지 않게 된다는 이점도 계산되어 있는 것이다.

이 공동체의 여성에 관한 배려는 매우 고무적이다. 일반적으로 결혼제도가 남녀의 이원화된 역할분담을 고정시키고 있기 때문에 남성은 가외의 직업에 종사하며 노동의 자유선택과 변경의 자유가 있는데 반해, 여성은 가내의 취사와 육아의 몫을 수용할 뿐 선택의 여지가 없다는 것은 일종의 노예적 전통이라고 지적, 여성해방과 남녀평등의 필요성을 강조한다. 즉 경제적 독립과 문화적 자유가 실현되어야 한다는 생각이다. 예를 들면, 여성은 16-23세에 출산활동을 끝내고 가사로부터 해방되어 그 이후는 성인으로서 사회생활과 봉사생활로 공동체에 기여하며 인생의 황금기로 맞이해야 한다는 것이다.

4. 현대의 유토피아적 공동체 가족

보다 바람직한 생활을 추구하는 인간의 노력은 어느 시대에나 발견된다. 특히 사회변화가 몰고 온 혼란과 부정적 영향이 가치혼란을 초래하거나 사회구조의 부조리를 심화시킬 때, 이에 대한 도피의식과 개혁의지가 나타나게 마련이며, 이것이 개인적・집단적인 행동으로 표출되어온 것이 역사의 참모습이기도 하다. 19세기와 20세기 초에 핵가족의 보편화와 산업화의 다음과 같은 부정적 측면들, 즉 소외감, 비인간화, 유대감의 약화, 상처받기 쉬운 인간관계 등으로부터 인간회복을 시도하고 대안적 가족을 추구하고자 한 코뮨운동이 약 일세기 동안 미국에 풍미하였다. 크고 작은 많은 코뮨은 유토피아적 공동체생활을 개성 있게 실천한 것으로 특기할 만하다. 이들 코뮨은 다양한 계층과 직업, 가족적 배경을 가진 사람들이 같은 목적 하에 공동체형식으로 연합하여 이상적인 인간유대를 창출하면서 전통적 가족이 제공하지 못한 인간본성이 요구하는 가치들을 실현하여 보다 큰 행복을 추구해보고자 한 점에서 지극히 유토피아적이다.

여기서 우리는 미국의 소규모 코뮨뿐 아니라 보다 큰 규모의 코뮨형태, 곧 역사적인 가족실험의 예들, 즉 동구 붕괴 이전의 소비에트연방이나 이스라엘에서 사회개혁과 가족개혁의 차원에서 모색・실천해본 예들을 함께 살펴볼 것이다. 어떤 의미에서 이들은 비혈연대가족 유형으로 분류해도 무방하다고 생각된다. 미국의 유토피아적 코뮨 중 대표적인 오네이다 공동체, 그리고 이스라엘의 코뮨, 키브츠(Kibbutz), 공산주의혁명 이후 초기 소비에트의 새로운 가족정책에 따른 사회주의가족 실험을 살펴보고 그 허와 실을 각각 진단해 보기로 하자.

1) 미국의 유토피아적 코뮨- 오네이다 공동체

(1) 형성 배경

오네이다 공동체(The Oneida community)는 19세기 중반 미국에 등장하기 시작한 일종의 비혈연 확대가족으로 규정될 수 있는 유토피아적 공동체 코뮨들 중의 하나이다. 이 공동체를 창설한 자는 법학도였으나 종교적 헌신에 생애의 진로를 바꾼 노이즈(John Humphrey Noyes)이다. 그는 특이한 종교적 신념을 갖고 있었는데, 기독교의 죄에 대한 회개의 교리는 옳지 않은 것이라 여겨 이를 배격하고, 대신 지상에서의 완전한 생활을 영위하는 것을 목표로 하는 것이었다. 그는 소위 "완전주의(perfectionism)"를 설교하면서 1846년 처음 "복합결혼(complex marriage)"으로 유명하게 된 한 공동체(The Putney Community)를 결성하였었다. 그러나 바로 이 복합결혼이 문제가 되어 1986년 노이즈와 그의 공동체는 풋트니 지방에서 쫓겨났으며, 다시 뉴욕주의 오네이다 크릭(Oneida Creek)에 새로운 공동체를 시작하였다. 이 공동체는 300명의 성원으로 증가하였으며 다른 코뮨 공동체들이 농사에 주력했던데 반해 상당한 규모의 은식기(silverware)제조공장을 운영하여 비교적 건실한 재정적 기반을 구축했던 점에서 다른 코뮨들과 다르다.

이 공동체가 실천한 결혼 및 가족생활은 광의의 "성서공산주의(biblical comm -unism)"의 일부로 볼 수 있는데 이들이 채택한 기본원리는 부의 공유, 사유재산의 배제, 성의 공유 등이었다. 노이즈는 일부일처제가 집단을 거부하기 때문에 해롭다고 단정, 집단의 연대성을 공고히 하기 위해 소위 복합결혼의 원리를 도입하였으며 이를 그의 콤뮨 성원들에게 실험한 것이다.

(2) 복합결혼과 스터피컬춰(stirpiculture)

오네이다 공동체는 결혼 및 가족생활에 있어서 노이즈 자신이 시작한 "자유사랑"과 성적(性的) 공산주의라 할 "복합결혼"으로 유명하다. 복합결혼원리란 모든 남자는 모든 여자를, 또한 모든 여자는 모든 남자를 사랑해야 한다는 것이다. 보통 남녀 사이에 나누는 낭만적 사랑과 일부일처제는 이기심과 질투의 원인이기도, 결과이기도 할 뿐 아니라 완전한 생활을 영위하는데 장애물이라고 일축하면서 천국에서 사랑을 공유하는 것 같이 지상의 완전한 생활을 위해 사랑을 공유해야 한다는 것이다.

그리하여 이들은 어느 누구든 누구와도 성관계를 추구할 권리를 갖는다는 "집단결혼"을 실천하였다. 힘과 강요가 행사되지 않는 한 자유롭게 상호 간에 프로포즈할 수 있고, 이를 수용 혹은 거절할 수 있다. 이를 조정하고 중매하는 역할을 하는 중앙위원회가 있으며, 이 위원회는 임신의 경우 부성(父性)을 확인시켜 주기도 한다. 그리고 두 사람 사이에 낭만적인 깊은 관계가 발전할 경우 집단연대성에 위험하다고 간주, 공공연한 애정의 표현을 금하고 이들을 격리시킨다.

다음으로 특이한 것의 하나는 여자가 원하지 않는 많은 아이를 낳아야 하는 것 역시 기성사회의 일부일처제가 갖는 맹점의 하나로 지적, 이 공동체는 공동체적 연대성이 견고해질 때까지 20년간 재생산을 중지했다가 재생산을 시작하기로 하였다. 그리고 그것은 우생학적 지식에 근거하여 지명된 남녀들만이 재생산에 참여하게 하는 소위 "계획된 부모프로그램(planned parenthood program)"이라 할 수 있는 "스터피컬춰(stirpiculture)"[1]식 재생산이었다. 이렇게 하여 출생한

1) 라틴어로 stock, linage의 의미다. 오네이다공동체에서는 53명의 여자와 38명의 남자에게 부모자격이 부여되어 이들에 의해 58명의 아이들이 출생하였다. 실제로 이 .stirpiculture프로그램에 따라 아이를 출산한 산모들은 죽은 자가 없을 뿐 아니라 58명의 어린이 전원이 건강하였다고 한다.

아이들은 생후 15개월이 되면 그들의 부모들로부터 완전히 격리되어 공동보육시설에서 자라면서 하루에 한 번만 어머니와 면회한다. 다시 말해서 모든 성인은 모든 어린이를 사랑하고 또 모든 어린이는 모든 어른을 사랑하는 것이다.

이 공동체의 성원들은 근면하고 나름대로 종교적 규범을 수립, 유토피아적 공동체생활을 했음에도 불구하고 30여년 존속한 후 마침내 해체될 수밖에 없었는데 그것은 바로 복합결혼 같은 급진적인 성적 관행이 외부인으로부터 비난의 대상이 되었기 때문이다.

2) 소비에트의 사회주의 가족실험

(1) 가족개혁의 사회적 배경

근대 러시아의 역사와 전통적 가족형태 및 인구 구성을 돌아다 보는 것이 소비에트 사회주의 혁명 후의 변화를 이해하는데 도움이 될 것 같다. 1917년의 혁명 이전의 러시아의 인구와 문화는 복잡하였다. 유럽 러시아에 집중되어 있는 슬라브계(The Slavs)와 코카사스 중앙아시아와 시베리아 등지에 거주하는 비슬라브계(The non-Slavs)로 구분될 수 있다. 전자는 인구의 4/5에 해당되고, 가족유형은 양계친족의 부부중심 가족형태였다. 이는 가부장제와 확대가족의 모슬렘(Moslem)법을 준수하는 카야크(The Kayakh)가족과 대조적이었다. 이외에도 인구 30%의 도시인과 방대한 배후 농촌지역의 70% 가량의 농민대중 사이에 존재하는 여러 가지 차이점으로 인해 복잡하게 구성되어 있었다.

한편 소수이지만 많은 토지를 소유한 일부 부유층은 엄격한 가부장제와 확대가족을 고수하고 있었으며, 이들 엘리트가족들은 대단한 권세를 누렸는데 이 권세는 짜르(The Czar)왕가와 강력한 러시아정교회(Russian Orthodox Church)의 비호와 지지에 힘입은 것이었다. 1917년 볼쉐비크혁명이 겨냥한 것은 바로 이들 세 세력들의, 즉 대지주 엘리뜨, 짜르왕가와 러시아정교회의 권력 집중에 대한 공격이었던 것이다.

(2) 사회주의 혁명과 제 1기 가족혁명

소비에트 정권이 들어선지 2개월이 지나 결혼과 이혼을 규제하는 다음과 같은 새로운 정책과 법령이 공표되었다. 즉 과거의 종교의식 절차를 밟던 종교적 결혼이 시민결혼으로 바뀌고, 이혼은 당사자 어느 한 쪽의 일방적인 요청으로 성립될 수 있게 되었으며, 결혼관계에 있지 않은 남녀 사이에 자녀가 출생되는 일 -서출(庶出, illegitimacy)-이 있어도 차별없이 수용하도록 하였으며, 부모나 자녀 어느 쪽도 서로에 대해 재산권을 갖지 못하게 하여 부모・자식간의 법적 책임을 최소화하고, 재산의 가족상속을 금했다. 그리고 노동능력이 없는 경우를 제외하고는 서로에 대해 부양책임도 없다. 이상과 같은 가족개혁 규정들은 어떤 의미에서 전통적인 가족기반을 공격하는 정책들이었다고 볼 수 있을 것이다.

1926년에 이르러 이보다 더 급진적인 규정들이 추가로 발표되었다. 예를 들면, 결혼은 단순히 등록만 해도, 공동주거지에 동거하는 사실만으로도, 또는 제3자 앞에서나 기타 서신・ 서류 등에 의해 결혼관계가 입증만 된다면 발효되도록 하였다. 뿐만 아니라 상호간에 재정적 지원이 있거나, 공동으로 아이를 키우는 경우에도 법원은 이들의 관계를 결혼으로 인정하였다. 이혼도 더욱 간소화되어 그 이유를 제시할 필요없이 두 당사자가 함께, 아니면 일방적으로 이혼을 제기하면 가능하였으며 재판이나 법적 절차가 필요하지 않았다. 결혼 때와 마찬가지로 등록만 하면 그뿐이었다. 일방적인 요구에 의했을 경우 이혼당하는 쪽은 법정에 출두하거나 우편으로 이혼사실을 통보받아 이를 인정하고 수용하기만 하면 되는 것이다. 섹스에 관한 제재법은 더더욱 소홀하였다. 1920년에 유산이 합법화되었음은 물론이고, 기타 간음, 중혼(重婚), 동성애, 근친상간 등을 처벌대상으로 하는 법은 아직 없었다. 다시 말해서 자유로운 성관계가 허용된 동시에, 모든 성과 관련하여 낙인찍히는 일이 없었다.

(3) 제 1기 가족개혁의 결과

이상과 같은 새 정부의 초기 정책들은 가족의 제거, 혹은 가족말살을 추구한 방침의 일면으로 해석될 수 있는데 그 이데올로기는 일찍이 엥겔스의 자본주의적인 보편적 가족에 대한 비판에서 비롯된 것이었다.

획기적인 사회주의이념에 따른 가족법 개정안들은 시행한지 얼마 되지 않아 전통적 가족제도를 변화시키고 또 약화시키는 효과를 초래하였다. 변화양상 중에는 예기하지 않았던 결과도 적지 않았으며, 다시 개정한 것들도 있다. 현저하게 드러난 변화들을 요약하면 대략 다음과 같다.

■ 여성의 해방

전통적 부르조와 결혼이 여성을 억압하였다고 보는 사회주의도덕관에서 생각한다면, 소비에트 정권이 취한 일련의 새로운 정책들은 남녀평등과 산업화에 따른 여성노동력의 활용이라는 두 마리의 토끼를 겨냥한 것이었다. 실제로 새로운 결혼법들은 여성에 불리하였던 과거의 법적 비정의를 타파하는 성과를 거두었다. 우선 부부는 각자의 성(姓)을 자유로 보유할 수 있게 되었으며, 부부의 거주지도 상호의논하여 선택할 수 있었다. 상호간의 부양의 책임도 융통성이 있어 한 쪽이 무능할 경우에만 해당되었다. 자녀에 대한 동등한 책임, 이혼권의 동등과 같은 것이 성과 중에 포함된다고 볼 수 있다.
또한 고용면에서 남녀차별이 철폐되었다. 여성들은 교육정도에 따라 육체노동, 사무직, 전문직종 등 다양한 방면의 취업이 가능해지면서 취업율이 상승하였다. 1935년 경에 이미 노동연령층의 유능한 여성들의 취업률은 미국을 상회하였을 뿐 아니라 전체노동자 중 여성이 차지하는 비율도 1940년경 미국을 비롯한 서방의 여러나라를 앞서기 시작하였다. 고등교육을 받은 여자의 비율도 괄목할 만 하였다. 결과적으로 여성의 지위가 향상되었으며 새정권의 여성정책은 어떤 의미에서 성공을 거둔 것으로 평가될 만 하다.

■ 이혼율의 증가와 출산율의 저하

개징된 결혼법과 이혼법은 의식과 절차가 복잡하던 과거의 규정을 대폭 완화한 내용이었다. 따라서 이혼율은 상승하여 제정러시아시대보다 50%의 증가율을 기록하는가 하면, 유산의 합법화 조치 결과 유산의 증가와 출산율의 저하가 일어난 것도 당연한 귀결이었다.

■ 청소년 비행의 증가

소비에트 사회주의 정부는 전통적인 가부장제를 없애기 위한 노력으로 여성의 독립, 자녀의 격리양육 등을 시도하였다. 초등교육을 의무교육으로 한 이후 국민의 교육수준은 괄목할 만큼 상승하였으며 사회주의 이데올로기의 주입식 교육은 학교 이외에 청소년조직들, 콤소몰(Komsomol)이나 삐오니르(The Pioneers)를 통해 강화되었다. 국가에 전적으로 충성하고 종교와 가족을 타락한 자본주의 신념의 근원으로 공격하는 내용의 교육이 주입되었다. 그 결과, 부모의 권위는 흔들리고 자녀들이 그들 부모의 반혁명적 정서를 당국에 고발하도록 장려되는 현상까지 빚어내게 되었다. 즉 가족 안에서 스파이를 키우는 격이었으며 이러한 교육 결과 청소년비행(소비엘어로 Hooliganism)이 급격히 증가하게 되었다. 청소년 갱단이 도시를 배회하며 이들에 의해 저질러지는 강도, 강간, 살인사건이 날로 증가하였다. 이같은 청소년 문제는 마침내 1929년 경 주요 사회문제로 등장하기에 이른다.

(4) 제 2기 가족혁명

소비에트 정권이 공표한 초기의 결혼법, 가족법은 보편초등교육과 여성의 지위향상과 같은 긍정적 결실을 맺기도 하였으나 가족생활과 결부되는 많은 부정적 문제를 야기시키게 되자 정부는 1930년대 중반부터 1950년대에 다시 한 번 가족혁명을 시도하게 되었다. 이 시기는 혁명후의 급진주의 경향에 대한 반작용시기로 특징지워질 수 있다.

동성애 금지법, 자녀들의 일탈행위에 대해 부모에게 책임을 묻는 법 등이 1934-1944년에 통과되고, 1944년 이후 개혁 이전 상태의 수준으로 복귀하는 듯한 인상을 주는 보다 많은 법들이 통과되었다. 그것들 중에는 공적으로 등록된 결혼만이 합법적 결혼으로 인정된다든지, 서출제도가 부활되어 서출자녀에 대해 아버지가 부양책임을 지지 않으며 재산상속도 금하도록 하는 것이 포함되어 있다. 이혼도 배우자 쌍방의 합의에 의해, 합당한 근거에 한에서, 그리고 정식으로 법정에서 허용될 경우에 한하며, 까다로운 절차에 비싼 비용까지 소요되는 방향으로 선회하였다. 한마디로 말해서 국가 이익에 도움이 되지 않는 결혼과 이혼을 규제하는 방향으로 선회하였다. 그러나 이러한 엄격한 규제는 1953년 스탈린(Joseph Stalin)의 사망시까지 지속되다가 그 이후 다소 완화되었다.

(5) 현대 러시아의 가족생활

두 차례의 가족개혁을 거치고 나서 오늘날 러시아의 결혼과 가족생활은 많이 달라졌다. 즉 볼셰비키혁명과 함께 사회주의 이념에 따라 가족을 제거하려는 의도에서 급진적인 개혁바람에 휘말렸다가 다시금 가족을 강화하는 방향으로 선회하는 과정을 거쳐 왔는데 이러한 현상은 일세대의 기간 동안 사회주의식 가족이 실험단계를 거친 것으로 평가될 수 있음직 하다.

현재는 서방의 여러 나라와는 다소 다르다 할지라도 전통적 가족의 모습을 되찾고 있는 듯 복고풍을 느낄 수 있다. 우선 결혼식이 많이 화려해졌다. 격식을 갖춰 의미를 부여하여 엄숙한 행사로 치르고 있다. 남녀평등문제는 교육·경제·직업적으로 평등한 기회를 부여하려는 정부의 노력에도 불구하고 실제로는 가족관계에 있어 전통적 성격이 크게 변하지 않고 있어 주목할 만하다. 여성들은 가내·가외의 이중부담에 여전히 시달리는 한편, 남성들은 가사를 돕는 일에 대부분 소극적이고 분담의욕이 미약할 뿐 아니라 음주에 과도하게 습관화되는 경향이 심해 커다란 사회문제가 되고 있다. 음주는 이혼사유의 50%를 차지할 정도라고 한다. 특히 도시지역에 이혼율이 높고 출산율은 낮은 것에 대해 당국이 우려하고 있으며, 도시생활의 어려움, 예를 들면, 주택부족, 저소득, 높은 이혼율 등이 그 원인으로 지적되고 있다. 낮은 출산율에 비해 높은 유아 사망율 또한 하나의 사회문제인데 의료시설의 부족과 의사수의 부족현상에 기인하는 것으로 추정된다.

현재 러시아의 보편적인 가족유형은 2세대 부부중심가족과 상당한 비율의 3세대 확대가족이 공존하고 있다.

3) 키브츠 코뮨의 공동체 가족제도

(1) 키브츠의 형성 배경

키브츠(kibbutz)는 히브리어로 "집단"을 의미하며, 시오니즘(zionism)과 사회주의의 두 이념에 기초하는 "집단농장"에 대한 명칭이다. 키브츠 운동은 세계 도처에서, 주로 유럽 각지에서 2,000년 가까이 방랑하던 유대인들이 그들의 역사적인 한을 풀고 조국 이스라엘을 재건하기 위한 노력의 일환으로 펼쳐온 운동이다. 지정학적 조건이 불리하고 악천후와 척박한 자연환경-여름은 덥고 건조한데다 겨울은 찬비가 많은 사막 지역-에 적응하고 개간하는 일에 조직적인 공동체의 힘이 필요했기 때문이었다. 그리하여 하나의 큰 공동체가족에 비유될 수 있는 집단농장, 키브츠를 조직하고, 유럽 각국으로부터 몰려드는 유대인 이민들을 수용, 이들을 집단화하여 일사불란하게 조직적 생활을 시작하게 된 것이다. 키브츠야말로 집단화된 가장 반종교적인 코뮨 유형을 대표한다.

유대인 이민들이 팔레스타인 지역에 정착하기 시작한 것은 1880년대였으며, 러시아유대인들이 최초의 키브츠를 형성한 후 점차 그 수와 구성원이 증가하였다.[2] 1936년경 키브츠수는 47개, 48년에 149개, 54년에는 227개로 급증하기에 이른다. 키브츠의 규모는 40-50명에서 2,000명에 이르는 다양한 것이었다. 주로 10대의 젊은 층과 남성이 수적으로 우세했으며, 운영기구와 위원회가 있어 이들 공동체조직이 운영되어 왔다.

---

2) 1882년에서 1903년에 25,000명의 이민이, 1904년과 제1차대전 사이에 4,000명이, 1931년까지 116,000명의 이민이 속속 도착하였다. 그리고 히틀러 치하에서 박해받던 유럽의 유대인들이 1932-1939년에 225,000명 또 유입되었다. 1948년 이스라엘은 드디어 독립된 국가로 탄생되었다. Leslie & Korman, 1989:127 참조.

■ 노동의 원리

육체적 노동을 가장 고귀한 직업으로 간주, 생활의 본질은 흙과 더불어 숨을 쉬고 일하는 것으로 인정하고 이를 기꺼이 수용한다. 즉 행정직이나 사무직은 오히려 낮은 지위로 간주되었다. 노동의 존엄성 · 창조성 · 신비성을 인정하여 개인차이나 성별 구별이 없이 동일한 의복을 착용한 상태에서 노동과 군복무에 공동으로 참여한다. 일체의 외부의 노동력을 사용하지 않는 것을 원칙으로 하고, 하루 전날 공동식당 게시판에 공고되는 각자의 업무에 따라 일과에 임한다.

■ 재산의 공유와 평등원리

모든 재산은 공동소유로 한다. 사유재산은 이윤동기, 경쟁심을 유발하고 형제애를 해치는 것으로 규정, 일체의 수입은 전체공동체에 의해 소유, 집행됨을 원칙으로 한다. 토지는 국가소유인 동시에 전체 공동체의 것이다. 동일한 주거환경에서 공동으로 식사하고, 동일한 의복을 착용한다. 일체의 소비품은 소량을 무상으로 공급받는다. 무료의료혜택과 소액의 월급이 지급될 뿐이다. 초기 키브츠의 생활환경은 극히 검소하여 한방에 수명씩 합숙하고 최소한의 가구에 편의시설은 거의 없이 공동 샤워실과 욕실을 사용하는 정도였다.

■ 집단주의 원칙

집단과 공동체의 이익이 개인의 이익을 우선한다. 공동체의 노력과 개인들의 내핍생활이 요구되는 상황에서 모든 개인은 개인의 복지와 키브츠 전체의 복지를 위해 일한다. 키브츠가 요구하는 업무에 그의 능력이 요구되면 이의 없이 이에 응한다.

(2) 키브츠의 결혼, 가족 및 성도덕

새로운 사회를 재건하려는 키브츠의 계획은 강력한 집합적 정체성의 확립과 이를 지지하는 급진적인 혁명이데올로기 없이는 불가능한 것이다. 유대인들은 그들의 유일신 야훼의 선민이라는 의식을 공유하고 신의 약속과 희망을 실현하려는 시오니즘과 급진적 사회주의라는 두 가지 이데올로기로 무장함으로 저들의 노력이 결집될 수 있었다. 그러나 한편 이러한 혁명적 태도는 가족에 대한 태도를 변화시켰다. 가족유대란 혁명과 일치하지 않는 것이며, 가족과 친족은 여러 세대를 통한 유대에 근거하며 세대에서 세대로 전통이 흐르는 통로라고 생각, 처음부터 키브츠는 하나의 제도로서, 하나의 사회집단으로서 가족과의 단절을 표방하였다. 이는 과거와의 단절을 의미하는 것이었고, 결과적으로 키브츠는 반가족적인(anti-familistic) 실체로 출발하였던 것이다. 따라서 키브츠의 가족관과 성관 및 일반적 생활가치는 매우 혁신적이다.

우선 배격해야 할 과거의 도덕은 유럽사회의 중류계급의 성도덕이었다. 즉 순결에 대한 가치, 일생동안 지속되는 성적 성실, 이중성도덕률(혼전・혼외의 성관계) 등은 위선적인 것으로 평가 절하되었다. 키브츠성원들은 그들의 관계를 그들 의지에 따라 형성 혹은 해체할 수 있다는 새로운 가치관으로 무장한 자유로운 남녀들이었다. 이들이 새로 채택한 성도덕은 다음과 같았다. 남녀 성관계는 육체적 욕구와 당사자 사이의 정서관계 만을 반영하는 것이어야 하며, 혼전성관계에 어떠한 장애도 있어서는 안 되는 것이다. 그리고 쌍방 간에 깊은 감정적 약속이 지속하는 한에서만 결혼이나 성관계가 지속되어야 한다.

이제 우리가 궁금하게 여기는 것은 이러한 자유성규범에 따른 키브츠도덕은 과연 저들을 어떻게 변화시켰는가 하는 것이다. 그러나 예상과는 많이 다른 모습을 보여 주었다. 육감적이고 혼음적인 성적 혼란은 전혀 일어나지 않았을 뿐 아니라 누드상태로 간혹 한방을 사용하는 경우에라도 남녀 간에 불미한 사건은 거의 발생하지 않았다. 대체로 금욕적이고 색정적인 것을 거부하는 경향을 보여주었다. 다시 말해서 성적 혼란에 대한 염려는 기우에 지나지 않았다. 키브츠 구성원들의 보수적인 가족배경과 성장과정의 교육성격이 비록 키브츠도덕이 이념적으로 급진적이라 하여도 이에 흔들리지 않는, 즉 육체적 안락이나 쾌락을 거부하는 금욕적 행위로 나타난 것이라 생각된다. 간혹 고등학생 청소년들 사이에 새로운 성의식에서 행동하는 경우가 있기는 하여도, 그리고 이들이 어떠한 간섭이나 규제를 받지 않는 자유로운 상태를 향유한다손 치더라도 이들이 성인이 되면서 결국 일부일처제의 안정적인 가족으로 정착해가는 것이 보통이었다.

공동체생활 속에서 이루어지는 젊은 남녀의 새로운 가정과 이들의 결혼생활은 내핍적이고 검소하며 근면한 일반성원들과 다른 어떤 특별대우를 받는 위치에 있지 않는 것이 독특한 점이라 하겠다. 하나의 커플이 된 부부는 다만 별도의 방을 신청할 수 있지만 침실이 부족한 사정에서 여러 달을 기다리기 일쑤이다. 또한 결혼으로 인한 지위의 변화란 거의 찾아볼 수 없다. 남녀 모두 그의 자신의 성(姓)을 소유한다. 그리고 한 일터에서 같은 직업을 갖거나 같은 날 휴가를 갈 수도 없으며 일상의 자유시간도 둘만이 보내는 일은 거의 없다. 공동체성원들과의 유대를 위하여 함께 먹고 일한다. 뿐만 아니라 공중앞에서 애정을 표시하는 것조차 좋지 않은 취미로 동석하는 사람들에게 수치감을 일으킨다고 생각, 이를 삼가야 한다. 공중 앞에서 부부관계를 인정하는 행위를 기피하며 부부간의 호칭을 사용하지도 않는다. 결혼식은 첫아이 출산시에 행해지는데 이것도 자손의 합법성에 대한 국가의 요구 때문에 하는 것일 뿐이다.

(3) 가족관계와 부모역할

부부는 원칙적으로 평등하다. 어느 한쪽이 다른 쪽을 지배한다는 근거는 없으며 각기 독립적 성원으로 키브츠 명단에 기재되어 있다. 가사도 분담하고 부모로서 자녀에 대해 같은 책임을 지는 위치에 있다. 가족관계를 강조하는 인상을 주는 일체의 기념일이나 생일같은 것은 지켜지지 않는다.

자녀양육은 결혼생활과 분리해서 이루어진다. 신생아는 출생 후 병원에서 보육원으로 옮겨지는데 이러한 육아제도에는 다음과 같은 장점들이 있다고 믿는다. 첫째, 보육원은 부모들보다 일반적으로 보다 좋은 환경과 높은 수준의 보살핌을 제공한다. 아이들은 집단주의 이데올로기로 교육을 받으며 최상의 의식주와 의료혜택을 받는다. 둘째, 분리적인 육아제도는 부모들로 하여금 공동체노동에 자유로이 임할수 있게 하고 어린이를 돌보는 인원수를 결과적으로 감소시키는 효과가 있다. 그러나 하루 일과가 끝난 후 어린이들은 그들 부모에게 보내지거나 부모들이 어린이를 방문하여 잠재우는 등의 마련이 되어 있으며, 주말이면 온 가족이 어울릴 수도 있다. 그러함에도 부모와 자녀 사이의 정서적 관계는 놀라울 정도로 두터워 부모들은 자녀들에게 안정감과 사랑을 줌으로 심리적 발달에 결정적 역할을 하는 것으로 판명되었다. 한편 모든 자녀들이 부모를 엄마, 아빠와 같은 친족 어휘 대신 부모의 이름을 부르고, 어른들은 모든 어린이를 아들, 딸로 부른다. 어린이집은 연령별로 집단화되어 있고 키브츠의 가치관, 규범 및 정보 등을 보모와 교사가 맡아 가르친다. 어린이들은 한가족의 형제자매들처럼 자란다.

(4) 키브츠 생활의 변화

집단농장으로 출발한 키브츠는 아직도 농업적 색채가 짙은 가운데 오늘날은 산업과 그 소득에 더 많이 의존하고 있다. 생활수준은 크게 향상되어 공공생활이 사적인 생활지구로 재편되고 모든 편의시설과 문명의 이기를 갖추고 있다. 좋은 의복, 양질의 가재도구에 개별적 가족단위로 취사나 여가를 즐기며 자녀들과 함께 더많은 시간을 보내는가 하면 자녀들이 부모집에서 잠자는 일도 흔히 있는 일이 되었다.

현재의 키브츠는 초기 단계와는 달리 개척자들의 집단으로서의 특성을 많이 상실해가고 있다. 다양한 배경과 연령의 집단들이 추가되면서 자체적인 분화과정을 거쳐왔다. 지적수준을 비롯하여 종교적·정치적· 경제적 수준이 다른 여러 하위집단들 간의 관계가 얽힌 가운데 사회적 거리도 현격히 벌어지고 있다. 키브츠출신의 2세가 많이 증가하였고 이들이 성장하여 어른이 되는 한편, 키브츠 1세 부모들은 노년기에 접어들고 있다. 결과적으로 키브츠의 결속양상은 보다 다양한 가운데 복잡해지고 그들의 생활시구에 전반적으로 변화가 일어나고 있다. 부모들은 자녀 가까이 아파트형의 주거지를 선택하여 사는가 하면, 부모자식 간의 호칭도 점차 "아들과 딸"로, 부부간에는 남편, 아내를 의미하는 "나의 남자, 나의 여자" 등으로 부르는 예가 많아지고 있다.

이스라엘에 정착한 후 태어난 신세대 "사브라(Sabras)"는 부모세대와는 다른 행위양식을 보인다. 애정표시를 기피하는 일도 훨씬 덜하고 대체로 성규범이 덜 보수적인 방향으로 나아가고 있다. 그러나 이들은 결혼하기까지 성관계에 들어가지 않으며 난혼과 같은 성행위를 거부한다. 아내는 남편의 성을 사용하고 이혼율도 낮다.

결론적으로 가족기능 전반을 대신하던 초기의 키브츠 성격은 많이 변하여 키브츠운동의 반가족주의는 거의 종식된 것으로 나타나고 있다. 1930년대와 1940년대의 혁명적 열기는 사그라져가고 있으나 키브츠는 오늘날까지 계속 존속하면서, 점차 일반적인 부부중심가족에 접근해가고 있다.

5. 유토피아적 공동체 가족 실험의 성공 여부

이상적 공동체생활을 시도해보려는 인류의 염원은 고향에 대한 향수와도 같이 간절하지만 이를 정작 실천에 옮겨 본다는 일은 그리 용이한 일은 아니다. 더구나 소수구성원들이 연합하는 하나의 대가족 같은 소공동체에 그치지 않고 그것의 규모가 클수록 더욱 난관은 많을 것이며, 설령 일단 열의와 헌신으로 단합하고 숭고한 이상과 이념으로 무장하고 구체적 목표를 설정하고 출발한 대망의 유토피아적 공동체사회라 할지라도 실제로 얼마나 오래 지속할 수 있는지 하는 것은 단정하기 힘든 문제이다. 수백 개에 달했던 유토피아적 코뮨들은 수개월, 길어야 수년간 존속하는데 그쳐 한낱 단명한 실험에 지나지 않았던 사실에서 그 존속의 어려움을 짐작하게 한다.

한편 소비에트 연방은 사회주의 유토피아의 이상실현을 위해 강력한 이데올로기를 내세워 막강한 정치력을 동원한 가운데 국가적인 가족개혁을 단행하여 가히 가족혁명이라 할 가족말살을 시도해보았으나 불과 10여년 만에 휘청거리고 서둘러 제2의 개혁과 보완책을 내놓음으로 부작용과 부정적 효과를 최소화하는 방향으로 선회할 수밖에 없었던 것이다. 그리하여 결국 오늘날 서방 여러 나라와 크게 다르지 않은 전통적 가족생활로 접근해가고 있는 듯하다. 이러한 예들이 보여주는 것은 유토피아적 이상을 현실세계에 실현시킨다는 것이 참으로 어려운 일이라는 것, 더욱이 가족에 대한 급작스런 인위적 개혁들은 완강한 저항에 부딪칠 수 있다는 것, 그리고 긍정적인 반응 못지않게 부정적 효과가 적지 않다는 사실들을 보여주고 있다. 결국 실험대에 올랐던 다양한 가족 유형들은 그저 유토피아에 불과한 것이었는가? 아니면 수정·보완 후 성공적으로 정착될 수 있을 것인가?

제4부

결혼과 가족에 대한 경제학적 접근

11장 결혼경제학의 성립 배경

최근 몇 십년 동안 전통 경제학에서 다루지 않았던 영역들 즉 사랑, 결혼, 출산, 가족 간의 이타주의, 불완전한 정보와 이혼 등에 대한 측면을 경제학적 시각으로 보는 이론들에 대한 논의가 활발하다. 이러한 영역을 개발한 시카고학파의 대표적인 학자는 베커(Becker), 민서(Mincer), 스티글러(Stigler) 등이다. 이들은 과거에 경제학의 영역 밖이라고 생각되었던 비시장행위의 예를 들면 성차별, 남녀간의 결합유형, 결혼, 출산, 이혼, 이타주의 등과 관련된 인간행동에 경제학적 개념을 적용하여 설명하고 있다. 이러한 이론들이 인간행동을 분석하고 설명하는데 있어 중심이 되는 개념이 바로 비용과 편익(cost vs. benefit)이다.

베커는 장기간에 걸쳐 가족 내의 변화에 관심을 두었고 지난 30년간 가족의 유형이나 가족에 대한 개념이 여러 요인에 의해 급격히 변형되고 있다고 보았다. 이혼율의 급격한 증가는 여성가구주의 증가와 편부모 슬하에서 자라는 아이들의 수를 상당히 증가시켰다. 어린 자녀를 둔 기혼여성의 경제활동 참여가 크게 증가함에 따라 자녀와 어머니는 그들이 서로 접할 수 있는 기회가 감소되었고 결혼생활에서 뿐 아니라 직장에서 남녀간의 역할의 변화가 생기게 되었다. 출산율의 감소는 가족의 크기를 감소시켰고 이혼율과 기혼여성의 경제활동 참가율의 증가를 가져왔을 뿐 아니라 증가된 이혼율과 기혼

여성의 경제활동 참여율은 다시 출산율의 감소를 초래하고 있다. 세대간의 마찰은 좀 더 공개적인 것이 되었고 부모가 홀로 살거나 양로원에서 기거하는 경우가 점점 늘어가고 있다.

가족내의 이러한 변화가 사회적 변화로 연결되면서 가족은 일반인과 학자들로부터 전보다도 더 많은 관심의 대상이 되고 있다. 이전에는 가족에 대해 거의 주목하지 않았던 경제학자들도 부부, 자녀 및 기타 가족구성원을 중요한 경제단위로 인식하기 시작했고 가족에 대해 좀 더 체계적으로 분석하고 있다. 가족경제학이란 개념은 베커에 의해 구체화되고 발전되었으며 가계생산, 인적자본, 결혼, 출산, 이혼 등의 문제를 포괄적으로 다루고 있다. 가족경제학은 물질적 재화와 욕구 또는 화폐시장에 국한된 것은 아니고 모든 인간행동에 적용될 수 있는 분석적 틀과 인간행동을 이해하는데 있어 필요한 종합적 사고의 체계를 제공하고 있다.

1. 결혼의 경제적 기본원리

베커는 비용과 편익의 개념을 적용하여 인간생활에 대한 새로운 경제적 의미를 도출하였는데 그 중 가장 대표적인 이론이 결혼경제학이다. 이 이론은 인간이 어떤 원칙에 의해 결혼 혹은 이혼을 결정하는가를 분석하며 결혼이란 당사자간의 지각된 비용과 편익에 의해서 명백하고 암묵적인 책임을 수행하는 불완전한 계약이고 결혼 전의 교제는 장래의 배우자에 관해 정보를 얻기 위한 투자라고 본다.

결혼경제의 기본적인 원리는 결혼시장에 참가한 남녀가 결혼한 후의 삶이 결혼하기 전의 삶보다 더 나을 것이라고 판단되면 결혼을 선택한다. 결혼시장에 참가한 두 남녀는 결혼함으로써 얻을 수 있는 편익이 미혼으로 남아 있거나 좀더 적합한 배우자를 찾기 위해 투자하는 추가적인 노력에서 예상되는 효용보다 클 때 결혼하게 된다. 같은 맥락에서 기혼자는 다시 혼자가 되거나 다른 사람과 재혼해서 얻는 기대효용이 이혼으로 인해 발생하는 자녀들과의 이별에 따른 고통, 공동재산의 분배, 그리고 법적 위자료 등으로 인해 감소되는 효용보다 크다고 생각하면 이혼하기로 결정한다.

결혼한 가정의 산출량은 독신남성과 독신여성 가구의 산출을 합한 것 보다 더 크다. 왜냐하면 남자와 여자는 자녀양육에 있어서나 다른 가계생산물을 생산하는데 있어 생물학적으로 상호보완적이고 또 가정에 대한 전문화된 투자수익률과 가족수가 많으면 많을수록 규모의 경제가 작용하여 커지기 때문이다. 따라서 결혼함으로써 얻을 수 있는 이익은 결혼한 가정의 산출량과 독신가정의 산출량의 차이라고 볼 수 있다.

결혼이란 효율적인 성별 노동분담에 의해 가계라는 기업을 운영하고 그 안에서 재화와 용역을 생산하여 그 이익을 나누어 갖는 제도이다. 따라서 결혼은 남녀 모두에게 있어서 인적자본에 대한 투자이며 사람들은 결혼생활에서 기대되는 소득이 미혼일 때의 소득보다 높을 것으로 예상되는 경우 결혼시장에 진입한다. 대부분의 사람들이 결혼하는 것은 결혼이 투자로서 가치가 있다고 믿기 때문이다. 결혼으로부터 파생되는 편익은 임금과 같은 화폐적인 것과 사회적 인식, 안정감, 사랑 등과 같은 비화폐적인 것도 있다. 그러나 결혼생활에서 남녀 모두에게 있어 가장 중요한 산출물은 자녀출산 및 양육이다. 전통적으로 여성들이 조혼을 하는 이유도 여성들이 남성들보다 결혼생활에서 인적자본에 더 많이 투자하여 결혼산출물(자녀)을 극대화하고자 하는 경향이 강하고 그렇게 생산된 인적자본에 높은 가치를 두기 때문이다.

2. 결혼의 비용과 편익

1) 결혼의 비용

결혼은 두 남녀로 하여금 독립적으로 누려온 삶을 포기하고 개인적 취향이나 선호, 인간관계, 소득과 소비에 대해서 서로 많은 부분을 양보하는 것을 전제로 한다. 이러한 전제는 결혼에는 반드시 비용이 수반된다는 것을 의미한다. 결혼하는데 드는 비용을 특성별로 분류하면 계약비용, 기회비용, 정보비용 등이다.

계약비용이란 혼인수속이나 결혼식, 결혼예물이나 배우자 가족의 예단 등의 비용을 포함한다. 우리 사회는 결혼할 때 특히 이 계약비용이 많이 드는 나라이다. 기본적으로 결혼식에 드는 비용이 상당하고 여기에 주거비용까지 넣으면 그 액수는 상당히 커진다. 결혼비용 중 가장 부담이 되는 것은 배우자 가족의 예단이며 그 다음으로 부담이 되는 것은 살림마련과 결혼식인 것으로 알려져 있다.

기회비용은 결혼을 선택함으로써 포기해야 되는 대안으로 인해 발생하는 비용으로써 독신으로 남을 경우 얻게 되는 이득의 상실부분이다. 독신생활의 자유로움이나 다른 사람을 선택할 수 있는 선택권의 포기 등은 기회비용에 포함된다. 기회비용은 사람의 성향이나 가치관에 따라 개인 간 차이가 크다. 예를 들어 혼자 있는 생활과 자유로운 활동에 큰 만족을 느끼는 사람은 그렇지 않은 사람에 비해 상대적으로 결혼선택으로 인한 기회비용이 크게 느껴질 것이다.

결혼결정이 상대에 대한 불확실한 정보에 근거하여 이루어지므로 결혼생활이 어떠할 것인지에 대한 막연한 불안감이나 만약 결혼이 실패할 경우 이혼에 따르는 고통과 어려움 등에 대한 우려는 일종의 정보비용이다. 각 개인은 자신의 능력과 생산성을 잘 알지만 상대방은 그것을 모르는 정보의 비대칭성이 존재하기 때문에 누구를 배우자로 선택한다는 것은 불확실성이 전제된 투자이다. 따라서 결혼시장에 참가한 사람들은 다년간의 경험을 통해 축적한 통계적 정보에 기초하여 어떤 지표나 신호를 가진 사람을 대개 어느 정도의 효율성을 가질 것이라는 조건부 기대치를 가지게 된다.

예를 들어, 개인을 평가하는 여러 가지 정보 중에 교육수준은 지적능력, 성취동기, 인식력, 가족배경 등과 같이 사회가 가치 있게 생각하는 자질들과 밀접한 관계가 있다고 보기 때문에 결혼상대자로 학력이 높은 사람을 선호하게 된다. 비록 부분적으로 학력이 낮은 사람이 높은 사람보다 더 유능하다할 지라도 사람들은 학력이 낮으나 유능한 사람을 찾는데 드는 정보비용도 만만치 않을 뿐만 아니라 그들의 능력과 생산성을 적절한 징치로 평가하기도 어렵고 또 어려운 만큼 평가에 비용이 많이 들기 때문에 고학력자를 더 선호한다.

결혼해체에 수반되는 비용이 크면 클수록 이혼은 줄어든다. 그리고 결혼에 대한 확신이 적은 커플들은 결혼에 대한 동기를 감소시킨다. 푸에르토리코에는 합의결혼과 법적결혼이 있다. 법적결혼이란 법적으로 혼인신고를 하는 것이고 합의결혼이란 두 사람 간에 합의하에 이루어지는 일종의 계약결혼으로 법적 절차를 거치지 않고 동거하는 형태를 취하는 것이다. 푸에르토리코에 이렇게 두 유형의 결혼이 발전하게 된 이유는 각자가 결혼 전의 교제로부터 나름대로 다양한 방법을 통해 상대에 대해 많은 정보를 수집하지만 그 정보(예를 들면, 능력, 건강, 인성 등)가 불완전하고 만약 수집된 정보에 의해 가졌던 기대와는 많이 달라 심한 갈등이 생겨 이혼을 결심할 경우 이혼에 수반되는 비용이 너무 크기 때문이다. 다시 말하면 사회적으로 이혼이란 것이 거의 불가능하게 되어 있기 때문에 그곳의 여성들은 법적결혼보다는 합의결혼을 더 많이 한다. 그리고 배우자가 일정한 직업보장을 얻기 전까지는 법적결혼을 하지 않으려는 경향이 있다.

2) 결혼의 편익

결혼은 안정된 삶의 새 출발로써 남녀가 동반관계이며 서로 보살펴 주고 사랑을 제공하며 자녀출산과 양육을 용이하게 한다. 이외에도 결혼은 전문화와 성별 노동분업의 경제적 이득을 공유할 수 있는 기회를 제공한다. 서로 사랑한다는 것은 남녀가 상호의존적 효용을 누리는 것을 의미하므로 성공적인 결혼이란 선호와 가치가 밀접하게 관련된 두 남녀가 서로 보살펴 주는 것이다. 결혼으로부터 얻을 수 있는 편익은 모두 가계생산물의 형태로 주어지며 이러한 가계생산물은 성이 다른 두 사람에 의해 생산된다. 가계생산물의 종류는 무수히 많으나 결혼으로부터의 편익을 고려할 때 가장 대표적인 생산물은 자녀이다. 자녀라는 가계생산물은 한 가정이 같은 성으로 구성될 경우에는 생산할 수 없는 재화이다.

경제이론은 남녀의 비교우위의 차이와 성별 노동분업을 중심으로 가족구성원의 역할을 설명하고 있다. 여기서 성별 노동분업이란 노동시장에서의 상대적 임금수준으로 인해 남편은 시장노동에 전문화되고 여성은 가계생산이나 자녀양육에 전문화되는 것을 말한다. 따라서 부부간에 역할의 차이 혹은 기술적 차이가 존재하면 할수록 남편과 아내의 잠재적 편익은 크고 정적인 관계를 지니게 된다. 그러나 최근에는 여성의 노동시장 진출이 활발해지면서 과거와는 달리 남녀간의 전문화가 점진적으로 유사해지고 있다. 이러한 경향은 결혼에서 남녀가 전문화로부터 얻을 수 있는 편익이 점차 줄어들고 있다는 것을 시사한다. 결혼으로부터의 편익이 줄고 있고 최근 노동시장의 성별 임금구조에서 나타나고 있는 것처럼 여성의 임금이 남성에 비해 상대적으로 상승하면 결혼율은 감소하고 이혼율은 증가할 것으로 예상된다.

3. 결혼시장에서의 자원기능과 사랑의 행위

1) 자원의 기능

남녀가 만나서 사랑하고 결혼하는 행위는 이 지구상에 인류가 존재한 이후 꾸준히 이어 오고 있다. 이렇게 지속되는 가장 근본적인 이유는 그러한 행위가 후손의 탄생이라는 목표와 부합되기 때문이다. 따라서 배우자를 선택하고 자녀를 갖는 것은 중요한 의미를 지닌다고 볼 수 있다. 결혼시장에서 자기에게 적합한 상대자를 찾았을 때 그 상대자가 자기를 사랑하게끔 하기 위해 여러 가지 행위를 하게 되는데 그 중 가장 효과적인 행위가 본인이 가진 인적자원과 물적 자원을 과시하는 것이다.

개인이 보유한 자원을 과시하기 위한 사랑의 표시와 행위는 나라와 문화권에 따라 각기 다르다. 값비싼 물건을 선물하거나, 부동산을 소유하고 있음을 표시하는 행위, 데이트 할 때 상대자를 좋은 음식점이나 문화공간에 데리고 가거나, 학력이나 사회적 지위를 알려 주는 행위, 건강하다는 것을 나타내는 행위 등은 모두 자신의 보유 자원을 과시하고 상대에게 좋은 인상을 주고자 하는 목적을 지니고 있다. 이렇게 각자가 가진 자원을 과시함으로써 잠정적인 배우자로 하여금 자신을 선택하면 생산에 필요한 자원들을 획득할 수 있다는 것을 인지시키게 된다.

<표 11-1> 결혼시장에서의 성별에 따른 사랑 행위의 차이

순차적 과정	여 성	남 성
자원부족 및 생산제약을 인식	자원의 희소성과 생산에 대한 생물학적 제약에 대해 인식 → 자원이 많은 남성을 탐색	자원의 희소성과 생산에 대한 생물학적 제약에 대해 인식 → 생산력 있는 여성을 탐색
배우자 선택기준	인적·물적 자원을 보유하고 있는 남성	잠재적 생산력이 큰 여성
자원평가의 기준	경제력, 야망, 학력, 경력, 사회적 지위, 근면성 등	학력, 연령, 건강, 외모, 성적 매력, 피부, 성격 등
사랑의 행위	자원을 과시하는 남성들 중 보유자원이 많은 남성을 배우자로 선택	잠재적 생산력을 과시하는 여성들 중 생산력에 비중 있어 보이는 여성을 선택

자료: Sternberg & Barnes (1988).

2) 사랑의 행위

결혼시장에서 이루어지는 사랑의 행위에는 남녀 차이가 존재하는데 그 차이는 남녀가 사랑의 행위에서 과시하는 자원의 종류와 속성에서 찾아 볼 수 있다. 여성은 자녀를 생산하는데 있어서 실질적인 자원을 투자할 능력과 의사가 있는 남성을 선택한다. 여성은 절대적으로 많은 자원을 가진 남성을 선호하므로 남녀는 세대를 거듭하면서 자원보유 정도와 상태에 따라 선택하고 또 선택되어진다. 따라서 남녀의 애정표현이나 구체적인 사랑의 행위는 각자가 실질적인 자원을 투자할 의사와 능력이 있음을 표현하는 것이라고 볼 수 있다. 따라서 결혼시장에서 사랑의 행위를 통해 보유하고 있는 자원의 양과 질 그리고 생산성을 과시하는 남녀는 그렇지 않은 남녀보다 선택에서 우위를 점하게 된다.

자원을 평가하고자 할 때 인성이나 생산능력 등과 같은 인적자원에 대해서는 직접적인 평가가 용이하지 않기 때문에 여러 가지 간접 지표를 기준으로 판단하게 된다. 예를 들면 여성의 다산(多産)력을 평가하기 위해 지표로 이용된 요소들은 주로 연령, 전반적인 건강상태, 특정 신체부위의 형태와 크기, 부모의 과거 출산력 등이며 이러한 지표에 근거하여 여성의 생산력을 추측하게 된다. 이러한 측면은 결혼시장에서 왜 남성에 비해 여성의 외모와 연령이 중요한 요인으로 작용하는지를 설명해 준다.

남성과 여성은 자신들이 가진 생물학적 특성(유전자 포함)을 극대화하기 위해 결혼시장에 진입하여 적합한 상대를 선택한다. 따라서 결혼시장에서 생물학적 특성이 우월한 사람은 열등한 사람보다 더 선호될 것이다. 그러나 남녀의 생산성을 극대화하는 데에 있어 각자 나름대로의 제한점이 있다. 즉 여성은 제한된 수의 자녀만을 생산할 수 있는 반면 남성은 생물학적 생산력에는 제한이 없으나 여성에게 접근할 가능성이 제약되어 있다. 성별에 따른 근본적인 생물학적 차이는 남녀로 하여금 배우자를 선택하는 기준에도 차이를 두게 한다. 여성은 자원을 투자할 능력과 의사가 있는 남성이 보유하고 있는 특성(예를 들면 경제력, 자산, 사회적 지위, 야망, 근면성, 자상함 등)에 가치를 둔다. 반면 남성들은 여성들의 생산력과 관계있는 성적 매력, 연령, 건강 등에도 가치를 둘 뿐 아니라 피부, 생기발랄한 걸음걸이, 웃는 모습 등에도 상당한 가치를 둔다. 이렇게 특성 요인에 가치를 두는 이유는 이러한 요인들이 서로의 생산력에 영향을 미치기 때문이다.

남녀의 생물학적 차이와 생산에서의 기능적 차이는 결혼을 전제로 한 구애(求愛) 행위에도 차이를 두게 한다. 예를 들면 남성은 주로 여성에게 선물을 하거나 자신이 보유하고 있는 자원을 기꺼이 투자할 의사와 능력이 있음을 표시하는 행위들을 하게 되는 반면 여성은 젊음이나 성적 매력, 건강 등 생산적 가치를 나타내는 행위를 하게 된다. 사랑 행위와 자원과의 관계에 대해 연구는 다음과 같은 가설을 도출하여 검증하였다.

- 남성보다 여성의 매력이 젊음과 건강, 성적인 요인 등의 신체적인 특성에 의해 결정될 확률이 크다.
- 남성은 여성에 비해 신체적인 매력을 지닌 사람을 더 적합한 배우자로 평가한다. 왜냐하면 여성은 외모로 생산력을 가늠할 수 있기 때문이다.
- 여성은 남성에게 생산력이 있음을 과시할 수 있는 신체적 특성을 나타내려 하고 남성들에게 매력 있게 보이기 위해 경쟁할 것이다. 남성에 비해 여성이 화장품과 피복비에 더 많은 돈을 지출하는 현상은 이 가설과 관련한 예가 될 수 있다.
- 남성은 여성이 가치를 두는 자원을 많이 보유하기 위해 서로 경쟁할 것이다.
- 여성이 남성을 속이는 경우 그것은 주로 젊음이나 건강과 관련된 부분일 것이다. 여성이 나이를 속이는 경우가 한 예가 될 수 있다.
- 남성이 여성을 속이는 경우 그것은 현재 보유하고 있는 자원이나 잠재적 자원에 관한 것일 가능성이 크다.
- 여성의 구애 행위는 자신의 생산력을 나타내는 특성을 표현하는 것이다. 왜냐하면 결혼할 경우 여성의 생산력은 남성에게 중요한 자원이 되기 때문이다.
- 남성의 구애 행위는 태어날 자녀에게 자원을 투자할 능력과 의사가 있음을 나타내는 것이다.

결혼한 남성과 여성은 가정을 형성하고 그 체재 내에서 자원에 배타성을 부여하여 정절을 지키고 서로를 보호하기 위해 공동으로 끊임없이 노력한다. 그리고 남녀는 결혼에 의해 수반되는 책임과 의무를 다하고, 성적 친밀감을 형성하며 생산활동을 하고 자원을 공유한다.

3) 정절과 배우자 보호

서로가 정절을 지키거나 배우자를 보호하는 행위는 부성(父性)에 대한 신뢰감을 확보하고 생산에 참여하는 배우자 상호간의 헌신을 확인하게 한다. 정절이나 배우자 보호행위는 배타성을 반영하는 대표적인 개념들이다. 여성의 부정은 생산에 있어서의 순수성을 위협하는 요인이다. 따라서 각자가 정절을 지키는데 실패할 경우 결혼시장에서 상당한 불이익을 당하게 된다. 왜냐하면 정절을 잃을 경우 생산에 필요한 자원의 가치가 급격히 하락하기 때문이다. 따라서 정절과 배우자 보호행동은 각자가 가진 자원을 보호하기 위한 것이라 볼 수 있다.

정절과 배우자 보호에 부여되는 중요성은 남성과 여성간에 차이가 있다. 생물학적 생산이라는 측면에서 살펴볼 때 여성의 부정은 남성의 부정에서 초래되는 위험보다 더 심각하다. 여성의 외도나 혼외 성관계에 대한 의심은 상대 남성으로 하여금 자녀의 부성에 대한 신뢰를 감소시킨다. 그런 경우 남성에게 있어서 그 여성의 생산적 가치는 하락하고 다른 남성의 아이를 키울 가능성에 노출되기도 한다. 남성의 부정은 그 남성의 자원이 상대 여성에게서 다른 제3의 여성에게로 이전되는 경우에 한해서 위협적 요인으로 작용할 수 있다. 그러나 자원 이전 없이 어쩌다 이루어진 성적 접촉의 경우에는 상대 여성이 문제를 삼기는 하나 위협적 요인이 될 가능성은 적다. 결론적으로 남성과 여성이 보유하고 있는 생산자원에서의 본질적인 차이가 정절의 중요성에 있어 성차의 원인이 되고 있다. 정절과 배우자 보호에 관한 이러한 논리는 다음의 검증 가능한 추론을 낳는다.

- 여성이 남성보다 정절을 나타내는 사랑행위를 더 자주 할 것이다.
- 여성은 남성보다 상대의 부정을 더 쉽게 용서할 것이다. 특히 그러한 행위가 심각한 관계로 발전하거나 자원 이전 없는 우발적 성관계일 경우 더욱 그러하다.
- 배우자 보호를 위한 행위는 여성보다 남성에게 더 빈번히 나타날 것이다.

대부분의 사회에서는 생물학적 생산을 보호하기 위한 목적으로 다양한 문화적 제도들을 발전시켜 왔다. 그 중 가장 보편화된 제도가 바로 결혼이다.

4) 성적친밀감과 자녀생산

성적 친밀감이 형성되는 시기는 결혼 전일 수도 있고 결혼 후일 수도 있다. 비록 서로가 정서적 친밀감을 가지고 있다 하더라도 성숙한 남녀의 사랑은 성적 친밀감으로 이어지는 것이 일반적인 현상이다. 성적 친밀감은 남녀의 관계를 공고히 하며 임신이라는 생산적 결과에 이르게 된다. 인간에게 있어 성교(性交)는 여성보다는 남성을 더욱 사로잡는다는 주장이 있듯이 남성은 생산적 가치가 있는 여성에게 성적 접근을 함으로써 자신의 후손을 얻을 수 있으므로 성교를 주도하고 이성과의 성교에 더 많은 관심을 가지고 있다. 여성은 남성의 접근만으로도 생산의 잠재력을 실현할 수 있으므로 여성이 성교에 대해 갖는 관심이나 주도적 행동은 남성보다 더 소극적이다.

결혼생활에서 가장 중요한 것은 자녀생산이다. 자녀생산은 임신과 출산에만 국한된 것은 아니다. 물론 임신과 출산이 아이의 생존에 결정적인 영향을 미치는 것은 사실이다. 그러나 그 과정에서 남성이 여성을 보호해 주고 필요한 인적자원과 물적 자원을 공급해 주는 행동 역시 중요한 생산 활동이다. 그렇지 않으면 여성과 태아는 위험한 상황에 놓일 수도 있다.

<표 11-2> 사랑행위의 목표

사랑행위	직접적 목표	궁극적 목표
남성이 여성에게 비싼 물건을 선물한다. 여성이 남성에게 매력적으로 보이도록 꾸민다.	자원의 과시	효율적 생산 가능성 극대화
여성은 다른 남성과 만나는 것을 포기한다. 남성은 다른 여성과의 성접촉 기회를 기피한다. 여성은 정절을 지킨다.	배 타 성	
여성은 남성의 사회생활을 내조한다. 남성은 여성이 도움을 필요로 할 때 도와준다.	상호지지	
남성은 여성과 결혼할 것을 동의한다. 여성은 남성과 미래생활에 대해 이야기한다.	책임과 의무	
남성과 여성이 서로 애정표현을 한다. 서로 성교를 한다.	성적 친밀감	
남성이 여성에게 아이를 갖자고 한다. 여성은 임신하여 그 남성의 아이를 낳았다.	생 산	
남성은 여성에게 경제적 지원을 한다. 남성은 가족을 위해 열심히 일한다. 여성은 부수적 소득을 벌기 위해 일한다.	자원의 공유	
아이의 병을 간호한다 아들에게 운동을 가르친다. 자녀를 위해 희생한다.	부모로서의 투자행위	

자료: Sternberg & Barnes (1988).

5) 자원의 공유

성적 친밀감과 자녀생산은 여성이 암묵적으로 약속했던 자원의 가치를 남성에게 이전하는 것이고, 자원의 공유(예를 들면 경제적인 도움이나 보호 등)는 남성이 생산에 대한 약속을 실행한 여성에게 제공하는 것이라고 볼 수 있다. 남성은 의식주와 관련된 물적 자원 뿐 아니라 시간이나 능력과 같은 인적자원을 공유함으로써 여성에게 안정감과 유기체로서의 생존능력을 제공하게 된다. 따라서 자원의 공유는 남성에게 있어 성공적인 생산이나 자손의 생존과 직결된 문제이다.

4. 결혼시장과 일부다처제

역사적으로 여성이 다수의 남편을 가진 경우는 그리 흔치 않았으나 남성이 여러 명의 여성을 아내로 둔 경우는 매우 흔한 현상이었다. 초기 유태인 사회, 모슬렘사회, 고대 그리스의 많은 지방, 대부분의 아프리카, 중국, 한국 등에서는 과거 한때 일부다처제가 존재했거나 현재도 여전히 존재하고 있다. 그러나 이러한 일부다처제가 시간의 흐름에 따라 급격히 감소하고 있다. 물론 아직도 세계인구의 10%는 일부다처제 사회에서 생활하고 있으나 그 비율이 급격히 줄고 있다는데 그 논점이 있다. 그러면 이렇게 급격히 일부다처제가 감소하고 있는 원인은 무엇인가? 경제학은 일부다처제의 발생과 감소를 초래한 원인을 법률적 제한보다 더 근본적인 데서 찾고 있다.

남성의 수가 여성의 수보다 많아도 여성이 생각할 때 결혼을 함으로써 얻을 수 있는 실질소득이 독신생활의 소득보다 크다고 판단되면 일부다처제라 할지라도 결혼을 결정하게 된다. 그리고 남자는 재산, 학력, 직업, 경험, 가족배경 그리고 그 외의 사항이 각기 다르기 때문에 부인에 대한 수요는 남자마다 상이하다. 일부 열등한 남자는 우월한 남자와의 경쟁에서 지면 미혼으로 남게되므로 일부다처제는 남자의 수와 여자의 수가 대체로 동등한 경우에도 존재할 수 있으며 우월한 남자는 일부다처제 결혼을 수용한다. 여기서 우월성이나 열등성이란 부인의 한계생산성에 영향을 주는 특성을 말한다. 예를 들면 나이지리아에서는 외모, 성격, 연령, 교육, 종교, 부족과 그 외의 다른 요인이 비슷하다할지라도 부의 상징으로 간주된 가정용 급수탑을 자연스럽게 과시할 수 있는 방법이 있고 또 그 방법이 효과적일수록 나이지리아 남자들의 일부다처제 결혼성향은 증가한다는 보고가 있다.

1) 일부다처제가 감소하는 원인

일부다처제는 오랜 시간을 두고 상당히 감소되어 왔다. 이러한 현상에 대한 일반적인 견해는 기독교 사상의 전파와 여권신장운동이 상당한 영향을 끼쳤다는 것이다. 그러나 경제학자들은 그렇게 생각하지 않고 있다. 일부다처제가 감소하고 있는 것은 종교이론의 전파나 여성의 권리신장이 그 원인이라기보다 편익 또는 이익의 변화와 관련이 있다고 본다. 즉 일부다처제가 존재하는 이유는 그 제도 하에 있는 여성들이 인지하는 비용보다는 편익이 크다고 인식하기 때문이고 최근과 같이 일부다처제가 급격히 감소하는 이유도 변화된 사회경제적 환경 속에서 일부다처로부터 남녀가 얻을 수 있는 편익이 급격히 줄어들고 있기 때문이다.

예를 들어, 양반과 천인의 구분이 명확했던 50년 전의 우리 한국

사회를 한 번 상상해 보자. 그리고 반상(班常)이 뚜렷했던 그 사회에서 천인으로 태어난 한 여성이 있다고 가정해 보자. 이 여성이 선택할 수 있는 대안은 다음의 두 가지이다. 첫 번째의 대안은 자신의 신분과 비슷한 천인과 결혼하여 그 남편의 유일한 부인이 되는 것이고, 두 번째의 대안은 양반 집의 두 번째 혹은 세 번째 부인으로 들어가는 것이다. 과연 그 여성은 어느 대안을 선택할까? 이 질문에 대한 대답은 비용과 편익에 따라 달라질 수 있다. 만약 그 여성이 생각하기에 비록 생활이 궁핍하고, 사회적 천시를 받으며, 태어난 자녀가 세습적 노비가 되는 비용을 지불하더라도 천인의 유일한 부인이 되는 것이 자신에게 더 큰 편익을 준다고 생각한다면 그 천인과 결혼하여 일부일처제 생활을 할 것이다. 그러나 반대로 두 번째 부인이 됨으로 인해 첫 번째 부인으로부터의 질투와 엄격한 통제 등의 형태로 비용을 치른다할지라도 물질적 풍요, 좀 더 나은 환경, 사회적 신분상승, 태어난 자녀가 서자이긴 하지만 적어도 노비신세는 면하게 되는 이런 여러 가지의 편익이 더 크다고 판단되면 일부다처제 결혼을 수용할 것이다.

일부다처제가 크게 감소하고 있다는 것은 결국 비용과 편익을 비교해 볼 때 과거에 비해 현재의 사회구조 속에서는 남녀 모두에게 있어 일부다처제로 인해 발생되는 편익이 매우 작은 반면 비용은 커지고 있기 때문이다.

2) 일부다처제 시장과 효율성

일부다처제 사회에서 여성은 남성에 비해 더 효율적인 동시에 한계생산성 또한 더 크다. 원시적이고 후진적인 사회에서는 자녀의 질적인 면보다는 자녀를 많이 갖는 것에 더 높은 가치를 두기 때문에 여성의 한계공헌도가 남성의 한계공헌도 보다 더 크다. 이런 사회에서 여성은 자녀를 출산하고 양육하는 동시에 여러 가지 다른 가사일을 병행한다. 즉 여러 명의 자녀를 양육하는 가운데 또 다른 아이를 뱃속에서 키우는 등 한정된 시간에 여러 종류의 생산 활동을 동시에 수행할 수 있으므로 남성에 비해 그 공헌도가 매우 크다. 따라서 원시적이고 후진적인 사회에서는 여성의 한계공헌이 남성의 한계공헌보다 크기 때문에 일부다처제가 보편화되며 그런 사회에서 여성은 매우 불평등하게 분배되는 경향이 있다. 그러나 사회가 좀 더 도시화되고 경제가 발달된 나라일수록 자녀의 양적 수요는 크게 감소된 반면 자녀의 교육이나 건강, 그 외 자녀의 질적 측면에 대한 수요는 크게 증가되고 있다. 이러한 변화가 일부다처제를 감소시키는데 간접적인 영향을 미치는 요인으로 작용한다. 일부다처제를 반대하는 집단은 일부다처제가 사회적으로 여성을 착취하고 그들의 지위를 하락시키는 것이라 보고 이의를 제기하며 일부다처제는 권리침해이고 남녀간의 동등 또는 평등을 파괴하는 것이라고 주장하기도 한다.

일부다처제가 증가할 때 부인을 얻기 위한 남성 간의 경쟁력은 좀 더 중요한 요인이 된다. 따라서 일부다처제가 지배하는 사회에서는 신부값(bride price)이라는 개념은 보편적이고 가격범위는 나라마다 혹은 인종마다 상이하지만 일반적으로 매우 높다. 결혼의 편익이 두 사람에게 쉽게 나누어질 수 없거나 어느 한 배우자가 다른 배우자보다 더 우월하거나 한계생산성이 더 높을 경우에는 높은 생산성에 대한 대가로 결혼할 때 배우자가 될 사람이나 가족들에게 신부값이나 지참금 등을 제공하는 것이 보편적인 관례처럼 되어 왔다.

여성의 공헌증가로 인한 일부다처제의 증가는 남성들로 하여금 연령과 경륜이 쌓여 효율적 가치를 지닌 사람이라는 평가를 받기 전까지 결혼시장에 참가하는 것을 연기하도록 한다. 그리고 남성들이 그들 보다 더 젊은 여성들과 결혼하면 여러 가지 측면에서 부담이 된다할지라도 여성에 대한 수요가 크기 때문에 일부다처제의 증가는 여성으로 하여금 좀 더 빨리 결혼시장에 참가하게 한다. 즉 일부다처제 사회에서는 남성은 결혼을 좀 더 늦게 하고 여성은 결혼을 좀 더 빨리 하는 경향이 있다. 몰몬교 여성은 서둘러 결혼을 하는 경향이 있기 때문에 16세가 될 때까지 많은 여성이 남성을 친구로 사귀면서 배우자가 될 사람을 탐색하고 20세가 넘어도 결혼하지 않는 여성을 노처녀라고 불렀다(Young, 1954).

여성의 상대적 한계공헌의 증가로 인해 여성들이 우월한 남성을 중심으로 불공평하게 분배될 경우 열등한 남성은 다른 나라로 이민을 가거나 외부로부터 여성을 이주 오게끔 하는 경우도 있다. 예를 들면 몰몬교는 여성신도를 해외에서 모집하였으며(Young, 1954) 일부다처제 배경이 강한 캅시리카(Kapsirika)의 축농업자들은 일부다처제가 보편화되지 않은 사회에서 여성을 수입하기도 하였다(Goldschmidt, 1973).

현재 일부다처제는 아니지만 우리나라도 최근 농촌지역의 수입신부에 대한 논란이 적지 않다. '농촌총각 총단결로 색시감 찾아오자' '마음 놓고 장가가는 조국에 살고 싶다'는 구호는 1989년 '농촌총각 결혼대책위원회'가 내건 것이다. 결혼대책위원회는 구로공단 여성노동자회를 비롯한 여성단체를 돌며 농촌 남성들과의 만남을 주선했다. '아! 장가가고 싶다'고 써 붙인 '먹거리 한마당'도 열어 여성근로자들을 불렀다. 이농(離農)과 성비(性比) 불균형, 농촌에 시집가기 꺼리는 '남촌여도(男村女都)'가 심화되면서 80년대 후반부터 시작된 이러한 현상은 최근 들어 상황이 더욱 절박해져 중국 조선족을 포함한 아세아 여러 나라들로부터 신부들을 맞아들이고 있다. 2004년에 장가든 농·어촌 총각 4명 중 1명꼴(27.4%)로 국제결혼을 했는데, 신부 국적은 중국(48%) 베트남(31%) 필리핀(11%)에 이어 몽골·태국·우즈베

키스탄·캄보디아까지 확산됐다(조선일보, 2005년 6월 27일, A30쪽). 일본도 농촌 남성들의 사정은 우리와 마찬가지이다. 갈수록 형편이 좋지 않은 나라들의 신부를 맞는 내리 결혼, '강혼'(降婚) 추세가 신부들 입장에서 보면 출발부터 우러러보고 살아야 하는 '앙혼'(仰婚)이 많아지고 있다.

다시 한계생산성과 부인 수와의 관계에 대해 설명하면 만약 한계생산성은 증가하지 않고 부인의 수만 증가한다면 가계생산물에 대한 수익률은 오히려 체감한다. 그 이유는 부인의 수에 비해 남편의 수는 한 명뿐이므로 부인의 생산성을 제한하기 때문이다. 즉 부인의 수가 증가할수록 각 부인과 부부관계를 가지는 횟수는 감소하고 따라서 각 부인당 출생률이 감소한다. 여러 일부다처제 사회에서 나타난 증거에 의하면 부인당 자녀수는 부인의 수가 증가할수록 다소 감소하는 경향이 있다.

개인의 효율성은 외생적 요인에 의해서도 영향을 받지만 교육이나 기능 그리고 다른 인적자본 투자에 의해 결정되는 부분도 크다. 남성은 좀 더 많은 여성의 마음을 끌기 위해 효율적인 사람이 되고자 하며 그러기 위해 기꺼이 상당한 비용을 투자한다. 남성은 경제력, 직업, 학력, 경험, 외모, 성격 등이 각기 다르기 때문에 부인에 대한 수요가 다르다. 일부 열등한 남성은 유능한 남성과의 경쟁에 져서 독신으로 남게 되므로 일부다처제는 남성의 수와 여성의 수가 동등할 경우에도 존재할 수 있고 유능한 남성은 여러 여성과 함께 결혼생활을 한다. 그리고 유능한 남성이 그렇지 않은 남성보다 더 많이 투자를 하는 경향이 있기 때문에 남성들 사이에 불평등이 커지며 그로 인해 유능한 남성과 열등한 남성들의 생산기능의 차이 또한 커진다.

가계생산물에 대한 여성의 공헌증가는 일부다처제를 촉진시키는 역할을 하기 때문에 일부다처제가 보편화된 사회에서는 남성들이 자신의 효율성을 증가시켜 여러 명의 부인을 얻기 위해 자신에게 투자하고자 하는 의지가 강하다. 이러한 경향은 부인의 수적 분배에 대한 불평등을 증가시키는 직접적인 원인이 될 뿐 아니라 남성 간의 불평등을 증가시키는 간접적인 원인이 되기도 한다. 그러나 여성의 측면에서 살펴볼 때 남성들은 좀 더 많은 부인을 얻고자 하는 욕구로 인해 남성 간에 심한 경쟁을 치르게 되는데 이러한 경쟁은 여성에게는 여러 형태로 받게 되는 실질소득을 증가시킨다.

여성은 남성이 충분한 자원을 가지고 있고 효율적인 생산성을 지니고 있다면 그 남성에게 부인이 여러 명 있어도 그와 결혼하고자 할 것이다. 왜냐하면 여성은 열등한 남성의 전면적인 배려보다는 성공한 남성 혹은 유능한 남성의 부분적인 배려를 선호한다. 조지 버나드 쇼(George Bernard Shaw)는 다음과 같이 말했다: "일부다처제 사회에서 모성본능은 여성으로 하여금 삼류에 속하는 남성의 전적인 소유보다도 일류에 속하는 남성의 1/10에 해당하는 부분을 더 좋아한다(Becker, 1981 재인용)."

3) 일부다처제보다 일처다부제가 드문 원인

효율적인 여성은 여러 남성의 마음을 사로잡을 수 있으나 비효율적인 여성은 미혼으로 남을 수 있다. 그러면 결혼형태가 복합혼일 경우 왜 일처다부제는 드물고 일부다처제는 흔한가? 그리고 사회에서 무엇이 일부일처제, 일부다처제, 일처다부제를 결정하는가? 이러한 질문에 쉽게 생각할 수 있는 해답은 법률이 일부다처제를 금지하거나 제한한다는 것이다. 그러나 법률은 부자연스러운 활동에 대한 수요가 약할 때 쉽게 통과되고 시행되므로 여기에는 반론의 여지가 있다. 더욱이 인간을 제외한 동물세계에서도 일처다부제는 드물고 일부다처제가 보편적이다. 이것은 인간사회에서 법률적 제한보다도 더 근본적인 요인이 작용하여 일부다처제의 발생을 초래한다는 것을 시사한다.

물론 가계생산물에 대한 여성과 남성의 상대적 한계공헌도, 생산에 있어서의 규모의 경제, 그리고 남녀간의 대체 정도가 일부다처제를 형성하는 주요한 요인이다. 그러나 일처다부제보다 일부다처제를 형성하는 주된 원인은 생산의 독립성이라는 측면에서 살펴볼 수 있다. 다시 말하면 각 배우자의 생산이 다른 배우자와의 생산과 독립적이라는 가정은 일부다처제 가족에 대해서는 적절하지만 일처다부제 가족에게는 적합하지 않다. 그 이유는 친자는 다른 사람에 의해서 출산된 자녀보다 강력하게 선호되며 또 한 여성이 여러 명의 남편을 가진 경우에는 한 자녀의 아버지가 누구인지 쉽게 파악되지 않으므로 개개의 남편은 다른 남편의 생산성을 저하시킨다. 이러한 생산성 저하의 의미는 왜 일처다부제가 흔하지 않은가를 설명할 뿐 아니라 왜 일처다부제 사회에 살고 있는 여성의 남편들이 서로 형제간이거나 친척이었는가를 설명해 준다. 다시 말하면 친척과의 사이에서 태어난 자녀가 낯선 사람과의 사이에서 태어난 자녀보다 더 선호되고 또 태어난 혹은 앞으로 태어날 자녀에 대한 유전적 정보도 더 확실하게 알려져 있으므로 불확실성으로 인한 비용이 감소된다.

12장 결혼시장과 남녀의 결합유형

개인은 결혼했을 때의 잠재소득이 미혼일 때의 소득보다 높을 것으로 기대되면 결혼시장에 진입한다. 따라서 결혼에서 기대되는 소득은 누가 누구와 결합해야 할 것인지를 결정할 뿐 아니라 누가 결혼하고 누가 미혼으로 남게 되는 가도 결정한다. 남녀는 결혼 후의 복지수준이 결혼 전의 복지수준보다 더 높아질 거라고 기대되는 사람이 나타나 결합할 수 있을 때까지 지속적인 탐색활동을 하면서 결혼을 연기한다. 전통적으로 여성들이 조혼하는 이유는 결혼산출물인 자녀출산 및 양육이 여성의 복지수준을 결정하는 주요 요인이므로 남성들보다 더 빨리 결혼하여 많은 자녀를 생산함으로써 그 가치를 높이려는 경향이 있기 때문이다. 이러한 결혼의 복지수준은 남녀의 결합유형에 따라 다르다. 결혼을 결합유형별로 분류하면 동질혼(positive assortative mating)과 이질혼(negative ass ortative mating)으로 구분되는데, 이 장에서는 베커가 제시한 결혼유형에 대해 상세히 논의하고자 한다.

우선 동질혼(同質婚)과 이질혼(異質婚)의 차이부터 살펴보면 동질혼이란 질적 특성 및 배경이 유사한 남녀가 결혼하는 경우를 말한다. 즉 우월한 남성은 우월한 여성과 결혼하고 열등한 남성은 열등한 여성과 결혼하는 정적결합(positive sorting)이다. 예를 들면 학력이나 가족배경이 비슷한 남녀가 결합하면 동질혼이라 볼 수 있다. 이질혼이란 질적 특성이나 배경이 서로 다른 남녀가 만나 결혼하는 경우로 우월한 남성은 열등한 여성과 결혼하고 열등한 남성은 우월한 여성과 맺어지는 부적결합(negative sorting)을 의미한다. 중졸여성과 대졸남성이 결합하는 것은 일종의 이질혼이다. 연령차가 매우 큰 남녀가 결합하는 것도 이질혼이라 볼 수 있다.

사회에는 동질혼을 하는 사람도 있고 이질혼을 하는 사람도 있다. 이들은 각자 나름대로 평가한 잠재가격을 비교하여 개인에게 더 큰 편익을 주는 쪽으로 선택한다. 제도적 측면에서 살펴볼 때 단일혼(일부일처제)이 지배적인 사회에서는 우월한 남성은 우월한 여성과 결합하는 것이 보편적인 반면 집단혼(일부다처제)을 지향하는 사회에서는 우월한 남성은 우월한 한 여성과 결합하기 보다 상대적으로 좀 덜 우월한 여러 여성과 결합한다. 그러면 동질혼과 이질혼 중 어느 결합유형이 더 효율적인가에 대해 의문을 가져볼 필요가 있다. 경우에 따라서는 이질혼이 더 효율적이기도 하지만 경제이론은 일반적으로 효율적인 결혼시장에서는 동질혼이 더 보편적이라는 것을 말해준다. 그리고 효율적인 결혼시장에서는 가계생산물을 극대화하는 경향이 있는데 이때 다른 사람의 복지를 낮추지 않고는 자신의 복지를 증가시킬 수 없다는 것을 기본전제로 삼고 있다.

1. 단일혼 체제에서의 결합유형

남성의 자질은 모두 같으나 여성의 자질만이 서로 다른 결혼시장을 가정해 보자. 그런 가정 하에서 결혼시장이 효율적이라면 동일한 자질을 가진 남성들은 그들의 결혼여부와는 상관없이 그리고 누구와 결합하든 간에 모두 동등한 수준의 소득을 얻게 된다. 그러나 우월한 여성은 결혼에서 가계의 최종생산물을 더 많이 생산하게 되므로 결혼시장에서 높은 소득을 얻는다. 가계의 최종생산물에는 자녀수와 자녀의 질, 성적인 만족 등이 포함된다.

이번에는 남성과 여성의 자질이 서로 다른 경우를 가정해 보자. 이런 가정 하에서 남녀의 잠재소득은 그들이 서로 어떻게 결합하는가에 따라 달라진다. 효율적인 결혼시장에서는 우월한 사람은 우월한 사람끼리 결합함으로써 그들의 높은 생산성을 보상하려 한다. 그리고 각자 적절한 배우자를 선택하여 자신의 효용을 극대화하기 위한 최적결합은 타인의 복지를 침해하지 않고서는 자신의 복지를 증진시킬 수 없다. 이러한 최적결합에 대한 논리는 게임이론과 부합된다.

게임이론에 의하면 최적의 결합이나 선택은 핵심부에서 이루어지며 최종생산물의 총산출량을 극대화하는 모든 결합은 핵심부내에 있다. 따라서 비핵심부에서 결합한 남녀는 각자 핵심부에 있는 다른 사람과 결합했을 때 얻을 수 있었던 소득보다 더 적은 소득을 얻게 된다. 만약 비핵심부에서의 결합이 더 많은 소득을 생성하고 그 산출을 남녀가 나누어 갖는 것이 가능하다면 각 배우자는 더 잘살게 될 것이다. 그리고 각각의 남녀는 사회적 복지에 관심을 갖기 보다 개인적 복지에 관심을 갖고 결혼시장의 메커니즘 속에서 자신의 행복을 극대화하기 위해 행동한다. 이러한 개인들의 행동들이 모여 사회적 복지를 형성하면서 사회의 총산출량을 극대화하게 된다.

1) 효율적인 결혼시장

효율적인 결혼시장에서는 대부분의 결혼이 동질혼인데 그 이유는 동질적 결합이 가계산출물의 총합을 극대화하는 경향이 있기 때문이다. 그리고 결혼시장의 참가자는 다른 참가자와의 경쟁에 의하여 그들의 효용을 극대화시키므로 다른 사람의 복지를 낮추지 않고서는 자신의 복지를 증가시킬 수 없다. 모든 사람은 결혼할 때 자신과 비슷한 부류를 원하는 경향이 있으므로 만약 각자가 참가자의 특성에 관해 완전한 정보를 가지고 있다면 효율적인 결혼시장은 유사한 가족배경, 지능, 학력, 선호 등을 가진 사람들을 결합시키는 동질혼이 지배적일 것이다. 이러한 동질혼의 증가는 사회적 불평등을 증가시키게 된다. 그러나 참가자에 대한 정보가 불완전한 경우에는 동질혼을 감소시키는 반면 이질혼을 증가시킨다. 가족배경이나 지능 등에 관한 정보는 예측이 가능한 변수들이다. 그러나 자질이나 행운 등과 같은 잠재적 속성에 대해서는 예측이 거의 불가능하다. 따라서 사람들은 여러 가지 정보를 수집하여 배우자가 될 사람에 대해 정확한 예측을 하고자 하나 빗나가는 수가 많으므로 동질혼의 정도를 줄이고 세대간 혹은 세대내 이동에 영향을 미친다.

2) 결합유형의 기본가정

효율적인 결혼시장에서는 핵심부에서 최적결합이 이루어지므로 우월한 사람은 우월한 사람끼리 결혼함으로써 각자의 높은 생산성을 상호 보상한다. 그리고 각 성원이 자기의 효용을 극대화하려 하고 그에 맞는 배우자를 선택한다면 최적의 결합은 타인의 복지를 희생시키지 않고서는 자기의 효용을 극대화 할 수 없다. 우월한 사람이 열등한 사람과 결혼하면 우월한 사람과 결혼했을 경우 얻을 수 있는 자원보다 더 적은 자원을 얻게 되므로 효용을 극대화 할 수 없게 된다.

그러나 만약 열등한 사람과 우월한 사람과의 결합이 더 많은 소득을 생성한다면 그리고 그 산출물을 나누는 것이 가능하다면 사회적으로 각 배우자는 더 잘 살게 될 것이고 핵심부에서 최적결합이 이루어지지 않을 것이다. 그러나 결혼시장에 진입한 모든 사람들은 자신의 이익을 극대화하기 위해 자신에게 최대의 효용을 줄 수 있는 배우자를 찾으려 하고 그러한 배우자는 주로 핵심부에 속해 있으므로 그 속에서 결합이 이루어진다.

3) 동질적인 결합

심리학자와 사회학자들은 사람들이 자신과 비슷한 특성을 갖는 상대와 결혼하기를 원하는지 아니면 그 반대인지에 대해 오랫동안 논의하여 왔다. 생물학자들도 비영장류의 짝짓기에서 동질혼 혹은 이질혼을 하는 경향이 있음을 가정해 왔다. 그러나 어느 학문도 어떤 특성들끼리 서로 결합하는지를 체계적으로 분석하지는 않았다. 경제학은 결혼할 때 고려하는 특성이 경제적인 것이든, 생물학적인 것이든, 심리적인 것이든 상관없이 모든 결합이 총산출량을 극대화하기 위해 동질혼 혹은 이질혼의 형태를 띄게 된다는 것을 설명한다.

경제논리에 의하면 일반적으로 비슷한 특성을 가진 사람들끼리 결합하는 동질혼이 결혼의 총산출량을 극대화한다. 이 논리는 남녀의 자질이 서로 보완재일 때 각 특성에서 우월한 사람은 우월한 자질을 소유한 배우자를 선택한다는 것을 시사한다. 바꾸어 말하면 동질혼과 이질혼 중 어느 결합이 더 적절한지는 남녀의 특성이 서로 보완재이냐 대체재이냐에 따라 다르다. 만약 고려되는 남녀의 특성이 보완재일 때는 우월한 사람끼리 결합하는 동질혼이 서로의 특성을 강화시키지만 그 특성이 대체재일 경우에는 동질혼은 서로의 장점을 상쇄시키는 반면 이질혼이 서로의 특성을 강화시킨다.

<표 12-1> 결혼형태에 따른 남편과 아내의 교육수준간의 상관관계

일부일처제 국가	미 국*	0.5
	한 국**	0.7
일부다처제 국가	모슬렘 사회* 아프리카 일부 지역*	0.3

*Becker (1998) **정영숙(2000)

남녀의 특성들 중에는 대체적인 것보다 보완적인 것이 월등히 많기 때문에 대부분의 사회에서 동질혼이 더 일반적이며 남녀비율이 같지 않을 경우 열등한 사람은 미혼으로 남게 된다. 예를 들어 미국에서는 고소득의 남성과 고학력의 남성은 저소득의 남성과 저학력의 남성보다 빨리 결혼하고 더 안정된 결혼생활을 누린다.

남녀비율이 같지 않고 일부다처가 허용된 사회에서의 여성들은 열등한 남성과의 결혼에서 얻는 이익이 적으므로 우월한 남성에게 더 높은 점수를 주는 경향이 있다. 그리고 남성은 우월한 한 여성보다 열등한 여러 여성을 선호한다. 예를 들어 우리나라는 남편과 아내의 교육수준간의 상관계수가 0.7이고 미국은 0.5로 비교적 높으나 일부다처제를 허용하는 사회에서는 그 상관계수가 0.3으로 매우 낮게 나타나고 있다. <표 12-1>에 제시된 통계가 말해주듯이 교육수준을 기준으로 살펴볼 때 일부일처제를 지향하는 국가에서는 교육수준이 높은 사람은 높은 사람끼리 그리고 교육수준이 낮은 사람은 낮은 사람끼리 결혼하는 경향이 있는 반면 일부다처제를 지향하는 국가에서는 일반적으로 교육수준이 높은 남성은 교육수준이 낮은 여러 여성들과 결혼한다.

동질적인 결합유형은 개인이 가지고 있는 자질의 특성에 따라 각기 다르다. 그러면 남녀가 시장특성에서만 차이가 나는 경우, 비시장특성에서만 차이가 나는 경우 그리고 시장특성과 비시장특성을 동시에 고려할 경우에 어떤 결합이 좋은가를 살펴보자.

■ **남녀가 시장특성에서만 차이가 나는 경우 어떤 결합이 최적인가?**

여성의 임금수준은 낮고 남성의 임금수준이 높은 경우 어떤 결합이 최적인가? 이런 경우에는 서로의 특성이 대체재이므로 가정과 시장간의 성별노동분업으로 이익을 극대화하는 이질혼이 결혼의 산출량을 극대화한다. 왜냐하면 임금이 낮은 여성은 임금이 높은 여성에 비해 노동시장에서의 시간가치가 낮기 때문에 가계생산에 투입되는 시간비용이 적게 들어 적은 비용으로 더 많은 생산을 할 수 있기 때문이다. 그러므로 임금수준이 낮은 여성은 노동시장보다 가정에 더 많은 시간을 배분하는 것이 합리적이다. 이러한 논리는 남성에 대해서도 동일하게 적용된다. 따라서 임금이 높은 남성과 임금이 낮은 여성 그리고 임금이 낮은 남성과 임금이 높은 여성이 서로 결합하는 이질혼이 더 좋으며, 시간가치가 낮은 사람은 가사노동에 전념하고 시간가치가 높은 사람은 시장노동에 주력함으로써 결혼으로부터의 산출을 극대화할 수 있다.

예를 들어, 어린 자녀가 있는 여성이 시장노동과 가사노동을 병행하고 또 그 여성의 임금수준이 낮다고 가정하자. 이런 경우 그 여성은 직장생활로 인해 어린 자녀를 돌볼 시간이 없고 따라서 그 자녀를 유아원에 보내든지 아니면 파출부를 고용해야 한다. 그러면 적은 수입으로 파출부 월급, 교통비, 피복비 등을 지불하고 나면 오히려 적자가 될 수도 있고 또 결혼의 중요한 산출물인 자녀도 어머니가 직접 돌보면서 양육하는 것보다 파출부나 유아원에서 돌보는 것이 질적 효용성이 높기 때문에 가계산출물의 가치도 떨어지게 된다. 따라서 임금수준이 낮은 여성은 오히려 시간을 전적으로 가사노동에 투입하는 것이 가계경제에 더 큰 도움이 된다. 그러나 어린 자녀가 없거나 모두 성장한 경우에는 분석결과가 달라진다.

이와 같이 임금수준을 기준으로 경제적 효율성만을 고려할 경우에는 이질혼과 같이 부적결합이 더 적절하다. 우리나라 뿐 아니라 미국을 비롯한 다른 여러 사회에서 고소득 남성과 저소득 여성이 결혼하는 현상 그리고 남성은 노동시장에 전문화되고 여성은 전적으로 가사노동에 전문화되는 모습은 위의 논리와 맥락을 같이 한다고 볼 수 있다. 그러나 남편에 비해 아내의 임금이 상대적으로 높을수록 배우자간에 갈등의 소지가 크고 이혼할 확률 역시 커지는 경향은 또 다른 설명을 필요로 한다. 미국에서는 여성의 소득이 상대적으로 높은 대도시 지역에서 이혼율이 더 높고 또 여성가구주의 수가 더 많은 것으로 나타나고 있다.

■ 남녀가 비시장특성에서만 차이가 나는 경우 어떤 결합이 좋은가?

화폐소득과 무관한 비시장특성, 예를 들어 지능, 교육수준, 건강상태, 연령, 출산력, 키, 성격, 종교, 혈통, 출생지 등에서만 남녀차이가 나는 경우 어떤 결합이 좋은가? 이렇게 남성과 여성이 비시장특성에서만 차이가 나는 경우 최적결합은 동질혼이다. 동질혼은 남녀 각각의 비시장특성이 서로 생산의 비용을 강화할 경우에도 적절할 뿐 아니라 그 특성들이 생산비용에 독립적으로 영향을 줄 경우에도 적절하다. 그 이유는 대부분의 비시장특성은 대체성이 낮고 보완성이 크므로 동질혼이 최적의 형태가 된다.

비시장특성은 강한 정적 상관관계를 가진다. 같은 종교, 비슷한 교육수준을 가진 사람끼리 결혼하는 경향이 대표적인 예이다. 우리나라에서는 특히 남녀간의 교육수준이 0.7이상의 강한 정적 상관관계를 가지고 있고 미국도 0.5 정도로 정적인 경향을 보이고 있다. 다른 특성은 유사하다할 지라도 인종이나 종교, 혈통, 출생지, 교육수준,

연령이 비슷하지 않은 사람들 사이에서는 이혼의 가능성이 높게 나타나고 있다. 이와 같이 이혼의 가능성은 잘못 결합된 사람들 사이에서 높은 경향이 있는데 이는 교육을 비롯한 대부분의 비시장특성을 고려할 때 동질적 결합이 최적이라는 것을 명백히 시사한다.

지배성, 보수성, 온건성, 적개심 등의 심리적 특성에 대해서는 남녀간에 시간대체성이 높기 때문에 이질혼이 최적형태가 된다. 예를 들면 남녀 중 어느 한 쪽의 성격이 지배적이고 다른 한 쪽이 온건할 경우 결혼할 확률이 높다. 왜냐하면 지배적인 사람의 시간은 지배성이 필요한 상황에 직면했을 때 유용하며 성격이 온건한 사람의 시간은 온건한 면이 필요한 경우에 유용하기 때문이다. 내성적인 사람이 외향적인 사람과 결혼하는 것도 마찬가지이다. 결국 동질혼은 남녀의 시간이 밀접한 대체재가 될 수 없는 경우에 더 적절한 결합유형이다. 여기서 한 가지 언급되어야 할 점은 남녀의 시간대체성은 사람들이 자녀의 수보다 질을 추구할 때 더 증가하는 경향이 있다. 그리고 배우자간의 지능에 관한 관계는 형제간만큼이나 높은 정적 상관관계를 가지고 있는 것으로 파악되어 결혼시장이 생각보다 훨씬 더 효율적으로 운영되고 있다고 볼 수 있다.

■ 시장특성과 비시장특성을 동시에 고려할 경우는 어떤 결합이 좋은가?

일반적으로 미모를 갖춘 매력적이고 재능 있는 여성은 부유하고 사회적으로 성공한 남성과 결혼하는 경향이 있는데 이런 결합이 과연 최적결합이라고 볼 수 있는가? 그 대답은 긍정적이다. 왜냐하면 비시장특성에서 우월한 사람은 시장특성에서 우월한 사람과 결합했을 때 생산성을 더 증가시키는 경향이 있기 때문이다. 남녀는 자기에게 없는 특성을 가진 사람과 결합하여 인적·물적자산을 극대화하고자 한다. 따라서 시장특성에서 우월한 사람은 비시장특성에서 우월한 사람을 배우자로 삼고 싶어하고 비시장특성에서 우월한 사람은 시장특성에서 우월한 사람과 맺어지기를 원한다.

우리는 종종 미모의 여배우와 재벌 혹은 대기업의 친인척과 결혼하는 것을 보기도 하고 또 주변에서 돈 많고 부유한 집의 여성과 가난하지만 명석한 두뇌를 가진 남성이 결혼하는 경우도 종종 보게 되는데 이러한 결합도 같은 맥락에서 이해될 수 있다. 이런 경우 남녀는 각각 서로가 가진 것과 가지지 않은 것을 공유하면서 만족을 극대화하게 된다. 바꾸어 말하면 부유하고 사회적으로 성공한 남성은 금전적인 풍요와 사회적 지위로 여성에게 만족을 줄 수 있는 반면 미모를 갖춘 여성은 본인이 가진 미적 아름다움으로 남성에게 만족을 주게 된다.

4) 성비(性比)가 다를 때의 결합

집단혼이 허용되지 않는 사회에서 남성의 수가 여성의 수보다 많은 경우 일부 남성은 미혼으로 남게 된다. 왜냐하면 이들은 다른 남성보다 여성에게 결혼이 부여할 수 있는 편익을 많이 줄 수 없기 때문이다. 만일 남녀가 서로 다른 특성을 가지고 있을 경우 어느 결합유형이 더 적절한지는 앞에서도 살펴보았듯이 그 특성이 보완재인지 또는 대체재인지에 따라 다르다.

만약 고려하고자 하는 남녀의 특성이 보완재라면 열등한 남성은 미혼으로 남게 되고 여성은 열등한 남성과의 결혼생활에서 얻는 편익이 적으므로 우월한 남성에게 더 높은 점수를 준다. 예를 들면 남녀의 학력은 상호 보완적 성향을 강하게 지니는 특성이므로 학력이 높은 여성은 학력이 높은 남성과 결혼하고 학력이 낮은 여성 또한 상향혼을 하는 경향으로 인해 학력이 높은 남성과 결혼하기를 원하기 때문에 학력이 낮은 남성은 경쟁에서 밀려나 결혼시장에서 축출되고 그들 중 일부 남성은 더 열등한 여성과 하향혼을 하게 된다. 대졸자 남성과 대졸자 여성이 결혼하거나 대졸자 남성이 고졸자 여성과 결혼하는 경우는 흔하나 대졸자 여성이 고졸자 남성과 결혼하는 것은 그리 흔치 않은데 그 이유는 남녀의 학력이 상호 보안성을 띄기 때문이다. 이런 현상은 미국이나 서방국가들에서 보다 학벌주의 인식이 강한 우리 나라에서 더 명백하게 나타나고 있는 현상이기도 하다.

이번에는 남녀의 특성이 대체재인 경우를 살펴보자. 남녀의 특성이 대체재의 관계에 있을 경우에는 우월한 남성이 미혼으로 남게 된다. 남녀의 특성이 보완재일 경우에는 동질혼이 적절한 결합이며 이런 경우 다수의 열등한 사람이 미혼으로 남게 되는 반면 남녀의 특성이 대체재로서 이질혼이 더 적절할 경우에는 우월한 사람이 미혼으로 남을 확률이 커진다. 그러나 대부분의 사회에서는 동질혼이 더 보편적이므로 열등한 사람이 미혼으로 남는 것이 일반적인 현상이다. 예를 들어 남성의 재산소득과 여성의 아름다움을 고려할 경우 그리고 남성의 수가 여성의 수보다 많다고 가정할 때 재산소득이 적은 남성은 재산소득이 많은 남성보다 여성에게 결혼의 편익을 적게 제공하므로 미혼으로 남게 된다.

경쟁을 통해 결혼시장에서 열등한 사람을 축출하는 과정은 그들의 소득이 미혼일 때의 소득과 같아지는 시점까지 계속된다. 그 이후 이들이 결혼해서 얻을 이익은 아무 것도 없으므로 그들은 미혼으로 남기를 선택할 것이다. 이러한 측면은 최적의 결합에 의해 만난 배우자와 그의 균형소득이 그 자신의 특성뿐 아니라 결혼시장내의 다른 사람의 특성에 의해서도 결정된다는 것을 설명한다. 이는 그 자신이 가진 절대적 수준의 특성과 상대적 수준의 특성 모두가 결혼결정에 영향을 준다는 것을 의미한다. 예를 들어 남성 대학원생의 수적 증가는 대졸이나 고졸학력 남성의 상대적 소득을 감소시키고 그들과 결혼한 배우자의 학력수준도 저하시킨다.

5) 최적결합에 대한 선호 및 사랑의 효과

결혼시장에서 남녀의 선호는 소득이나 교육, 연령 등 여러 가지 특성에 따른 균형적 결합을 가정할 때 가변적인가? 그리고 남녀의 균형결합은 그들의 선호가 서로 다른가에 상관없이 결정될 수 있는가? 이러한 질문에 대한 대답은 전적으로 각 가정이 어떤 재화를 생산할 때 드는 생산비가 가정마다 동일한지 아니면 다른지에 달려 있다. 만약 각 생산물이 모든 가정에서 동일한 비용으로 생산된다면 사람들은 자신의 선호에 관계없이 적절한 배우자를 선택함으로써 효용을 극대화 할 것이다. 그리고 사람들은 현재의 결혼에서 얻는 총산출이 다른 사람과 결혼했을 때의 산출보다 크거나, 미혼으로 있을 때의 산출보다 크면 계속 현재의 결혼생활을 유지할 것이다.

그러나 재화를 생산하는데 있어 각 가정의 생산비용이 다르다면 개인의 선호가 균형적 결합에 영향을 미칠 수도 있다. 비슷한 선호를 가진 사람은 서로 다른 선호에서 생기는 갈등도 없을 뿐 아니라 소비패턴도 비슷하고 중복소비(joint consumption)나 규모의 경제 또는 소비자본의 전문화로 인해 생산비를 낮출 수 있기 때문에 결혼하려는 동기가 강하게 작용한다. 예를 들어 주말에 여가를 즐기기 위해 남성은 극장에 가기를 선호하고 여성은 음악회에 가기를 원한다면 그리고 두 사람은 각자의 선호를 주장하고 서로 양보하려 들지 않는다면 여가를 즐기면서 만족을 얻기 위해 지불해야 되는 비용이 만만치 않을 것이다. 그러나 두 사람의 선호가 비슷하여 같이 극장이나 음악회에 가기로 쉽게 결정된다면 중복소비와 규모의 경제가 작용하여 비용이 훨씬 적게 든다. 그러나 어떤 재화를 생산하든 간에 투입된 생산비보다 산출량이 적을 때는 선호가 비슷한 사람보다는 비슷하지 않은 사람끼리 결혼하려 할 것이다. 실제로 중복소비나 전문화된 소비자본이 존재하면 유사한 사람끼리 결합하게 되므로 선호에 관해서는 이질혼보다 동질혼이 더 보편적이라고 볼 수 있다.

로맨스나 사랑 등은 감성적이거나 비이성적인 특성이 강하기 때문에 과연 경제적 분석이 가능한지에 대해 의문을 제기할 수 있다. 심리학자 프로이드(Freud)와 릭(Reik)은 사랑이란 자신이 달성하지 못한 이상을 상대방에서 지각해 내는 것으로 보았다. 매슬로우(Maslow)와 루이스(Lewis)는 사랑을 특성에 따라 결핍사랑(deficit love), 존재사랑(being love), 선물사랑(gift love)으로 구분하기도 했다. 사랑의 본질에 대한 정의는 학자들마다 보는 시각에 따라 매우 다양하다.

- ■당신이 한 여인에게 아무 것도 숨길 수 없게 될 때 당신은 그녀를 사랑하고 있는 것이다(폴 제랄드).
- ■사랑이란 거기서 빠져 나올 필요가 있는 그 무엇이다(샤를르 보들레드).
- ■사랑이란 목적이 억제된 성(性)이다(지그문드 프로이드).
- ■사랑은 서로에게 상호이득을 주는 인간관계이다(몽테뉴)
- ■사랑이란 타인의 존재에서 기쁨을 느끼는 것이며 자기 자신의 것만큼 그 삶의 가치와 성장을 인정하는 것이다.
- ■사랑은 이타주의, 공유, 신용, 수용, 합일감, 배타적 몰입 등과 같은 특성을 내포한 것이다(엘리스).

사랑이란 두 글자에 대해 무수히 많은 정의가 내려져 있는데도 불구하고 여전히 사랑이란 개념은 애매 모호한 선을 벗어나지 못한 듯하고 또 사랑이 경제학적으로 분석될 수 있는 것이라고 생각하지 않았다. 그러나 경제학자들은 사랑의 요소는 경제적 접근으로 분석이 가능한 것이라고 보고 있다. 만약 남성의 행복이 여성의 행복에 영향을 받는다면 그리고 남성과 여성이 정신적·신체적 접촉에 가치를 둔다면 남성은 여성을 사랑한다고 말할 수 있다. 이런 경우 남성은 여성의 복지를 증진시키려 할 것이고 여성의 복지증가는 남성의 효용에 다시 긍정적인 영향을 주므로 남성은 그 사랑에서 이익을 얻게 된다. 그리고 여성과의 정신적·신체적 접촉이 남성의 생산비를 낮춘다.

만약 사랑하는 여성이 이기적이고 남성의 사랑에 보답을 하지 않는다 하더라도 그 여성은 자신을 사랑하는 사람으로부터 많은 자원을 받을 수 있기 때문에 자신을 사랑하는 사람과 결혼하는 것이 그 여성에게도 이익이 된다. 사랑으로 연결된 결혼은 어느 한 배우자가 이기적이라 할지라도 사랑이 없는 결혼보다 효율적이며 그러한 효율의 상승은 이기적인 배우자에게도 이익을 준다. 다시 말하면 사랑에 기초한 결혼이 다른 결혼보다 더 생산적이므로 균형적 결합의 일부가 된다.

2. 집단혼 체제와 결합유형

한 개인의 자원은 우월한 한 사람과 결혼하여 얻을 수도 있지만 열등한 여러 사람과 결혼하여 얻을 수도 있다. 따라서 집단혼 체재에서는 동질혼이 보편적이지 않은 것처럼 보일 수도 있다. 예를 들어 앞에서도 비교해 보았듯이 단일혼 체재를 유지하는 한국과 미국에서는 남편과 아내의 교육수준이 비슷한 경향을 보이지만 일부다처제를 허용하는 사회에서는 남녀간의 교육수준 차이가 매우 크다. 그러나 효율적인 남성은 일부다처제가 허용되는 경우라 할지라도 다수의 열등한 여성과 결혼하기보다는 소수의 효율적인 여성과 결혼하려는 경향이 있다.

결혼시장에서 남녀비율이 같을 경우 우월한 한 남성이 여러 여성을 아내로 맞는다면 열등한 남성은 배우자를 얻지 못하게 될 것이다. 대체로 여성은 남성보다 상향혼을 하는 경향이 있으므로 남녀의 능력이 평균적으로 비슷하다면 여성은 자신보다 능력이나 자질에서 우월한 남성과 결혼하게 된다. 그리고 남성은 여성보다 대체로 능력이나 자질의 개발에 더 많이 투자하므로 여성의 상향혼 경향은 남녀의 결혼성향이 비슷하고 단일혼체제가 일반적인 경우에도 마찬가지이다. 이러한 논리는 일반적으로 왜 여성은 상향혼을 하는 경향이 있고 남성은 하향혼을 하는 경향이 있는지를 말해준다. 예를 들어 힌두의 남성은 자기보다 더 낮은 계급의 여성과 결혼할 수 있다. 그러나 힌두의 여성은 자기보다 더 낮은 계급의 남성과 결혼할 수 없다. 이러한 엄격한 제도적 혼례풍습은 이슬람의 경우에도 마찬가지이다.

3. 결혼지참금의 의미

배우자가 될 남녀에 대한 선호는 고정적인 것이 아니라 어떤 특성을 가진 사람의 수에 의해 결정된다. 여성을 유인하는 가장 일반적인 방법은 그들에게 경제적 자원을 제공하는 것이다. 여성에게 많은 자원을 제공할수록 결혼에 성공할 확률이 크므로 남성은 능력이 미치지 않아 미혼으로 남는 것이 더 낫겠다는 생각이 들 때까지 제공할 수 있는 자원의 양을 증가시킬 것이다. 남녀비율에서 남성보다 여성의 수가 많을 경우에도 동일한 원리가 적용된다.

누가 누구에게 자원을 제공하는 가에 따라 자원에 붙여지는 개념이 다르다. 일반적으로 남성이 여성에게 제공하는 자원을 신부값이라 하고 여성이 남성에게 제공하는 금전적 자원을 지참금이라 부른다. 아프리카 일부 지역에는 신부값으로 가축(염소, 소, 양 등)을 제공하기도 하고 또 세계의 어떤 오지에서는 감자를 제공하기도 하는데 제공되는 자원은 주로 그 사회에서 희소가치가 매우 높은 것들이다. 그리고 이들 지역에서 결혼식을 거행하는 과정에서 치르는 잔치는 귀한 노동력을 얻었음을 축하하는 몸놀림이라 볼 수 있다.

이러한 논리는 결혼당사자가 아닌 그 부모에게로 자원을 이전하는 경우에도 마찬가지이다. 부모는 자녀를 소유하고 있다가 결혼을 통해 다른 집으로 이전시키는 것으로 볼 수 있다. 가령 신부값은 신부의 부모로 하여금 그들의 자산(자녀)이전을 보상받게 할 뿐 아니라 이전할 때 높은 값을 받기 위하여 딸에게도 충분히 투자하려고 하는 동기를 갖게 한다. 신부값은 주로 일부다처제 사회에서 정착된 관습이며 신랑 쪽에서 신부의 몸값을 지불하는 근본적인 이유는 남성에 비해 여성이 더 효율적인 동시에 한계생산성 또한 더 크기 때문이다.

신부값의 빈도와 액수는 성비(性比)에서 여성의 수 보다 남성의 수가 많거나, 여성의 재혼을 금지하는 경우, 일부다처의 관습이 강한 사회, 가부장제로 남성이 결혼의 산출물(특히 자녀)에 대해 강한 통제권을 행사하는 경우에 더 커지는 경향이 있다. 이러한 관습은 불임이나 부정 등의 형태로 나타나는 여성의 과오가 원인이 되어 이혼이 성립되는 경우 신부가족은 신부값으로 받은 자원을 최소한 일부라도 신랑의 가족에게 반환해야 된다는 것을 시사한다. 그리고 여성 쪽에서 먼저 이혼을 요구하는 것은 거의 불가능하다. 그러나 남성의 과오로 인해 가정이 파탄되는 경우에는 신부값이 일체 반환되지 않는다. 예를 들면 모슬렘 사회의 남성은 남성의 과오로 이혼했을 때 신부값을 모두 포기해야 한다. 이런 제도는 가사노동과 자녀양육에만 전념했던 여성을 이혼으로부터 보호하고자 하는 의도에서 설정된 것이다.

지참금은 주로 단일혼 제재에서 볼 수 있는 관습으로 결혼할 때 여성이 남성에게 제공하는 것으로 알려져 있다. 지참금은 우월한 남성과 좀 덜 우월하거나 우월하지 않은 여성과 결합할 때 제공되는 경우가 대부분이다. 우리 나라에서 지참금과 관련하여 쉽게 관찰할 수 있는 현상은 여성이 판검사, 의사 등과 같이 높은 임금수준과 사회적 지위가 보장되는 직종을 가진 남성과 결혼할 때 상당한 수준의 지참금을 제공하는 것이다. 이러한 경우 지참금은 우월한 사람이 상대적으로 열등한 사람과 결혼하면서 자신의 우월한 부분을 지참금의 형식으로 보상받으려는 동기가 작용하기 때문이고 상대적으로 열등한 사람은 상향혼을 하기 위해 그래서 좀 더 많은 자원을 확보하기 위해 지참금을 제공하게 된다.

인도에서는 대부분의 사람들이 가난하기 때문에 여성이 남성에게 시집을 간다는 것은 친정으로 보아서는 입을 하나 줄이는 것이고 시집으로 보아서는 입이 하나 더 추가된다고 간주하기 때문에 여성이 결혼지참금을 가져와야 한다고 생각하고 있다. 그리고 때로는 결혼 후에도 지참금을 요구하기도 하며, 결혼식 비용도 신부 측에서 부담하는 것으로 관습화되어 있다. 이러한 지참금 제도는 강한 남아선호사상에서 유래되고 있기 때문에 여성이 경시되는 경향이 강하다. 인도에서는 여성이 의사와 결혼할 경우 최고 20~30만 루피를 제공하는 경우도 있다. 그러나 교육받은 여성이나 직업이 있고 경제력이 있는 경우에는 지참금을 가져가지 않는다.

우월한 남성과 우월한 여성이 결혼하거나 열등한 남성과 열등한 여성이 결합하는 동질혼일 경우에는 남녀의 인적·물적 조건이 균형상태에 있기 때문에 지참금 문제가 야기되지 않으나 우월한 사람과 열등한 사람이 결합하는 이질혼일 경우에는 남녀의 조건이 불균형 상태에 있으므로 지참금이 요구하거나 제공될 수 있으며 그러한 지참금이 남녀 간의 불균형 부분을 보완하게 된다.

13장 출산에 대한 경제학적 접근

2차 대전 이후 베이붐과 같은 일시적인 현상을 제외하고는 출산율은 지속적인 감소추세를 보이고 있다. 경제학은 이러한 출산율의 변화를 어떻게 설명하는가? 남녀가 결혼하여 가정을 형성하는 목적은 여러 가지가 있으나 그 중 가장 주된 목적은 친자생산과 양육이라고 볼 수 있다. 출산경제학은 자녀에 대한 수요를 자녀의 잠재가격과 실질소득의 개념을 적용하여 설명하고 있다. 뿐만 아니라 자녀의 수와 질의 상호작용에 대해 그리고 그러한 상호작용이 기혼여성의 경제활동 참가율, 출산율, 자녀에 대한 투자비율 등과 같은 현상에 어떻게 적용되는가를 설명한다.

임금상승과 취업기회의 증가에 따라 여성의 경제활동 참가율은 증가하고 가사노동 시간은 크게 감소하고 있다. 여성의 임금이 상승하면 자녀와 다른 가사노동에 대한 기회비용은 오히려 증가한다. 따라서 자녀가 열등재가 아니라 하더라도 여성의 경제력의 증가는 적은 가족규모를 형성한다. 전통적 고전학파는 자녀를 정상재로 보았고 따라서 가계소득이 증가하면 자녀에 대한 수요 역시 증가할 것으로 예상했다. 그러나 현실적으로 선진국을 비롯한 여러 나라에서 나타난 현상은 경제가 발달할수록 출산율은 감소하는 것으로 나타나고 있다. 이러한 현상에 대해 베커의 출산경제이론은 자녀의 수(quantity)와 질(quality) 사이에는 대체관계가 있고 자녀의 질에 대한 수요의 소득탄력성은 자녀수에 대한 소득탄력성보다 훨씬 더 크기 때문이라는 것을 보여준다.

결혼이라는 제도하에서 부부가 된 남녀는 자녀를 가질 것인지 또 가진다면 언제 가질 것인지에 대해 끊임없는 선택을 하여 왔다. 자녀에 대한 수요는 자녀를 낳고 기르는데 드는 상대적 비용과 소득수준에 달려있다. 다른 재화에 비해 자녀출산과 양육에 드는 비용이 상대적으로 증가하면 자녀수가 감소하는 대신 상대적으로 비용이 적게 드는 재화에 대한 수요를 증가시킨다. 일반적으로 자녀는 시장에서 구입할 수 없고 각 가족이 시장재와 부모의 시간, 특히 어머니의 시간을 투입하여 자체적으로 생산한다. 각 가정마다 시간비용과 가계생산함수가 다르기 때문에 자녀를 생산하고 양육하는 비용 또한 다르다. 자녀라는 가계재화를 생산하는데 드는 상대적 비용은 지역이나 정부복지정책을 비롯한 여러 가지 요인에 의해 영향을 받는데 그 요인에 대해 살펴 볼 필요가 있다.

1. 농촌지역과 도시지역간의 출산율의 차이

과거 수 백년 동안 농촌지역의 가족수가 도시지역의 가족수보다 더 많았다. 그리고 가임률 역시 농촌지역이 더 높았다. 예를 들면 1900년대 이탈리아의 작은 지역에서 15세~49세 된 여자 1,000명당 생존출산률은 큰 지역에 비해 45%가 더 많았고, 1800년대 미국 농촌지역의 가임률은 도시지역의 가임률의 1.5배 정도였다. 우리나라에서도 1980년대 중반까지 농촌지역의 출산율이 도시지역의 출산율보다 월등히 높았다. 이러한 현상은 부분적으로는 농촌에서 자녀를 키우는데 드는 비용이 도시보다 적게 들기 때문이다. 그리고 도시에서와는 달리 농촌에서는 자녀를 키우는데 드는 비용이 자녀들의 노동에 의해 상쇄된다. 아이들이 농사를 짓거나 기타 여러 유형의 노동력을 제공함으로써 그들에게 들어가는 비용을 상쇄시키므로 자녀를 키우는데 드는 순비용은 감소한다. 바꾸어 말하면 자녀가 집안일을 돕거나 가족기업이나 노동시장에서 일하면서 가계에 경제적으로 기여한다면 자녀를 기르는데 드는 비용은 감소된다. 그리고 자녀가 근로소득을 벌거나 벌어들일 수 있는 잠재력이 증가하면 자녀에 대한 수요 역시 증가한다.

자녀에 대해서도 일반재화와 같이 가격탄력성이 존재하기 때문에 재화의 가격이 상승하면 수요가 감소한다. 즉 자녀를 키우는데 드는 비용이 상승하면 자식에 대한 수요가 감소한다. 따라서 자식이 가업에 도움이 되거나 노동력을 제공하게 될수록 자식을 키우는데 드는 순비용이 하락하기 때문에 자식에 대한 수요가 커질 수밖에 없다. 이는 전통적으로 농업을 주업으로 하는 농촌에서 도시보다 더 많은 자식을 갖게 된다는 점을 나타낸다.

옛날 우리 속담에 "자기가 먹을 것은 자기가 가지고 태어 난다"는 말이 있다. 이러한 속담은 결국 농경사회에서의 자녀의 기능과 역할에 대한 것을 시사한다고 볼 수 있다. 실질적으로 자녀는 도시 가정에서 보다 농촌 가정에서 더 생산적인 역할을 하기 때문에 도시보다 농촌가족의 자녀수가 더 많다. 예를 들어 인도와 브라질의 농촌지역에서는 자녀가 5~6세가 되면서부터 점진적으로 농업을 돕기 시작하여 12세가 되면 농업 생산성에 기여하는 정도가 상당한 것으로 알려져 있다. 우리 나라를 비롯한 중국 등의 아시아권 내의 농촌지역의 상황도 마찬가지이다.

그러나 농촌자녀의 이러한 기여도는 경제성장 과정에서 농업이 점차 기계화되고 복잡해지면서 그리고 경제구조가 농업기반에서 산업기반으로 바뀌면서 감소하여 왔다. 이러한 변화는 농촌가족으로 하여금 그들 자녀의 학교교육을 연장하도록 고무하긴 하였다. 그러나 농촌에 있는 학교들의 규모가 작고 비능률적이며 통학에 드는 시간비용과 교통비가 많아 투자한 것에 비해 돌아오는 편익이 작았다. 금세기 동안 선진국에서 도시와 농촌의 출산율 차이가 급격히 줄어들고 있고 또 어떤 나라에서는 농촌의 출산율이 도시의 출산율보다 다소 적게 나타나기도 하였다. 이것은 산업구조의 개편과 더불어 농촌에서의 자녀비용 구조가 예전과는 많이 다르다는 것을 나타낸다.

2. 모자가족을 위한 정부 복지정책이 출산율에 미치는 영향

모자가구에 대한 정부지원 프로그램은 자녀를 키우는데 드는 비용을 감소시키기 때문에 자녀에 대한 수요와 비합법적 출산율을 증가시켰다. 그 원인을 분석하면 다음과 같다.

첫째, 프로그램의 성격상 모자가구의 자녀수가 많으면 많을수록 정부보조금이 증가된다. 자녀가 한 명일 때보다는 두 명일 때 그리고 두 명보다는 세 명일 때 보조금이 많아지기 때문에 자녀에 대한 수요는 증가하는 반면 자녀의 질은 떨어지는 결과를 초래하게 된다.

둘째, 이러한 복지정책은 직업이 없는 여성에게만 정부보조금을 제공하므로 여성의 경제활동 참가율을 감소시키고 그로 인해 자녀를 키우는데 드는 시간의 기회비용을 더욱 감소시킨다. 수요의 가격탄력성이 시사하듯이 자녀를 키우는데 드는 비용이 하락하면 자녀에 대한 수요는 당연히 증가한다.

셋째, 배우자가 없고 어린 자녀가 있는 여성이 정부보조금을 보다 쉽게 받을 수 있기 때문에 미국에서는 이러한 정책이 시행된 1960년대 이래로 합법적 출산율보다는 비합법적 출산율이 커지는 부정적 결과를 초래하였다. 낙태가 용이해지고 피임기술이 개선되어 왔음에도 불구하고 합법적 출산율은 감소한 반면 비합법적 출산율은 일정하게 유지되고 있다.

편모가계를 위한 정부보조정책은 가계의 기본적인 생활에 도움을 주기 위한 목적으로 시행하였으나 정책을 실시한 결과 애초의 목적을 달성하기도 하였지만 사회의 부면에 나타난 여러 현상들은 국가적으로 엄청난 비용을 치르는 결과를 초래하고 있다. 미국에서는 경제학자들간에 이 정책이 안고 있는 문제점에 대한 논란이 적지 않게 있어 왔다. 이와 같이 일부 정부복지정책도 위에 열거된 여러 가지 이유로 인해 자녀의 수를 증가시키는 작용을 하고 있다.

3. 기혼여성의 시간가치가 출산율에 미치는 영향

자녀를 키우는데 드는 비용은 금전적 비용 이외에도 부모시간의 기회비용이 포함된다. 여성의 임금이 상승하면 자녀양육을 비롯한 가사노동의 기회비용도 상승한다. 후진국이나 저개발국에서 자녀는 노동력을 제공하고 또 대부분의 주부는 가사노동에 종사하므로 자녀를 출산하고 키우는데 드는 기회비용이 상대적으로 적게 든다. 그러나 선진국에서는 자녀가 더 이상 노동력의 원천도 아니고 다수의 여성들이 노동시장에서 경제활동을 하기 때문에 자녀를 키우는데 드는 여성의 기회비용이 상당 부분을 차지한다.

자녀를 키우는데 드는 비용은 기혼여성의 시간가치 변화에 의해 민감하게 영향을 받는다. 왜냐하면 어머니의 시간비용은 자녀생산에 주요한 부분이기 때문이다. 한 연구에 의하면 자녀를 양육하는데 드는 총비용 중에 어머니의 시간비용이 ⅔를 차지하는 것으로 나타났다(Espenshade, 1977). 선진국에서는 지난 백년동안 여성의 학력 및 수입능력의 성장이 기혼여성의 경제활동참가율의 급격한 증가와 출산율의 큰 감소를 가져온 주된 원인으로 간주되고 있다. 반면에 기혼남성은 자녀양육에 시간을 많이 보내지 않기 때문에 기혼남성의 시간비용은 자녀양육 비용에 거의 영향을 미치지 않고 있으며 따라서 남성의 경제력과 경제활동참가율은 자녀에 대한 수요와 거의 무관하다. 이러한 경향은 실제 여러 연구에서 입증되고 있다.

어린 자녀를 둔 기혼여성의 시간가치가 증가하는 이유는 다음과 같은 요인이 작용하기 때문이다.

첫째, 과거와는 달리 여성의 학력이 증가하여 이들이 취업하여 돈을 벌 수 있는 기회가 많아지고 있다는 점이다. 기혼여성이 취업을 하게 되면 자연히 가사노동에 배분할 시간에 희소성이 부여되고 따라서 희소한 시간자원으로 인해 자녀양육비가 상승되면서 자녀에 대한 수요를 감소시킨다. 또 산업구조가 농경사회에서 산업사회로 그리고 산업사회에서 정보화사회로 접어들면서 여성 노동력에 대한 수요가 증가하고 있다.

둘째, 인식과 환경의 변화를 들 수 있는데 과거와는 달리 요즈음은 사회적으로 여성의 경제활동 참여를 긍정적으로 보는 시각이 작용하고 있다는 점이다. 이러한 요인들이 여성의 경제활동을 강화시키고 있으며 이로 인해 여성들은 제한된 시간을 가사노동과 시장노동에 배분해야 하는 문제에 직면하게 된다.

현대사회에서 여성의 경제력에 대한 변화는 출산율 감소를 설명하는 이론적 배경의 근거가 되고 있다. 일반적으로 경제가 발전한 나라일수록 자녀수가 감소하는 것은 부모의 시간 특히 어머니의 시간가치가 변화하기 때문이라고 보는 견해가 지배적이다. 실질적으로 자녀에 대한 수요와 남편과 아내의 경제력에 대해 자료를 수집하여 분석한 여러 조사결과에서도 자녀수는 기혼여성의 임금수준 및 시간가치와 강한 부적 관계가 있는 것으로 나타났고 기혼남성의 임금수준이나 수입과는 정적 관계를 보이는 것으로 파악되고 있다.

이러한 결과는 임금수준이 자녀의 수요에 영향을 주기도 하지만 부분적으로 자녀수가 임금수준에 영향을 미치기도 한다는 점을 시사한다. 바꾸어 말하면 자녀수가 많을 때 여성은 노동시장에서 필요한 지식이나 기술을 배워 사회에서 높은 임금을 보장받기보다는 가정을 경영하는데 필요한 지식이나 기술을 익히는데 더 많은 시간과 자원을 투자하는 경향이 있으므로 여성의 임금수준이 자녀에 대한 수요에 영향을 주기도 하지만 자녀수 역시 여성의 임금수준에 영향을 준다.

기혼여성의 잠재적 임금의 상승은 그들의 시간가치를 증가시키므로 자녀양육에 따른 기회비용이 커지고 그러한 비용이 커지는 만큼 자녀수를 감소시킨다는 것은 위에서도 언급하였다. 그러나 임금수준이 충분히 높아지면서 어느 단계에 도달하면 자녀를 사치재라 생각하고 자녀에 대한 수요를 증가시키는 소득효과가 발생하기도 한다. 예를 들어 근래에 도시 부유층 가정에서 늦게 자녀를 출산하는 경우가 여기에 해당된다고 볼 수 있다.

4. 친자선호와 정보의 불확실성

모든 사람들은 절대적으로 친자를 선호한다. 이러한 현상에 대한 생물학적 설명은 인간을 비롯한 다른 여러 종이 그들 자신의 유전자를 번식시킬 수 있도록 생물학적으로 선택된다는 것이다. 그러나 경제학은 유전적 요소와 문화적 요소가 자녀에 대한 수요에 영향을 준다는 점을 감안하더라도 친자선호에 대한 여러 가지 동기가 있다는 것을 주장한다. 그 중 가장 주된 동기는 친자는 부모를 통해 정보에 대한 불확실성을 감소시킬 수 있다는 점이다. 다시 말하면 타인에 의해 출생된 자녀에 비해 친자는 유전적 요소 및 초기의 환경적 조건과 경험에 대해 더 많고 확실한 정보를 얻을 수 있다. 반면 친자는 자녀의 성이나 신체적 조건 그리고 기타 다른 특성에 대한 정보가 그 자녀가 태어나기 이전까지 제한되어 있으나 타인에 의해 이미 출생한 자녀는 직접보고 평가할 수 있기 때문에 좀 더 많이 알 수 있다. 그러나 타인에 의해 태어난 자녀가 태어나지 않은 친자보다 좀 더 확실한 정보를 제공한다할지라도 사람들은 여전히 친자를 강하게 선호한다.

때로는 아무리 친자를 선호한다할 지라도 어떤 가족은 남녀 중 어느 한 쪽이 불임이어서 자녀에 대한 수요를 충족시킬 수 없는 경우가 있는가 하면 또 어떤 가족은 지나치게 다산이라 수요를 초과하기도 한다. 아내가 불임인 경우 남편은 이혼을 요구하기도 하고 일부다처가 허용되는 사회에서는 다른 부인을 얻어 아이를 낳기도 한다. 또 어떤 경우에는 부부가 원하는 자녀수보다 더 많은 자녀를 갖거나 원하지 않은 시기에 자녀를 갖기도 한다. 그러면 출산율의 변화는 불임과 피임방법에 대한 지식의 확대와 보급으로 인해 초래되었는가? 물론 효과적인 피임방법이 출산율에 얼마간 영향을 준 것은 사실이다. 그러나 경제이론은 출산율이 감소된 주된 원인이 자녀에 대한 수요에 변화가 있기 때문이라고 본다.

여성이 20세에 결혼하여 피임하지 않을 경우 평균 11명 정도의 건강한 아이를 출산할 수 있으며, 44세 까지 또는 228개월 동안 임신할 수 있기 때문에 출산간의 평균 간격은 26개월이 된다. 출산 횟수는 다양한 방법으로 조절을 하지 않고도 단순히 결혼 혹은 성교를 3

년 정도 지연함으로써 결혼기간 동안 할 수 있는 성교빈도를 10% 정도 줄일 수 있고 모유급식을 3개월 연장함으로 인해 출산율을 25% 정도 감소시킬 수 있다(Eaton & Mayer, 1953; Becker, 1991). 맬더스(Malthus)와 같은 인구론 자는 결혼연령의 변화가 출산조절의 주요한 방법이라고 생각했을지도 모른다. 왜냐하면 18세기와 같이 출산율이 높은 시기에는 결혼연령을 조절하는 것이 결혼기간 중의 성교빈도를 조절하는 것보다 더 효과적이기 때문이다.

19세기 이전에는 유아사망률이 비교적 높았다. 그러나 19세기와 20세기에는 의학의 발전과 더불어 아이가 태어나서 생존할 확률이 급격히 증가하였다. 그리고 이 시기동안 피임지식 및 피임방법의 개선과 새로운 피임법의 개발 등은 결혼연령이 낮아지고 성교빈도가 증가했음에도 불구하고 지난 세기 동안 출산율의 급격한 감소에 일조를 하였다. 그러나 경제이론은 이러한 피임방법의 개선이 자녀에 대한 수요를 감소시킨 주된 원인이라기보다 수요의 감소에서 야기된 반응이라 보고 있다.

효과적인 피임방법이 출산율을 감소시킨 것이 아니라는 증거는 그런 피임방법이 있었을 때에도 높은 출산율을 유지해온 사회에서 찾아볼 수 있다. 예를 들어 16세기 초부터 18세기 말 까지 유럽의 지배층 계급에 속하는 가족들은 그 시대에 알려진 방법으로 출산율을 충분히 감소시킬 수 있었고, 또 그 방법을 사용할 수 있었음에도 불구하고 출산율은 감소하지 않았고 개인이 평균 5.5회 이상 출산하였다(Himes, 1963; Peller, 1965). 인도의 빈곤가족은 개발된 효과적인 피임방법을 사용하여 출산율을 조절하도록 강요받았으나 경제적 조건이나 다른 기타 여러 조건이 변화될 때까지 강경하게 그들의 출산율을 일정하게 유지시키고 있었다(Makhija, 1977).

많은 사회에서 현대적 피임방법이 개발되기 전에 출산율이 크게 감소하기 시작했다. 2000년도 훨씬 전에 그리스도인과 로마인은 만혼, 결혼기간중의 성교제한, 낙태, 원시적 피임기구, 생산과 관계없는 성교방법 등을 통해 작은 가족규모를 유지하였다. 1670년과 1840년 사이에 플로란스와 레그혼지방의 유대인은 부분적으로 그들의 평균 결혼연령을 높임으로써 출산율을 50%나 감소시켰다는 기록도 있다. 물론 이들 유대인들이 피임에 대해 좋은 정보를 가졌을 거라고 단정지을 수는 없다. 왜냐하면 그들은 유대인 지구에서만 살아야 했고 많은 학교로부터 배척을 당했기 때문에 정보를 얻을 수 있는 방도가 원천적으로 차단되었기 때문이다. 또 다른 예로 일본에서는 피임약을 사용하는 것이 불법이었고 미국에서는 피임약이 1960년대가 되어서야 널리 사용되었지만 출산율이 감소하는 현상은 이미 1950년대부터 미국과 일본 등지에서 나타나기 시작했다.

자녀에 대한 수요는 자녀양육비 뿐 아니라 실질소득에 의해서도 영향을 받는다. 실질소득의 증가는 일반적으로 다른 재화에 대한 수요를 증가시키는데 자녀와 소득간의 관계도 예외는 아니다. 일부다처제 사회에서는 부유한 사람이 그렇지 않은 사람보다 자녀가 많은데 이는 부유한 사람일수록 일부다처를 두는 경향이 있기 때문이다. 19세기 이전의 단일혼 사회에서도 부유한 사람은 평균적으로 자녀가 많았다. 단일혼 사회에서 부의 수준과 출산율과의 정적인 관계는 19세기에 걸쳐 농촌지역에서도 지속적으로 나타난 현상이다.

<표 13-1> 출생률과 1인당 GNP

성 별	1980	1985	1990	1995	2000	2005
출생률 (천명당)	22.7	16.2	15.3	16.0	13.4	11.4
1인당 GNP($)	1,597	2,242	5,883	8,483	10,220	15,700

자료: 통계청, 한국의 사회지표.

19세기 중반으로 접어들면서 도시지역에서 부의 수준과 출산율이 부분적으로 혹은 완전히 부적인 관계를 보이고 있다. <표 13-1>은 우리나라의 출생율과 1인당 GNP와의 관계를 명백히 제시해 주는 자료이다. 구체적인 수치를 비교해 보면 1980년 1인당 GNP가 1,597 불일 때 천명당 출생률은 22.7명이었으나 2005년 GNP가 1만불 5천불 이상으로 증가했을 때 출생률은 11.4명인 것으로 나타났다. 경제이론은 소득과 출산율과의 부적인 관계는 자녀의 유효가격이 소득에 따라 증가하기 때문이라고 설명한다. 다시 말하면 고소득자인 여성이 시장 활동으로부터 얻을 수 있는 잠재소득이 크고 또 그들의 시간가치가 높기 때문에 소득수준이 증가할수록 자녀에 대한 수요는 감소한다는 것이다.

5. 자녀수와 질의 상호작용

베커는 자녀의 수와 질 사이에는 대체관계가 있고 자녀의 질에 대한 수요의 소득탄력성은 자녀의 수에 대한 수요의 소득탄력성보다 훨씬 크다고 주장한다. 일반적으로 최종생산물의 양과 질은 얼마간 서로 관계가 있다. 그러나 그런 재화의 물리적 단위의 양과 질은 자녀의 수와 질만큼 강하게 상호작용하지는 않는다. 예를 들어 부유한 사람은 값이 싼 자동차와 값이 비싼 자동차를 모두 소유할 계획을 세울 수 있으나 질이 좋은 자녀와 질이 떨어지는 자녀를 모두 가지려고 하지는 않을 것이다. 왜냐하면 상류층은 일반적으로 그들 자녀의 성공과 질에 대한 높은 열망을 가지고 있으므로 자녀를 적게 낳는 대신 각 자녀에 대해 더 많이 투자하고자 하는 경향이 있기 때문이다.

가정에서는 자녀수가 적으면 적을수록 자녀 한 명당 투자할 수 있는 자원은 많아진다. 고소득층 가정에서 많은 수의 자녀를 키우기보다 사립학교를 보낸다든지 여러 가지 과외를 시키면서 상당한 자원을 투자하는 경우도 자녀의 수와 질과의 상충관계(trade off)를 반영하는 현상이라 볼 수 있다. 제한된 소득에서 자녀수가 증가하면 자녀의 질에 대한 잠재가격이 증가하게 되며 잠재가격이 증가하면 자녀 한 명당 투자할 수 있는 재원이 감소하기 때문에 자녀의 질이 떨어질 수밖에 없다. 그리고 자녀의 질이 떨어지면 자녀수에 대한 잠재가격이 감소하기 때문에 자녀에 대한 수요를 증가시킨다.

<표 13-2> 초혼연령의 변화추이 (단위 : 세)

성 별	1981	1985	1990	1995	2000	2004
남 자	26.4	27.0	27.9	28.4	29.3	30.6
여 자	23.2	24.1	24.9	25.3	26.5	27.5

자료: 통계청, 인구동태통계, 각 연도

경제발전은 소득증가 뿐 아니라 인적자본에 대한 투자수익률을 증가시킴으로서 자녀의 수와 질에 영향을 미치며 수와 질과의 상호작용은 출산율을 감소시킨다. 많은 나라에서 출산율은 짧은 기간동안 크게 변해 왔다. 미국은 1960년과 1972년 사이에 출산율이 38% 감소하였고, 일본은 1950년과 1960년 사이에 45% 감소하였으며, 대만은 1960년과 1975년 사이에 51% 감소하였다(Becker, 1981). 우리나라에서도 남녀 모두의 결혼연령의 상승 등으로 인해 20대 초반 여성의 출산율은 지속적으로 낮아지고 있는 반면 20대 후반과 30대 초반의 출산율이 부분적으로 높아지고는 있으나 평균 출산율은 감소하고 있다.

국가별 출산율 변화 추이를 나타내는 <표 13-3>에 의하면 우리나라는 여성 1인이 가임 기간동안 갖게 될 평균자녀수는 1.7명이며, 출산율이 가장 높은 계층은 20대 후반 여성으로 해당연령 인구 천 명당 약 179명의 아이를 출산하고 있다. 국가별로 비교해 보면 1960년에는 일본을 제외한 모든 나라들이 비교적 높은 출산율을 보였으나, 1990년에는 한국과 싱가포르의 출산율이 각각 1.6, 1.8로 저하되고 있다. 같은 해 일본의 합계출산율은 1.5로 이탈리아에 이어 세계에서 두 번째로 낮은 출산율을 기록하였다. 중국과 태국도 계속 출산율이 저하되고 있고, 필리핀과 인도는 아직도 높은 출산율을 유지하고 있다.

<표 13- 3> 국가와 기간별 출산율 변화 추이

국 가	1960	1970	1980	1990	2000
한 국	6.0	4.5	2.7	1.6	1.6
일 본*	2.0	2.1	1.8	1.5	1.8
중 국	5.9	4.8	2.4	2.3	1.9
대 만	5.8	4.0	2.5	1.8	1.8
싱가포르	4.9	2.6	1.7	1.8	1.8
태 국	6.4	5.0	3.5	2.2	2.1
필리핀	6.6	5.3	4.7	3.9	3.1
인 도	5.8	5.4	4.8	4.1	3.3

* 1960~1990의 자료는 Japan Aging Research Center, Aging in Japan, p.19에서 인용.
자료 : U.N. World population prospects 1990, 1991. Taiwan Provincial Institute of Family Planning, unpublished paper.

국가별 출산율에 대한 미래 전망을 살펴보면 1995년에 전 세계의 평균 출산율은 3.0명이나 2010년에는 평균 출산율이 2.7명으로 줄어들 것으로 예측되고 있다(표 13-3 참조). 선진국과 개발도상국의 차이를 비교해 보면 선진국은 1995년에 평균출산율이 1.7명이었고 그러한 출산율이 2010년에는 약간 상승하여 1.8명이 될 것으로 예측되고 있다. 반면 개발도상국은 1995년에 3.4명이었으나 2010년에는 감소추세를 보여 2.8명 정도가 될 것으로 보인다. 국가별로 출산율을 비교해 보면 일본, 영국, 독일, 프랑스, 싱가포르, 대만에 비해 상대적으로 미국과 중국이 약간 더 높은 경향을 보이고 있다. 인도의 출산율은 여러 국가들 중 가장 높게 나타나 1995년에는 평균 출산율이 3.6명이었으나 2010년에는 2.6명 정도일 것으로 파악되고 있다. 한국은 1995년과 2010년 사이에 큰 변화가 있을 것으로 예측되고 있으며 평균 출산율이 1.2명 정도인 것으로 나타났다. 우리나라의 출산율은 과거에는 평균 5~6명이 보통이었으나 경제성장과 더불어 크게 감소하고 있다.

<표 13 4> 국가별 출산율

국 명	평균출산율	
	1995	2010
전세계	3.0	2.7
선진국	1.7	1.8
개도국	3.4	2.8
미 국	2.1	2.1
일 본	1.5	1.6
영 국	1.8	1.9
독 일	1.3	1.4
프랑스	1.7	1.9
싱가포르	1.7	1.8
대 만	1.8	-
중 국	2.0	2.1
인 도	3.6	2.6
한 국	1.7	1.2

자료 :「세계인구 전망」,「인구연감」, 「대만통계연감」, 유엔.

자녀에 대한 수요는 자녀의 가격과 실직소득에 의해 영향을 받는다. 소득이 증가하면 재화에 대한 수요가 증가하는 것이 일반적인 현상이다. 그러나 자녀수와 소득과는 부적인 관계를 보이고 있고 경제발전은 출산율을 저하시키고 있다. 개발도상국에서의 출산율이 선진국의 출산율보다 높은 것은 경제발전과 출산율과의 관계를 입증하는 현상이라 볼 수 있다.

이렇게 출산율이 감소하고 있는 현상에 대한 대안적 설명으로 피임혁명을 비롯한 여러 가지 가설들이 대두되고 있으나 베커는 출산율의 변화에 대한 가장 설득력 있는 설명은 자녀의 수와 질의 상호작용에 있다고 주장한다. 왜냐하면 그것은 자녀에 대한 가까운 대체재가 없는 상황에서 자녀의 수요가 가격과 소득에 민감하게 반응하기 때문이라는 것이다. 자녀의 수와 질은 각 가정이 보유하고 있는 소득수준과 부모의 시간가치에 의해 결정되므로 자녀수와 질 사이에는 불가분의 상충관계가 존재한다. 자녀수가 증가하면 질이 낮아지고 자녀수가 감소하면 질이 높아진다. 왜냐하면 자녀에 대한 수요는 각 자녀의 고정비용과 소득수준에 의해 영향을 받기 때문이다. 자녀의 고정비용은 임신과 출산에 사용된 시간, 지출, 불편함, 출산에 따르는 고통과 위험, 직장과 가정간의 시간분배에 대한 갈등 등과 정부의 자녀보조, 임신과 출산을 피하는데 드는 비용, 그리고 그 외 자녀를 키우는데 수반되는 다른 모든 심리적인 지출과 금전적 지출을 포함한다.

자녀의 수와 질의 강한 부적관계는 여러 실증적인 예에 의해 확인되고 있다. 예를 들면 지난 150년에 걸쳐 유대인은 인적자본에 더 많이 투자해 왔고 최근 수십 년간 더 높은 소득수준을 누리고 있다. 그러나 유대인의 평균 가족수는 다른 민족에 비해 적다는 것은 잘 알려진 사실이다. 19세기 초 플로란스 지방에서의 유대인 출산율은 평균 출산율보다 47%나 낮았다(Livi-Bacci, 1977). 유대인 가족의 높은 교육 성취율과 낮은 출산율은 자녀수에 비하여 질에 투자한 한계수익률이 높았기 때문이라는 것을 말해 준다.

미국에서 흑인의 출산율은 백인의 출산율보다 월등히 높은 반면 흑인은 백인에 비해 교육, 건강, 기타 투자에 대한 수익률이 상대적으로 낮았고 그로 인해 투자를 적게 해 왔다. 자녀수와 질의 상호작용에 의하면 흑인의 높은 출산율은 빈약한 투자기회에 대한 반응이라 볼 수 있다. 최근 들어 흑인에 대한 사회적 기회가 향상되면서 과거보다 더 많이 투자하고 있고 백인에 비해 출산율도 점차 감소하는 추세를 보이고 있다.

자녀수와 질의 상호작용은 농촌지역과 도시지역의 출산율에서도 명백하게 나타난다. 전통적으로 농촌의 가족수가 도시의 가족수에 비해 더 많았을 뿐 아니라 농촌에서는 각 자녀당 투자도 적게 해 왔다. 경제발전의 초기단계에서는 도시지역 자녀의 교육과 다른 투자에의 수익률이 상승하는 경향이 있으므로 이들 도시가족들로 하여금 자녀의 질의 한계비용을 낮추고 양보다 질을 더욱 지향하게 한다. 그러나 경제발전이 계속되면서 농업이 기계화되고 복잡해짐으로 인해 인적자본에 대한 수익률은 농촌에서도 상승하고 있다. 따라서 경제적 상황이 좋아질수록 농촌에서도 자녀의 수보다는 질을 지향하게 된다. 더욱이 여러 선진국에서는 도시에서 보다 농촌에서 자녀의 경제적 가치가 더 증가하는 추세로 인해 오늘날 농촌의 출산율은 도시의 출산율 이하로 감소하고 있다.

교육수준이 높은 여성보다 교육수준이 낮은 여성이 자녀의 수에 대한 수요가 상대적으로 더 적으므로 질과의 상호작용을 고려할 때 교육수준이 높은 여성은 그들 자녀의 교육과 다른 훈련 등에 더 많이 투자하려는 동기가 강하게 작용할 것이다. 실제로 여러 조사에서 자녀교육과 어머니의 교육수준이 정적인 관계를 가진다는 결과를 보여 주고 있는데 이러한 결과는 그 인과관계가 어머니의 교육으로부터 자녀교육으로 연결된다는 것을 증명해 주는 것이라 볼 수 있다. 그리고 자녀와 어머니의 교육수준과의 관계는 자녀의 수와 질간의 상호작용을 고려한 방식으로 설명되어야 한다는 것을 시사하고 있다.

국가의 경제발전은 소득증가 뿐 아니라 교육을 비롯한 다른 인적자본에 대한 투자수익률을 증가시킴으로 인해 출산율과 자녀의 질에 직접적인 영향을 미친다. 소득수준의 증가는 자녀의 질과의 상호작용을 통해 출산율을 감소시킬 수 있으므로 질에 대한 높은 수익률과 함께 하는 소득증가는 출산율을 크게 감소시킬 수 있다. 가족투자에 대한 수익률의 구조적 차이는 저개발 국가에서는 부유한 가족이 빈곤한 가족보다 더 많은 자녀를 가지게 하는 반면 선진국에서는 부유한 가족이 빈곤한 가족보다 더 적은 수의 자녀를 가지게 한다는 점을 시사한다.

14장 자녀의 기회와 가족간의 이타주의

1. 가족배경과 자녀의 기회

자녀의 복지는 자녀에 대한 투자, 가족의 평판과 가족간의 관계, 유전적 계승 및 특정한 가족문화에 의해 전승된 가치와 기술에 의해 결정된다. 가족배경이 좋은 자녀는 그들에게 투입된 부가적인 시간과 보유하고 있는 우수한 문화 및 유전자로 인해 그들 역시 성공할 개연성이 높다. 친형제 자매간에도 잠재적 경제능력이 다를 수 있다. 왜냐하면 같은 부모에 의해 태어났다 할지라도 그들은 서로의 운이 다르고 각자의 능력, 취약점, 인성, 성별 등에 따라 부모가 자녀에게 투자하는 동기와 정도가 다르기 때문이다. 부모가 딸보다 아들을 선호한다거나 능력이 있는 자녀와 능력이 없는 자녀를 구별하여 투자에 차이를 둘 경우 자녀들은 각기 다른 기회와 능력을 가지게 된다.

부모가 자녀에게 많은 자원을 투자하고 또 다양한 기회를 부여하기를 열망하는 이유는 자녀의 질을 높이기 위함이며, 자녀의 질에 대한 투자와 지출은 그 자녀 자신에게도 인적자원을 형성하는 것일 뿐 아니라 모든 다른 가족구성원을 이롭게 하는 가족자본을 형성하는 것이기도 하다. 자녀의 질과 성공은 부모의 성공과 아주 밀접한 관계에 있으며 자녀의 질에 대한 투자와 지출은 모든 구성원을 이롭게 하는 외부효과를 갖기 때문에 가장은 가족자본 형성과 관련된 모든 지출을 계획하고 조정하며 통제한다.

1) 빈곤가족의 투자기준과 효율성

빈곤가족이 자녀를 위해 인적 자본에 투자할 경우 부모는 그들이 투자하는데 있어서 공평성을 따를 것인지 효율성을 따를 것인지를 두고 갈등을 겪게 된다. 이때 빈곤가족이 투자에 대한 기준을 공평성에 둘 경우에는 제한된 자원을 모든 자녀들에게 고루 분배하고자 할 것이다. 그러나 효율성이 공평성보다 더 중요하다고 판단될 경우에는 여러 자녀들 중 상대적으로 능력이 더 뛰어난 자녀에게 집중적으로 투자할 것이다. 실질적으로 대부분의 빈곤가족들은 공평성보다는 효율성에 초점을 맞추는 경향이 있다. 이러한 투자경향으로 인해 형제자매들간의 소득의 불균형은 부자보다 가난할수록 더 작고 총임금에 대한 불균형은 가난한 가족일수록 더 크다.

공평성과 효율성과의 갈등은 재능이 있는 자녀가 이타적이고 또 그 자녀가 자기 형제들의 복지에 많은 관심을 가질 때 감소된다. 이런 경우 빈곤가정의 자녀들은 재능이 있는 형제와 함께 부유해 질 수 있다. 또한 빈곤가족은 다른 자녀의 편익을 희생시키지 않고도 능력이 있는 자녀에게 더 많은 자원을 투자함으로 효율성을 얻을 수 있을 것이다. 왜냐하면 능력이 있는 자녀는 그들이 성인이 되었을 때 자발적으로 자원을 다른 형제에게 이전해 줄 수 있기 때문이다. 경제이론도 공평성보다는 효율성이 자원을 극대화하는 방안이라는 점과 빈곤가족은 자녀에게 물적 자본보다는 인적 자본에 더 많이 투자할 것이라고 가정한다. 이러한 가정에 대한 실증적인 증거로 부유한 가정 뿐 아니라 특히 경제적으로 어려운 가정에서 능력이 있는 형제가 다른 형제보다 교육을 더 많이 받고 소득 또한 더 높다는 것에서 찾아볼 수 있다.

2) 남아선호와 자녀에 대한 투자

전통적으로 경제발전이 뒤떨어진 사회일수록 부모가 딸보다 아들을 더 선호한다는 것은 널리 알려진 사실이며 신념이기도 하다. 따라서 부모는 딸보다 아들교육에 더 많이 그리고 더 집중적으로 투자하는데, 이러한 경향은 선진국보다 후진국에서 더 보편적이다. 아들이 없는 가족보다 딸이 없는 가족이 부가적인 출생을 줄이기 위해 더 많은 노력을 하고 또 부모는 여아보다 남아가 사망한 후에 임신하는 경향이 더 높다. 만약 어떤 사회가 딸보다 아들을 더 선호한다면 아들을 잘 낳는다고 알려져 있거나 혹은 잘 낳을 수 있는 소선을 갖춘 사람은 결혼시장에서 더 높은 자본이전 또는 더 높은 소득을 받을 수 있을 것이다. 그리고 이들은 더 빨리 결혼하도록 유도되며 또한 이들이 미망인이나 이혼녀라면 재혼도 더 빨리 하도록 권유된다.

아들을 낳을 확률은 이전의 결혼에서 태어난 자녀 가운데 아들의 비율 또는 부모, 형제, 조부모 및 다른 가까운 친척이 낳은 아이 가운데 아들의 비율로부터 예측할 수 있다. 오랜 세월동안 여성은 아들을 낳지 못할 때 이혼을 포함한 여러 가지 불이익을 당해 왔다. 남성은 첫 번째 부인이 아들을 낳지 못할 경우 다른 부인을 얻어 아들을 낳기도 하였는데 이러한 현상은 대부분의 결혼시장이 아들출산 성향을 가진 여성에게 더 높은 소득을 보장한다는 것을 반영한다. 이란의 소라야 여왕이나 영국의 앤 여왕도 아들을 낳지 못해 축출당하는 불운을 맞았던 여성들이다. 우리나라에도 정실부인이 아들을 낳지 못하면 씨받이라 불리 우는 여성을 계약 고용하여 아들을 낳았으며 그 과정에서 얽힌 불행한 사건도 많았다. 남아선호사상은 오늘날까지도 강하게 남아 있으며 최근에는 남아에 비해 여아의 수가 절대적으로 부족한 성비불균형이 현상이 생기는데도 불구하고 아직도 많은 사람들이 딸보다는 아들을 더 낳고 싶어한다.

만약 아들이 가문 또는 사업계승에 필요하다면 문제는 더 심각해지며 이런 경우 아들이 없는 남성은 두 번째 혹은 세 번째 부인을 맞아 들여 계속 아이를 낳고자 한다. 영국은 17세기까지 모든 재산을 장자에게만 상속하도록 법제화했으며, 우리나라에서도 최근의 가족법이 개정되기 이전까지 아들을 중심으로 재산이 상속되도록 되어 있었고 아들 중에도 특히 장자상속이라는 명분으로 장자에게 더 많은 자산이 분배되도록 되어 있는 것을 볼 때 재산상속법이 딸에 비해 아들 쪽으로 기울어 왔다는 것을 알 수 있다. 그리고 교육을 비롯한 인적 자본에 대한 투자의 기회도 딸보다는 아들에게 더 많이 주어졌다. 이와 같이 사회가 전반적으로 아들을 선호하는 분위기이고, 자녀에 대한 투자의 경제적 효율성이 딸 보다 아들 쪽이 더 크다면 부모는 당연히 아들에게 더 많은 인적·물적 기회를 제공하여 투자에 대한 효용을 극대화 하고자 할 것이다.

3) 출생순서와 가족 간의 역학관계

설로웨이(Sulloway, 1997)는 그의 저서 "타고난 반골 (Born to Rebel)"에서 가족간의 역학관계가 자녀의 능력이나 자질에 어떠한 영향을 미치는지에 대해 설명하고 있다. 그는 종교개혁이나 프랑스혁명, 진화론, 코페르니쿠스의 지동설, 뉴턴의 만유인력, 아인슈타인의 상대성 이론 등 인류 역사를 획기적으로 바꾼 사건이나 이론들이 제기될 때마다 사람들은 양분되어 치열한 논쟁을 벌였고 때론 사람들이 죽기도 하였는데, 이런 혁명적인 상황에서 어느 편에 서느냐 하는 것은 가족 내의 출생순서에 따라 크게 좌우된다고 주장한다.

설로웨이는 지난 5 세기동안 일어난 26건의 역사적 사건들을 대상으로 역사 속의 과학자 및 정치가 6천명 정도를 대상으로 장남과 비장남으로 구분해 출생순서에 따라 상황적 행동유형을 분석하였다. 그 결과 혁신적인 아이디어를 내놓거나 혁명적 사건을 일으킨 사람들은 거의 장남이 아니었으며 그런 사건이 일어날 때마다 선두에 섰던 사람 역시 대부분 장남이 아니었다. 이러는 결과는 장남보다는 장남이 아닌 사람들이 혁신이나 사회변화에 좀 더 개방적이었다는 점과 같은 부모 밑에서 성장했고 비슷한 가족환경 속에서 생활했다 할지라도 형제간 서열에 따라 사회적 상황에 각기 다르게 대응했다는 점을 설명해 준다.

그러면 이렇게 자녀들마다 성향이 크게 다르게 형성되는 이유는 무엇인가? 그 이유는 형제간들이 부모의 이타심과 부모가 제공하는 인적자원과 물적자원을 서로 많이 확보하기 위해 치열한 경쟁을 벌이기 때문이라는 것이다. 일반적으로 부모의 애정을 확인하고 확보하는 전략은 장남인 경우와 장남이 아닌 경우가 판이하게 다른 양상을 보인다. 장남인 경우는 동생들에게 '대리부모'의 역할을 자처하고 나서는 것이고, 그런 역할을 일찌감치 장남에게 빼앗겨버린 동생들은 가족구성원에게 붙임성을 보임으로써 가족 내에서 자신의 위치를 효율적으로 확보하려 한다. 이러한 역할의 차이로 인해 장남들은 대체로 지배적, 공격적, 보수적, 야심적이며 질투심 또한 강하다. 반면 장남이 아닌 사람들은 가족 내에서 장남에게 빼앗긴 역할을 새롭게 찾기 위해 관심 분야를 사회로 확대해 나간다. 따라서 위험에 직면했을 때 그 위험에 맞서 정면으로 도전해 보겠다는 의지도 장남보다는 차남들이 더 강하다. 그러나 장남 아닌 사람들은 장남인 사람들보다 다른 사람의 엄격한 리더십을 잘 참아내지 못하는 경향이 있다.

다윈의 '종의 기원'이 발표되기까지 1세기 동안 진화론에 대한 과학자들의 입장이 어떠했는가를 살펴보면 그때까지 과학자들 중에서 어떤 식으로든 의견을 개진했던 사람들 중 장남이 아닌 사람은 1백17명이었으며 이들 중 48%(56명)에 해당하는 사람이 진화론에 대해 호의적인 반응을 보였다. 그러나 이 기간에 자신의 의견을 표명했던 장남인 과학자는 1백3명이었으며 이들 중 진화론에 대해 긍정적인 의견을 개진했던 사람은 9명에 지나지 않았고, 대부분의 사람들은 '종의 기원'이 발표된 후 자신들의 생각을 바꾸었다. 종의 기원을 발표한 다윈 자신도 6형제 중 5번째였다. 갈릴레이, 뉴턴, 프로이드 등은 장남이었고 자신들의 기득권을 지키려고 그들의 권위에 도전하는 젊은 과학자들에게 상당한 불이익을 주었다는 뒷 이야기도 있다.

설로웨이는 차남효과(younger-son effect; 장남이 아닌 경우)에 대해 언급하였는데 이 이론의 주요 논점은 성격의 형성에서 출생순서 등과 같이 후천적 요인들이 차지하는 몫이 크다는 것과 형제들은 자신들의 입장에게 최적의 효과를 가져다주는 방안을 모색한다는 것이다. 가족은 구성원들은 자신들이 동질화하는 방향으로 서로 영향을 끼친다고 믿고 있으나 실제에 있어서는 가족 구성원들이 동질적 환경에 있지는 않다. 가족은 구성원들의 수만큼 다양한 환경들을 포함하고 있다. 부모는 자식들을 중립적 입장에서 대하지 않고 자식들은 부모의 관심과 사랑을 더 많이 차지하려고 노력한다. 이런 상황에서 연령이나 출생순서는 중요한 요인으로 작용하며 자녀의 성격형성에도 결정적인 영향을 미친다.

장남은 차남들 보다 상사의 기질이 강하고, 공격적이며, 지배적인 동시에 신중함과 위험을 회피하는 성향을 지니고 있다. 뿐만 아니라 권위를 존중하고, 관습에 충실하며, 더 양심적이고, 질투심과 복수심이 강하며, 고집이 세고, 남의 비위를 맞추는데 서툴고, 자신들의 잘못을 순순히 인정하지 않는다. 장남들은 장남이 아닌 사람들 보다 굳셈과 흔들리지 않는 엄격함이 있다. 예를 들어 1793년 프랑스의 국민공회는 루이 16세를 처형하기로 결의하였는데 그 결의에서 처형에 찬성한 사람들의 대부분은 장남들이었고, 관용을 주장한 사람들의 대부분은 장남이 아니었다. 그리고 처형을 주장하고 공포정치를 주도한 사람들의 굳셈의 정도는 관용을 주장한 사람들의 그것보다 훨씬 강하다. 장남들의 굳센 경향은 테러리스트 중 장남의 수가 훨씬 더 많다는 사실에서도 찾아볼 수 있다(복거일, 1996).

4) 자녀간의 차이에 있어서의 보상과 강화

자녀의 질에 대한 투자는 가족구성원 모두를 이롭게 하는 가족자본이되며 그러한 가족 자본은 외부효과를 갖는다. 따라서 만약 사회가 개인의 능력과 관련된 특성을 평가하고자 하나 직접적인 정보가 없어 전적으로 가족배경에만 의존한다면 가족은 값비싼 감독비용을 지불하려는 동기를 가지게 되며 각자는 가족의 평판을 높이기 위해 여러 가지 노력을 아끼지 않을 것이다. 그 이유는 가족 개개인의 능력과 평판이 모여 가족자본을 형성하게 되면 이렇게 형성된 가족자본은 서로에게 이익을 주기 때문이다. 가족의 평판이나 배경을 기준으로 개인을 판단하던 경향은 오랜 기간 지속되었으나 지난 몇 세기 동안 개인의 자질과 능력을 직접적인 방법으로 평가할 수 있는 기재(예를 들면 시험)들이 많이 개발되면서 그러한 경향은 점차 감소되고 있다.

일반적으로 자녀가 보유하고 있는 능력이나 강점 혹은 취약점은 자녀가 어릴 때 그리고 자녀에게 많은 투자를 하기 전에 파악되며 부모는 그들 자녀의 타고난 능력이나 자질을 충분히 예상할 수 있다. 그러나 자녀의 사회적 운(運) 혹은 시장 운은 자녀가 교육을 비롯한 여러 가지 인적 자본과 관련된 기술을 습득하여 사회생활을 하면서 드러나는 생산성과 그 생산성의 시장가격 및 생산요인의 변동에 의해 결정되는데 대개 부모는 그들 자녀의 사회적 운에 대해 많은 것을 알기 전에 투자를 해야 한다.

같은 부모의 자녀들이라도 서로 다른 능력과 자질을 가지고 태어나고 환경과 상호 작용하는 가운데 상이한 경험, 사건, 사회적 운을 만나게 된다. 만약 각 자녀의 능력과 자질은 다르나 동등한 양을 투자할 경우 한계수익률은 재능이 있는 자녀에게 투자할 때 더 높고 한계효용은 재능이 없는 자녀에게 투자할 때 더 높다. 그러나 한계수익률의 차이가 한계효용의 차이보다 크다면 부모는 재능이 있는 자녀에게 더 많은 인적 자본을 투자할 것이다. 그리고 부모가 각 자녀의 자질이나 사회적 행운과 불운을 미리 예견할 수 있다면 투자량을 적절히 조절하여 행운과 불운을 상쇄시키고 자녀에 대한 기회를 균등화시킴으로 인해 효율적인 배분을 통해 불균등을 감소시킬 수 있을 것이다. 그러나 자녀의 사회적 운에 대한 정보는 불확실한 면이 많기 때문에 자녀를 위한 투자는 자녀의 능력이나 투자에 대한 예상수익률 등에 따라 달라질 수밖에 없다.

만약 부모가 자녀들에게 제공하는 여러 가지 기회에 편애가 없고 그들 자녀들에 대해 중립적인 입장을 취한다면 자녀들 중 능력이 더 뛰어나고 운이 좋은 자녀에게 더 많은 자원을 투자함으로써 자녀간의 차이를 강화시킬 것인지 아니면 능력과 운이 별로 없는 자녀를 보상할 것인지에 대해 의문을 가질 수 있다. 중립적인 부모는 자녀의 성별, 출생순서, 기타 다른 특성에 관계없이 대체로 운이 없는 자녀에게 자산을 더 분배하여 충분히 보상하려 할 것이다. 왜냐하면 소득이 낮은 자녀의 한계효용이 소득이 높은 자녀의 한계효용보다 더 크기 때문이다.

2. 불평등과 세대간 이동

베커는 소득분배에 관한 분석과 논의는 같은 세대에서 다른 가족들간의 소득불평등(세대내 불평등) 뿐 아니라 한 가족내의 여러 세대간의 소득불평등(세대간 불평등)도 포함되어야 한다고 주장한다. 학자들마다 불평등에 대한 관점이 달랐기 때문에 사회학자들은 주로 세대간 불평등에 관심을 가졌고, 경제학자들은 세대내 불평등에 관심을 가졌다. 사회학자들은 조상의 역할을 강조하면서 불평등은 개인의 사회경제적 지위와 그 개인의 집안환경이나 사회계층 등과 같이 조상의 영향력에 의해 결정된다고 보았다. 그러나 경제학자들은 불평등이 개인의 타고난 운과 능력에 의해 결정될 확률이 크다고 가정하였고 한 가족내의 세대간 불평등 이전에 대해서는 간과해 왔다.

개인은 혼자가 아니라 몇 세대에 걸쳐 내려오는 전체 가족의 한 구성원이며, 가족구성원은 다음 세대로 이어갈 자녀를 출산하고 양육하며 보호하는데 기여한다. 중요한 의사결정은 가족의 연장자나 가장에 의해 이루어진다. 현세대는 그들의 소비수준을 미래세대의 지분까지 증가시킬 수 있으나 그들 자녀와 미래의 가족구성원의 복지를 위해 그렇게 하지 않는다. 이렇게 한 가족 내에서의 세대간의 연결은 부모로부터 자녀에게 이전되는 가족의 자질에 의해 유지된다. 그리고 부모는 자녀와 그 후손의 인적 자본에 최적투자를 하여 그들의 효용을 극대화시키고자 한다.

자녀의 소득은 부모로부터 인적자본과 물적자본을 받을 때 증가된다. 그들의 소득은 또한 그들의 가족환경에 의해 제공된 지식, 기술, 가치관, 목표, 혈통 등의 특성과 가족의 평판이나 연고 등에 의해 증가된다. 부모는 자신의 소득, 자녀의 자질, 그리고 자녀의 타고난 운과 사회적 운에 대한 기대치의 제약 하에서 그들의 효용을 극대화하며, 자녀의 균형소득은 그들의 타고난 능력과 사회적 운, 부모의 소득과 자질, 그리고 자질의 유전 정도와 부모의 자녀에 대한 투자성향 등에 의해 결정된다.

가계소득의 불평등과 세대간 이동은 운과 자질이나 자녀에 대한 투자성향 등과 같은 가족 관련변수들에 따라 상이한 균형수준에 접근해 간다. 또한 그 균형수준은 경제성장률, 조세체계, 예기치 않은 사건에 관한 예측, 소수에 대한 차별, 가족의 평판 등에 의해서도 달라질 수 있다. 예를 들면 조세체계가 진보적 성향을 띄면 가처분 소득의 불평등을 심화시킬 수도 있다. 또한 소수에 대한 차별은 그들의 소득을 줄일 뿐 아니라 그들 소득에 의존하는 가족배경의 효과도 감소시킨다. 이 장에서는 가족배경과 부모의 투자성향과의 관계에 대해 설명하고, 부모를 비롯한 가족원의 소득과 자질은 유전의 정도와 자녀에 대한 투자성향이 클 때 자녀와 그 후손의 소득에 현저한 영향을 미친다는 것을 보여 준다.

1) 소득에서의 균형불평등

기본적으로 모든 가족이 동질적 성향을 지니고 또 그러한 성향을 추구한다할 지라도 자질과 사회적 운의 정도가 각기 다르므로 소득도 불평등하게 분배된다. 어떤 세대의 소득불평등은 그 세대의 행운과 불평등에 의해 영향을 받을 뿐 아니라 그 이전 세대의 행운과 불평등에 의해서도 영향을 받는다. 사회적 운이 좋은 부모는 자녀에게 더 많은 투자를 하기 때문에 그 자녀의 소득증가는 그들이 다음 세대에서 자녀에게 더 많은 투자를 하게끔 하고 그러한 과정을 통해서 모든 후손이 최초의 행운으로부터 이익을 얻는다.

만약 각 개인이 성적인 결합 없이 혼자서 자녀를 낳을 수 있다면 모든 가족은 그들의 독특한 동질성을 무한히 유지할 수 있을 뿐 아니라 원하는 만큼 많은 세대에 걸쳐 지속할 수 있다. 그리고 성적인 결합을 통해야만 자녀를 낳는다할지라도 동일한 자질, 동일한 부모의 소득, 동일한 행운을 갖는 남녀가 결혼할 수 있다면 효과적으로 그들만의 동질성을 유지할 수 있다. 그러나 특성이나 배경이 동일한 남녀가 만나 결혼하고 자녀를 낳는다는 것은 개인의 특성과 자질에 대한 정보가 부족한 상황에서 쉽지 않다. 따라서 세대에 걸쳐 지속적으로 가족의 동질성을 유지하는 경우도 있지만 그렇지 않은 경우도 적지 않다.

능력이나 자질과 같이 타고난 운은 어린 시절의 경험과 유전적 계승에 의해 결정되는 고정효과(fixed effect)를 가지며, 그 효과는 일생동안 지속되는 경향이 있으나 사회적 운은 예측을 불허하는 부분이 많고 그 효과는 일시적이고 매번 변화한다. 그러면 타고난 행운과 사회적 행운 중 어느 것이 더 큰가에 대해 의문을 가질 수 있다. 만약 자녀를 위한 투자량이 수익률, 가계소득, 자질과 재능 그리고 행운에 대해 독립적이라면 유전과 투자는 상호작용하지 않고 소득불평등에 대한 타고난 불평등의 효과는 크게 감소하게 된다. 그러나 자녀를 위한 투자량은 수익률을 비롯하여 자질과 재능, 행운 등과 독립적이지 않기 때문에 투자와 유전은 상호작용을 한다. 그리고 부모는 투자량을 좀 더 많게 또는 적게 조절하여 자녀의 좋은 사회적 운과 나쁜 사회적 운을 상쇄시킬 수 없기 때문에 사회적 운의 값은 타고난 운의 값을 초과한다.

2) 세대간 이동

한 가족의 자산이나 사회적 지위가 세대를 거치면서 변동하는 것을 세대간 이동 혹은 엘리트의 순환이라 한다. 만약 동일 세대 내에서 서로 다른 가족들간의 불평등이 그리 크지 않다면 세대간에도 각 가족의 순위가 안정적일 것이다. 그러나 동일 세대 내에서 가족 간의 불평등이 크다면 세대간 가족 간의 순위가 상당히 불안전한 경향이 있다. 베커는 세대간 이동성의 중요한 결정인자는 부모의 자녀에 대한 투자성향과 유전의 정도라고 말한다. 유전의 정도와 자질의 크기는 인간유전에 대한 생물학적 작용에 의해 엄격하게 결정되는 것이 아니라 사회적 조직에 의해서도 영향을 받는다.

소수의 사회는 개인의 다양한 특성을 직접적인 방법으로 평가할 수 없기 때문에 주로 그들이 속한 가족의 평판에 의존한다. 그래서 가족은 그들의 자질에 대한 투자를 통하여 그 구성원의 특성을 조절하고 지도함으로써 그들 가족의 평판을 유지하고 또 더 높이려는 동기를 갖는다. 그러나 개방된 사회에서는 여러 가지 선별장치를 통해 개인을 직접적으로 평가할 수 있기 때문에 폐쇄된 사회에서처럼 가족의 자질이 크게 영향을 미치지 않는다. 미국과 같은 나라에서는 잘 사는 가족이나 사회적으로 크게 명성을 떨친 가족이 몇 세대를 거쳐 계속 되는 경우는 보기 드문데 이러한 현상은 부분적으로 그 사회가 개방된 사회라는 것을 의미한다. 성공적인 가족이 몇 세대를 거쳐 연결되는 경우는 중국이나 인도와 같이 폐쇄된 사회에서 좀 더 일반적으로 나타나는 현상이다.

부모의 효용함수와 가족소득 그리고 투자성향은 자녀의 수에 의해 영향을 받는다. 자녀수의 증가는 부모의 투자성향을 낮추게 되므로 자녀가 많은 가족은 자녀가 적은 가족보다 각 자녀에게 적게 투자한다. 미국은 백인가족에 비해 흑인가족이 자녀수는 더 많으나 인적자본 투자의 수익률은 더 낮기 때문에 백인가족에 비해 흑인가족의 투자성향이 낮다. 투자성향이 낮으면 균형소득 역시 낮으므로 부모의 소득변화가 자녀의 소득에 미치는 영향 또한 작아진다.

만약 형제 자매의 자질과 시장행운이 다르고 부모의 선호가 자녀에 대해 중립적이라면 부유한 가족은 능력 있는 자녀에게 더 강한 투자성향을 가지고 인적자본 투자를 많이 하는 반면 가난한 가족은 이들 가족에게 있어서 효율성이 형평을 지배하는 경우에만 능력 있는 자녀에게 인적자본 투자를 더 많이 하게 된다. 즉 빈곤가족의 부모는 효율성과 형평성 중 어느 것에 더 비중을 두느냐에 따라 그들 자녀의 소득불균형을 확대시킬 수도 있고 축소시킬 수도 있다. 자녀의 상대적 위치에 영향을 미치는 가족배경은 투자성향을 비롯한 여러 요인이 가족간에 많이 다를 경우 그 차이를 더욱 크게 한다. 예를 들어 자녀에 대한 투자성향이 낮은 가족은 후손들에게 적게 투자한 결과로 인해 그들 후손 역시 낮은 소득을 갖게 된다. 같은 맥락에서 높은 투자성향을 갖고 있는 가족은 부모 자신의 소비보다 자녀에 대한 투자를 위해 소득의 많은 부분을 사용하며, 이들 후손들은 많이 투자된 영향으로 평균이상의 소득을 갖게 된다. 이와 같이 부모의 자녀에 대한 투자성향은 세대간 이동성 뿐 아니라 세대내 소득수준에도 큰 영향을 미친다.

3) 결혼과 남녀의 결합유형

결혼시장 참가자는 다른 참가자와의 경쟁에 의하여 그들의 효용을 극대화시킨다. 만약에 각자가 모든 참가자의 특성에 관해 완전한 정보를 가지고 있다면 효율적인 결혼시장은 유사한 가족배경, 지능, 선호 등을 가진 사람과 결합시킬 것이다. 그러나 만약 참가자에 대한 정보가 불완전하다면 동질혼의 정도는 실질적으로 감소할 것이다. 유사한 가족배경이나 특성을 가진 사람과 결혼하는 경향이 있고 또 그러한 결혼이 효율성이 큰데도 불구하고 동일 가족의 세대는 다른 배경을 지닌 가족과 결혼하는 경우가 종종 있다. 이는 결혼시장에 참가한 남녀에 대한 정보가 불완전하기 때문이다. 가족배경을 비롯한 예측 가능한 특성들은 평가될 수 있지만 자질이나 시장행운 등은 쉽게 평가될 수 없는 요인들이며, 이 요인들에 대해 알려진 정보는 매우 불완전하다. 이렇게 결혼시장에서 고려되는 특성에 대한 정보가 불완전할 경우에는 동질혼의 정도를 줄이게 되는 반면 개선된 정보는 동질혼의 정도를 높인다.

여러 학자들은 동질혼이 세대내뿐 아니라 세대간의 사회적 불평등을 증가시킨다는 신념을 가지고 있다(Blinder 1976; Atkinson 1975). 플라토(Plato) 역시 동질혼이 불평등을 증가시킨다고 믿었기 때문에 남녀의 자질, 성격, 가족배경 등이 상이한 이질혼을 주장하였다. 즉 플라토는 모든 사람은 자신과 비슷한 부류를 원하는 성향이 있는데 그렇게 되면 사회적 자원 및 지위의 분배가 불평등해진다고 보았다(Becker, 1981 재인용). 그러므로 부자는 빈자와 권력을 가진 자는 그것을 가지지 못한 자와 결혼하도록 시도함으로써 자녀에게 결혼을 통해 갑작스러운 행운보다 평등의 가치를 더 심어주도록 해야 한다고 주장하기도 하였다. 그러나 동질혼의 증가가 사회적 불평등을 증가시킨다는 논의는 결혼의 생산성에 대한 동질혼의 효과를 간과하는 주장이다. 우리는 불완전한 동질혼이 투자성향과 유전의 정도 두 가지 모두를 감소시킬 수 있다는 것을 앞장에서 살펴보았다.

세대내 혹은 세대간 이동에 대한 사회학적 이론 중에 대표적인 것이 지위획득이론이다. 이 이론에 의하면 사회적 이동은 사회체계가 어느 정도 개방되어 있는가 혹은 폐쇄되어 있는가를 나타낸다. 성별에 따른 이동을 살펴보면 남성은 주로 직업을 통해 이동하는 반면 여성은 주로 결혼을 통해 이동하고자 한다. 여성은 결혼을 통해 상승 이동하고자 하는 경향이 강하기 때문에 배우자를 선택할 때 더 높은 학력을 소유한 사람, 혹은 더 많은 자산을 가진 사람을 선호한다. 그러나 의외로 여성의 결혼을 통한 이동이 실제로 보다 많은 하강이동이 발생한다는 의견도 있다. 다시 말하면 여성의 세대간 이동은 그녀 아버지의 직업적 지위로부터 그녀 남편의 지위에 따르는 것으로 설명되어 왔는데 이런 경우 하강이동이란 화이트칼라의 아버지로부터 블루칼라의 남편으로의 이농을 의미한다.

3. 가족간의 이타주의

이타주의는 가족 내에서 중요한 것으로 인식된다. 아담 스미드(Adam Smith)는 가족간의 이타주의와 관련하여 다음과 같이 말하였다.

> "모든 사람은 다른 사람의 쾌락과 고통보다는 자기 자신의 쾌락과 고통에 더욱 민감하다. 그의 가족원, 그와 함께 살고 있는 부모, 자녀, 형제자매는 당연히 자기 자신 다음으로 가장 따뜻한 애정의 대상이 된다. 그들의 행복과 불행은 당연히 그리고 대체로 그의 행동에 의해 가장 크게 영향을 받게 된다."

베커의 이타주의 이론의 요지는 가족구성원에 대한 사회적 상호작용에서 이기적인 가족구성원이 서로에 대해서 이타적으로 행동하려는 경제적 유인을 가지고 있다는 것이다. 가족간의 이타주의에 관한 논리는 가족들과의 관계, 자선행위, 인간관계, 질투와 증오 등에 대해 광범위하게 적용되는데, 경제학은 이타적인 행위결과를 탐구하기 위해 가족관계에 이 같은 경제이론을 적용하였다. 가족은 이타적인 부모에 의해 자녀들의 실질소득을 같게 하는 방식으로 자녀들에게 유산을 물려준다. 만약 한 자녀에 비해서 다른 자녀의 복지가 낮은 경우 부모는 모든 자녀들의 상황이 같아지도록 복지수준이 낮은 자녀를 보다 많은 사랑과 관심으로 대한다. 왜냐하면 부모는 자원을 배분하는데 있어 가족의 집합적 효용을 고려하기 때문이다.

1) 이타주의 효과

어떤 사람이 이타적이라면 그 사람의 효용함수는 다른 사람의 복지수준에 의해 영향을 받는다. 한 남성이 한 여성을 사랑하고 위해주는 마음은 그 여성을 행복하게 하고 그 여성이 행복하면 그 남성도 더불어 행복해 진다. 같은 맥락에서 사랑하는 사람이 불행하면 그도 같이 불행해 진다. 이타자는 다른 사람을 위하고 사랑함으로써 자신의 효용을 극대화하는데 효용측면에서 보면 이타자는 이타적이라기보다 이기적일지도 모른다. 이 말은 누구를 사랑하거나 누구에게 자신의 자원을 아낌없이 제공하는 이타적 행위도 궁극적으로는 그 이타자가 그 행위로부터 만족을 얻기 때문이다. 그렇지 않으면 이타적 행동은 수반되지 않을 것이다.

이타주의는 가족을 재난이나 불확실성으로부터 안전하도록 그의 가족원을 보호한다. 재난이나 불확실성으로 인해 가족소득이 감소할 경우 이타자는 자기 자신과 그의 수혜자의 소비를 적절한 수준으로 조절함으로써 소득감소의 효과를 분산하여 상쇄하도록 유도한다. 이와 같이 이타자는 소득감소로 인한 부분을 모든 가족들에게 고루 부담하게 하여 가족의 유대와 안전을 확보한다. 그리고 이타적인 가족은 이기적인 가족보다 가족소득의 변화가 적을지도 모른다. 왜냐하면 이타적인 가족은 개인의 이익보다 가족공동체의 이익을 우선하므로 가족원 각자가 소득수준에 부정적인 변화를 초래 할 수 있는 상황을 미리 방지하기 때문이다.

이타자는 가급적이면 그의 가족소득을 증가시키는 방향으로 행동한다. 가족소득은 이타자의 소득과 수혜자의 소득 모두를 합한 것이므로 만약 어떤 행동의 결과가 이타자의 소득은 증가시키나 수혜자의 소득은 감소시킨다면 이타자는 자신의 소득을 증가시키는 행동을 삼가고 수혜자의 소득을 증가시킬 수 있다면 기꺼이 그의 소득을 낮추고자 할 것이다. 예를 들어, 한 부부가 있는데 남편이 이타자이고 아내가 수혜자인데 두 사람이 직장이동을 해야 하는 경우를 가정해 보자. 남편은 직장이동으로 소득이 더 높아지는 반면 아내의 소득은 크게 낮아진다면 이타자인 남편은 그가 더 높은 소득을 받을지라도 다른 지역으로 이동하지 않을 것이다. 그러나 그의 소득 증가분이 아내의 소득 감소분 보다 더 크다면 이동하는 쪽을 택하는 것이 합리적이다.

이기적인 수혜자는 이타자가 다소 희생하더라도 그의 효용을 증가시킬 수 있다면 그렇게 할 수 있을까? 이에 대한 대답은 만약 이기적인 수혜자가 자신의 효용을 극대화할 수 있다면 그렇게 한다는 것이다. 그리고 이기적인 수혜자는 이타자의 소득과 관계없이 그 자신의 소득증가를 위한 모든 행동을 취할 것이며 소득감소의 원인이 되는 행동은 삼가 할 것이다. 이타적인 기부자와 이기적인 수혜자의 관심은 동일하지 않다. 이기적인 수혜자는 이타자가 기꺼이 기부하려고 하는 것보다 더 많은 기부를 원한다. 이기적인 수혜자는 가족소득이 극대화되기를 원하며 자기이익을 위해 이타자에게 이타적인 행동을 하도록 충분한 동인을 제공하고자 한다. 달리 표현하면 이타주의의 근원인 사랑은 경제적으로 부족한 자원인데 이 부족한 자원이 사용되는데 있어서 이기적인 수혜자는 그 자신을 보호할 뿐 아니라 마치 그가 그의 이타자를 배려하고 보호하는 것처럼 행동하도록 유도한다. 이러한 분석은 이타자와 수혜자간의 상호작용에 적용되어 이기적 자녀의 행동에 관한 논리(Rotten Kid Theorem)로 정리된다. 이 논리는 가족행동의 효율성, 노동분담, 그 밖의 많은 측면에 대해 시사하는 바가 크다.

이기적인 수혜자는 자신의 소득증가가 그의 이타자로부터의 기부보다 더 많다면 가족소득을 희생하더라도 기꺼이 그 자신의 소득을 증가시키고자 할 것이다. 만약 수혜자 역시 이타적이고 그의 효용함수가 이타자의 복지에 달려있다면 이타자와 수혜자가 추구하는 바가 같아지므로 개별 극대화(individual max- imization)를 형성하기보다 두 사람의 효용을 모두 결합하는 공동 극대화(joint maximization)가 형성된다.

2) 이타주의와 질투

이타자는 자녀, 배우자, 부모, 형제자매 등 여러 명의 수혜자들과 가족관계에 있다. 이타자는 자신의 소득이나 소비와 수혜자의 소득이나 소비를 극대화함으로써 자신의 행동이나 결정이 다른 수혜자에게 미치는 모든 외부적 효과를 내면화한다. 그리고 비록 수혜자가 매우 이기적이라 할지라도 이타자의 반응에 따라 수혜자 각자는 자신의 행동이 이타자의 소득과 소비에 미치는 효과를 내면화하는 행동을 취한다. 베커는 가족간의 이타주의와 질투가 이타자와 수혜자간에 어떻게 작용하는지를 설명하기 위해 사회적 상호작용이란 이론을 정립하였다. 이 이론은 이기적 자녀의 행동에 관한 이론(Rotten Kid Theorem)으로 개념화되는데 뒷받침이 되었다. 이 이론은 가족구성원간의 상호작용에서 가끔 이기적인 구성원들이 서로에 대해서 이타적으로 행동하도록 자극하는 유인을 지니고 있다는 것을 설명해준다. 이기적 자녀의 행동에 관한 논리를 예로 들면 다음과 같다.

[예 1] 형이 동생에게 어떤 피해를 주는 행위를 한다고 가정하자. 이런 경우 부모는 동생의 소비보다 형의 소비를 더 줄이려 할 것이므로 형의 복지수준은 하락한다. 따라서 형은 그러한 행동을 취하지 않으려는 동기를 내면화하게 된다. 만약 형의 행동이 동생의 소득을 증가시키는 결과를 가져올 거라고 처음부터 예측할 수 있다면 형은 애초에 그러한 행동을 하려 들지 않을 것이다. 왜냐하면 부모는 형의 소득감소분 보다 더 많은 소득을 동생에게 기부할 뿐 아니라 동생이 형에게 피해를 당함으로 인해 복지수준이 크게 감소되었음을 안 부모는 그들의 관심과 사랑을 형에게서 동생에게로 전환하기 때문이다.

[예 2] 가족구성원들 가운데 누이의 보석을 훔치려고 하는 이기적인 아이가 있고 보석을 훔치는 것은 경제적으로 비효율적이라고 가정하자. 이 행위가 경제적으로 비효율적이라고 가정하는 이유는 이기적인 아이가 보석을 가지고 있는 것이 누이가 가지고 있는 것보다 더 작은 가치를 지닐 수 있으며 또한 어떤 보석은 그들이 서로 차지하기 위해 다투는 과정에서 잃어버리거나 훼손될 수 있기 때문이다. 결론적으로 이기적인 아이

는 누이의 보석을 훔치는 행위를 자제할 것이다. 왜냐하면 부모에게 발각되면 그에 상응하는 벌을 받게 되기 때문이다. 그리고 설령 발각될 염려가 없다하더라도 이기적인 아이는 훔치려 들지 않을 것이다. 그 이유는 부모가 이를 보상하기 위해 누이에게 물적인 자원을 제공할 뿐 아니라 심리적 보상의 일환으로 부모가 자신에게서 누이에게로 사랑과 관심을 돌리기 때문이다.

이기적인 자녀의 행동에 관한 이론은 가족 내에서의 질투가 효과적인 이타주의에 의해 징계되거나 통제되지 않을 때 훨씬 더 큰 피해가 야기될 수 있다는 점을 시사한다. 이기적인 자녀는 그의 부모로부터 좀 더 많은 기부를 원하고, 이기적인 남녀는 배우자로부터 더 많이 받기를 원하며, 또한 질투가 많은 자녀나 배우자는 그의 형제자매나 남편의 가족들(그리고 일부다처 사회에서는 남편의 또 다른 아내)에게는 더 적게 기부하기를 원한다. 아이는 좀 더 많은 이유식을 얻기 위해, 체벌을 안 받기 위해, 그리고 부모가 그들에게 더 많은 돈과 시간, 노력 등을 투자하도록 하기 위해 울거나 칭얼거리며 부모의 관심과 사랑을 유도한다.

가족소득의 분배에 관한 이러한 갈등은 소득의 생성에 관한 갈등과는 근본적으로 다른 점을 지니고 있다. 이기적인 자녀의 행동에 관한 이론은 이기적이고 질투가 많은 자녀나 배우자조차도 생산활동이나 소득의 생성에 관련된 부분에 있어서는 이타적인 결정을 내리거나 그러한 행동을 취한다는 것을 반영한다. 그러므로 이타적인 사람도 있고 이기적인 사람도 있는 가족은 완전한 조화만 있는 것도 아니고 항상 갈등 속에 있는 것도 아니다. 다만 "생산상의 조화와 분배상의 불화가 존재"한다. 물론 가족 중에 좀 더 많은 사람이 이타적일 경우 분배상의 불화는 적지만 생산상의 조화는 좀 더 강한 경향을 보인다.

자녀의 행동에 관한 논리와 이타주의는 다음의 두 가지 점을 시사한다. 첫째, 부모가 재능이 적은 자녀에게는 좀 더 많은 물적자산을 제공한다는 점이다. 그리고 부유한 부모가 자질이 부족한 자녀에게 증여의 형태로 보상하는 경우도 같은 맥락에서 이해될 수 있다. 일반적으로 유산은 능력이나 자질이 부족한 자녀에게 더 많이 주어지는 경향이 있다. 둘째, 이타자는 이기적이고 질투가 많은 가족에게 보복하려 하진 않지만 가족의 소득변화에 대해 자동적으로 반응할 것이다. 유산을 예로 들면 이타자는 죽을 때까지 혹은 죽고 난 뒤까지 유산에 의해 이기적인 가족원이 이타적으로 행동하도록 할 수 있다.

3) 가족효용함수

이타적인 가족은 가족소득의 분배에 관계없이 모든 가족원이 자발적으로 극대화하는 가족효용함수[3]를 지니고 있다. 사무엘슨은 가족원 개개인의 개별적 효용함수를 통합한 가족효용함수와 연계시켜 가족사회복지함수(family social welfare function)에 대해 언급하였다. 그는 만약 가족들 각자의 지출이 윤리적으로 동등한 가치를 유지할 수

3) 효용(utility)이란 개인의 행복을 측정하는 단위이다. 개인은 생활하면서 여러 요인들로부터 행복 또는 불행을 느끼는데, 이러한 요인들을 묶음으로 나타내고 그러한 묶음의 단위가 변할 때 개인의 효용수준도 증가하거나 감소하는 관계에 수치를 부여하여 나타낸 것을 효용함수(utility function)라고 한다. 개인에게 효용을 주는 요인들의 관계를 함수로 나타낸 것은 개인효용함수이고 가족원 각자의 효용함수가 통합된 것이 가족효용함수이다.

있도록 소득을 최적으로 분배한다면 가족 전체의 행동을 극대화하는 집단선호함수를 무차별 곡선으로 유도할 수 있다고 말한다. 여기서 최적분배라는 것은 자원이 자발적인 이타주의에 의해 분배된 것을 말하며 대체로 집단선호함수는 이타적인 가장의 선호함수와 동일하다. 사무엘슨은 만약 집단선호함수가 가장의 함수와 같다면 그 가장은 가족들을 주도할 수 있는 능력을 가지고 있다고 본다.

가족효용함수는 상호 작용하는 이타주의의 정도에 적절한 제약이 가해지게 될 때에도 여전히 존재한다. 그리고 부모가 아무리 이타적이라 할지라도 때로는 어린 자녀의 효용함수를 인정하려 들지 않는다. 그 이유는 부모가 생각할 때 자녀가 아직 어릴 경우에는 그 자녀가 본인에게 유익한 것이 무엇인지를 알지 못한다고 믿기 때문이다. 다시 말하면 부모는 어린 자녀의 기본적 효용함수는 인정하지만 그 자녀가 가계생산함수에 관해서는 잘 알지 못한다고 생각하기 때문에 자녀가 추구하는 효용극대화를 신임하지 않는다.

부모는 자녀가 더 오랜 시간동안 공부하기를 원하고, 부모가 보기에 좋지 않다고 판단되는 친구와 사귀는 것을 통제하며, 자녀가 행하는 것보다 더 복종하기를 원할지도 모른다. 부모는 자녀가 더 많은 교육을 받고 필요한 경험을 쌓을 때까지 자녀의 행동과 결정 그리고 자원을 관리하는 부분까지 제약을 하고자 한다. 그러나 자녀들은 자신들이 무엇을 해야 하고 어떻게 자원을 관리해야 하는지를 충분히 알고 있다고 생각한다. 그리고 그들은 부모와 자식간의 세대간 마찰의 주된 원인은 격변하는 사회에서 부모가 사회의 중요한 변화를 인식하지 못하기 때문이라고 생각한다. 이러한 마찰은 자녀가 성장할수록 약화된다. 왜냐하면 부모는 자녀가 성장하면 스스로 판단할 수 있는 능력이 있고 또 자원을 효율적으로 관리할 수 있다고 믿기 때문이다. 이타적인 부모는 자녀가 성장하면 경제적 규모 내에서 그 자녀가 바라는 대로 쓸 수 있는 자산을 기꺼이 기부한다.

어떤 경우에는 부모가 이타적이거나 또는 그들 스스로 좀 더 많이 알고 있다고 생각하기 때문이 아니라 그들 내면에 자녀와 경쟁하려는 마음이 있거나 자녀가 이룬 성취로부터 명예를 얻고자 하는 이기적인 이유로 인해 부모는 자녀가 원하는 것과는 달리 부모가 원하는 대로 행동하기를 요구한다. 이렇게 이기적인 부모와 자녀로 구성된 가족은 가족공동의 효용함수가 존재하지 않으며 가족원 각자는 각각의 효용함수를 극대화하게 된다. 이러한 가족에서의 갈등은 이타적인 가족에서의 갈등보다 더 심각하며, 갈등의 유형 그 자체는 질투가 많은 가족에서의 갈등과 유사하다.

4) 가족에서의 이타주의와 시장에서의 이기주의

시장에서의 보편적 사고는 이기주의이고 가족에서의 보편적 사고는 이타주의이다. 그러면 왜 같은 사람이 가족에게는 이타적이고 시장에서는 이기적인가? 이에 대해 베커는 경제적 효율성의 개념으로 설명하고 있다. 즉 이타주의가 시장에서는 덜 효율적이지만 가족 내에서는 더 효율적이므로 시장거래에서보다 가족 내에서 더 보편적이다. 아담 스미드를 비롯한 여러 학자들도 이기주의가 시장에서 더 우세하다는 것을 피력하였다. 그러나 이들은 베커처럼 이타적인 행동과 이기적인 행동이 시장거래에서 경쟁할 때 벌어지는 상황에 대해서는 설명하지 않았다.

만약 이타주의로 인해 비용보다 적은 값으로 상품가격을 정하여 몇몇 고객에게 판매하는 기업이 있다고 가정하자. 이런 경우 고객은 기업의 이타주의로 인해 가격이 내린 만큼의 금전적 이득을 보게 되고 소비자 잉여가 형성되어 효용이 증가한다. 반면 기업의 이윤은 가격을 내린 만큼 감소하는데 그 감소분이 고객이 얻는 금전적 가치를 능가한다. 이번에는 모든 고객이 같은 가격으로 값을 지불하되 그 대신 현금선물(cash gift)을 부여한다고 가정하자. 이런 경우 기업과 소비자는 이윤에 있어서 똑같은 감소로부터 좀 더 큰 효용을 얻는다. 이 두 종류의 가정을 분석한 결과가 시사하는 점은 고용인에게 높은 임금을 지불하기 보다 현금선물이 더 효율적이라는 것이다. 즉 기업이 이타주의를 전하기 위해 시장거래를 이용하는 것 보다 현금이전을 실시하는 것이 더 효율적이라는 것을 나타낸다. 그리고 효율적인 시장참여자는 시장거래와 연결되지 않은 현금이전을 통해서 그의 이타적인 마음을 표현한다.

위의 논점은 자녀와 친척을 고용하는 가족기업에도 적용된다. 이기적 자녀의 행동에 관한 이론에 의하면 자녀나 친척이 다른 고용인보다 기업의 이익을 더 고려할 것이고 기업의 생산성을 저하시키거나 해가 되는 회피, 사기 등의 행동을 삼가 할 것이다. 더구나 기업주는 자신이 이타적이지 않을지라도 여전히 다른 사람보다 친척을 고용할지도 모른다. 왜냐하면 그들이 가지고 있는 친척에 대한 기술, 성격, 자산 등에 대한 정보가 타인보다 더 정확하기 때문에 불확실한 정보로 인해 발생할 수 있는 인적·물적 비용을 줄일 수 있기 때문이다. 극단적인 예로 친척이 갑자기 잘 살게 된 경우 기업을 상대로 자원을 빼 돌렸거나 기타 여러 방법을 동원해 도둑질 한 결과로 인한 것은 아닌지를 탐지하기 위해 기업은 확보된 정보를 이용할 수 있다. 기업은 보너스나 현금이전을 실시하여 고용인에게 실제로 그가 받을 수 있는 것보다 더 많이 지불하는 이타적 행동을 보여주기도 한다. 비록 이타주의가 시장에서 비효율적이라 할지라도 규모가 적은 가족기업이 농업이나 서비스업을 비롯한 여러 분야에서 성공한 것을 보면 나름대로 작용한다고 볼 수 있다.

수혜자에게 제공하는 기부는 수혜자의 수가 증가함에 따라 궁극적으로 감소한다. 이기적인 수혜자는 기부가 적을 때 이타자의 이익을 덜 고려하는 경향이 있는데 이로 인해 수혜자의 수가 많은 집단의 이타적인 보스는 그의 수혜자가 집단의 규칙에 위배되는 행동을 할 경우 즉시 기부를 중단한다. 전문화된 투자와 노동분담에 의한 규모의 경제성은 가족보다는 기업의 경우에 더 중요하기 때문에 대가족에서보다 대기업에서 훨씬 더 보편적이다. 따라서 이타주의는 수혜자의 수와 규모가 작은 집단에서 더 효율적이므로 기업보다 가족에서 더 보편적이다. 이타주의가 가족에서 더 보편적인 현상은 가족의 규모가 작고 가족구성원간의 상호작용의 교류가 더 많기 때문이기도 하지만, 배려나 사랑을 지닌 결혼이 배우자를 고르는 균형 조건의 일부이기 때문이기도 하다. 따라서 이타주의가 존재하는 결혼은 이기주의가 존재하는 결혼보다 더 효율적이고 생산적이다.

이타적인 부모는 이기적인 부모보다 자녀를 더 많이 두지 않을 수도 있다. 그러나 이타적인 부모의 효용은 자녀에게 투자를 많이 한 결과 자녀에게 생성되는 투자수익으로 인해 증가하기 때문에 그들 자녀의 질이나 인적 자본에 더 많이 투자한다. 이타적인 가족의 자녀는 이기적인 가족의 자녀보다 더 성공하는 경향이 있으며, 이타적인 가족의 긍정적인 영향은 그들 가족원의 범위를 넘어서까지 증가하는 외부효과를 갖는다. 그리고 자녀를 향한 이타주의는 한 세대에서 다음 세대로 전해지므로 이타적인 부모의 영향은 시간이 지남에 따라 증가하게 된다.

자원제공에 있어서 자녀가 부모에게 더 많이 제공하기 보다 부모가 자녀에게 더 많이 제공한다는 것은 언급할 필요조차 없을 정도로 동서고금을 막론한 사실이다. 이러한 현상을 반영하는 내용은 사도 바오로에 의해 기록된 성경에도 언급되어 있다: “자녀는 부모를 위해 저축하지 않지만 부모는 자녀를 위해 저축한다(고린도 후서 12장 14절 참조).” 그러면 왜 자녀는 부모에게 투자하지 않는데 부모는 자녀에게 투자하는가? 그 이유는 비록 부모와 자녀 모두가 똑같이 이타적이라도 부모에게 투자하는 것보다는 자녀에게 투자하는 것이 더 효율적이기 때문에 부모는 자녀에게 더 많이 베푼다. 이것은 단순히 부모가 자녀에게 자원을 이전하는 것이라기보다 기부의 생산성이 수혜자의 특성을 포함한 다양한 요인에 달려 있음을 나타낸다. 자녀는 앞으로 남아있는 생애가 더 많고 그리고 부모만큼 인적 자본이 많이 축적되어 있지 않기 때문에 부모는 자신에게 투자하기 보다 자녀에게 투자하는 것이 더 경제성이 있다고 본다.

물론 이타주의가 가족에만 국한되어 있는 것처럼 보이지만 그것은 모든 자원의 배분을 결정하는데 영향을 미친다. 현대의 시장중심 사회를 포함한 모든 사회에서 가족은 많은 경제활동을 수행해 왔다. 즉 가족은 가족구성원의 소비, 교육, 건강, 사랑 등을 비롯한 다양한 인적자원을 생산해 왔다. 만약 이기주의가 시장거래를 지배한 것만큼 이타주의가 가족을 지배한다면 이타주의는 우리가 생각하는 것보다 경제생활에서 훨씬 더 중요한 역할을 한다고 결론지을 수 있다.

15장 이혼에 대한 경제학적 접근

인간은 여러 가지 불확실한 결과를 예측하기 위해 정보를 모은다. 불완전한 정보가 어떤 경우에는 개인에게 큰 영향을 미치지 않지만 결혼시장에서의 불완전한 정보는 개인의 일생을 통해 지대한 영향을 미친다. 결혼시장에서 이루어지는 탐색이나 좋은 평판 등과 관련된 정보는 배우자를 선택하는데 있어서 필수 불가결한 요소이다. 결혼시장 참여자는 잠재적인 배우자의 능력, 자질, 성격 등의 특성을 모를 뿐 아니라 본인의 관심과 능력에 대해서도 깊이 알지 못하는 경우가 허다하다. 그들은 결혼과 관련된 보다 나은 정보를 얻기 위해 여러 가지 노력을 기울이긴 하나 때로는 잘못된 평가를 토대로 결혼을 결정하게 되고 결혼 후에 얻게 된 정확한 정보로 결혼 전에 내린 평가를 수정하기도 한다. 베커는 결혼시장에서의 불완전한 정보와 정보의 불확실성에 의한 결과, 결혼 전의 정보탐색 기준, 결혼 후 얻게 된 정보로 인한 이혼 등에 대해 논의하고 있다.

1. 결혼시장에서의 불완전한 정보

결혼시장 참여자는 잠재적인 배우자의 특성에 관한 정보가 별로 없고 있다 하더라도 불완전하기 때문에 결혼생활에 대하여 제한된 기대효용을 가진다. 만약 남녀가 결혼상대자를 쉽게 탐색할 수 있고 또 서로 맞지 않을 경우 이혼하는데 드는 비용이 많이 들지 않는다면 최상의 결혼상대자가 아니라 할지라도 처음 만난 적당한 대상자와 결혼할 것이다. 그리고 결혼생활을 하는 동안에도 계속해서 또 다른 결혼대상자를 탐색할 것이다. 그러나 자신이 기혼자라는 사실은 미혼자나 독신자에게 접근하는 것을 제한하며 아이와 그 외 결혼 관련 자본으로 인해 이혼에 수반되는 비용 또한 크기 때문에 대부분의 사람들은 결혼시장에서 첫 번째 만난 적당한 대상과 즉시 결혼하지 않고 그들에 대해 보다 많은 정보를 얻고자 하며 더 좋은 대상을 찾기 위해 인적·물적자원을 투자한다.

다양한 정보탐색과 더 나은 정보는 결혼선택의 질을 향상시킴으로써 결혼의 기대효용을 높인다. 그러나 정보탐색을 하기 위해서는 시간과 노력 등의 자원을 사용해야 하며 탐색기간이 길어지면 길어질수록 결혼에서 기대되는 편익도 더 늦게 얻어지고 그러한 편익을 받는 기간 또한 더 짧아진다. 이성적인 사람은 부가적 결혼대상자에 대한 광범위한 탐색과 부가적 정보에 대한 집중적 탐색을 하게 되는데 이러한 탐색활동은 한계비용과 한계이익이 같을 때까지 계속된다. 계속해서 탐색활동을 하면 결국에 더 나은 상대자를 찾을 수 있다고 확신하지만 부가적인 탐색비용이 좀 더 나은 결혼상대자를 찾아서 얻는 편익보다 크다는 것을 알기 때문에 적절한 선에서 탐색활동을 중지하고 적당한 상대와 결혼한다.

결혼시장에서의 탐색활동 유형이나 탐색기간은 연령, 학력, 주거지, 개인의 취향과 선호 등에 따라 각기 다르다. 우리 나라를 비롯한 아시아권 지역과 유태인 및 동유럽 국가에서는 결혼중매인이 개입하기도 한다. 일본에서는 최근에 이르기까지 친구나 결혼중매인을 통해 서로 이력서를 교환하여 정보를 제공하고 있다. 그러나 이러한 공식적이고 상업적인 방법보다는 비공식적인 탐색방법을 이용하는 사람이 더 많다. 이러한 현상에 대해 일부에서는 결혼시장에서 사랑과 감성이 충만한 참가자들이 상업적인 탐색방법을 꺼리기 때문이라고 해석한다. 그러나 실제에 있어서는 친구, 친척, 학교 등의 비공식적 탐색경로가 더 효율적이기 때문이다. 효율적인 결혼시장에서는 학력, 지능, 종교, 경제력, 외모, 가족배경 등과 같은 특성에 대해 좀 더 정확한 정보를 얻을 수 있다. 그러나 정확한 정보를 줄 수 있는 특성들은 일반적으로 쉽게 평가 될 수 있는 요인들인 반면 애정이나 성장가능성 등과 같이 평가하기 힘든 특성에 대한 정보를 수집하는 데는 상당한 비용이 든다.

상대방을 평가하는 방법에는 여러 가지가 있을 수 있다. 수집한 정보를 토대로 상대를 탐색할 수도 있고, 대화나 좀 더 직접적인 방법을 통해 서로에 대해 알아 볼 수도 있다. 그러나 이러한 방법보다 좀 더 적극적인 탐색방법 중의 하나가 계약결혼이나 동거이다. 즉 서로에 대해 가장 잘 알 수 있는 최선의 방법은 같이 생활하는 것이므로 두 사람이 계약결혼 기간동안 함께 생활하면서 서로에 대해 집중적으로 그리고 세심한 부분까지 탐색한다. 노동시장에서의 계약고용이나 계약임용 등의 방법도 고용주가 근로자를 고용할 때 참고할 수 있는 많은 정보(출신학교, 성적, 전공, 경력 등)가 있음에도 불구하고 이들 정보가 불확실한 면이 있기 때문에 계약고용의 방법을 도입하여 계약기간 동안 근로자를 평가한다. 그러나 결혼은 계약고용과는 달리 임신의 위험성이 있다. 금세기에 들어 급격히 증가한 계약결혼과 혼전 성관계는 젊은이들이 예전보다 성적 경험을 더 중요시하기 때문이 아니고 부분적으로 피임기술의 발달로 인한 것이라 볼 수 있다.

앞에서도 언급한 바와 같이 집중적 탐색을 통해 획득된 정보는 대상자의 특성을 파악하는데 이용된다. 결혼상대자의 자질과 관련된 특성은 직접적인 평가가 어렵지만 종교, 교육, 가족배경, 용모, 성격 등의 대리지표를 통해 부분적으로 파악할 수 있다. 여기서 한 가지 중요한 점은 평가하기 힘든 특성들은 평가하기 쉬운 특성들과 상호 관련되어 있는 부분이 있다는 것이다. 예를 들어 상대자가 정직하고 상냥할 확률은 그 가족의 배경이나 평판과 관련이 있는가 하면 지능이나 능력은 부분적으로 교육수준이나 경력과 관련이 있다.

직접적 평가가 어려운 자질과 관련된 몇몇 특성들은 결혼산출물에 상당히 큰 기여를 하기도 한다. 용모나 가족배경과 같은 변수는 자녀출산 및 양육, 유전적 구조, 인성 등 직접적으로 평가하기 힘든 특성에 대해 유익한 지침 역할을 한다. 반면 자질 중 일부 특성은 결혼생활에 기여함이 큰데도 불구하고 전통적으로 주목을 받지 못하고 무시되는 경향이 있다. 남녀가 지속적으로 사랑한다는 것은 일시적인 열정과 다르기 때문에 결혼 전의 애정을 토대로 결혼 후의 생활까지 지속적인 사랑으로 연결된다고 확언할 수는 없다. 그러나 애정과 사랑에 대해 간접적인 예측은 할 수 있다. 예를 들어 애정과 사랑은 학력이나 배경이 유사한 사람끼리 더 쉽게 발전되고 또 더 오래 유지되는 경향이 있다. 남녀가 배우자에 대한 정보를 탐색할 때 학력이나 배경에 우선 순위를 두는 것은 바로 이 때문이다.

현대에는 남녀가 결혼시장에서 잠재적 배우자에 대해 탐색하기 위해 정보를 수집할 때 가족배경보다는 서로간의 성적조화, 취향 및 기타 개별적 특성을 더 중요시한다. 그리고 미팅이나 데이트, 계약결혼, 기타 여러 형태의 접촉을 통해 서로를 직접 평가하고자 하는 경향도 강화되고 있다. 과거 중매 혼의 경우에는 배우자가 될 남녀가 서로 얼굴도 모르는 가운데 부모가 자녀의 배우자가 될 사람의 가족배경과 같은 대체정보에 의존해 결혼을 시켰고, 자녀는 부모의 결정을 그대로 수용했다. 그러나 오늘에 이르러서는 과거와 같이 가족배경과 같은 대체정보 보다 당사자에게 더 많은 관심을 기울이고 있어 결혼시장이 구조적으로 개편되고 있을 뿐 아니라 탐색하고자 하는 정보의 내용이나 방법에도 많은 변화가 있다.

2. 불완전한 정보와 이혼

만약 남녀가 서로에 대해 완전한 정보를 가지고 결혼을 결정했다면 이혼은 배우자의 다양성에 대한 요구나 가족생활주기에 따른 개인특성의 변화로 인해 초래된 결과일 것이다. 개인의 특성이란 점진적으로 변하는 경향이 있으므로 이혼의 원인이 개인의 특성변화라면 그러한 이혼은 결혼생활을 장기간 지속한 후에 일어날 개연성이 크다. 그러나 대부분의 이혼이나 이혼을 전제로 한 별거는 결혼초기 기간인 10년에서 15년 사이에 주로 발생한다.

<표 15-1>에는 이혼한 부부들의 평균동거기간과 동거기간별 이혼의 구성비가 제시되어 있다. 우리나라의 경우 1995년에 이혼부부의 평균동거기간은 9.5년으로 1990년에 비해 1.5년, 1986년에 비해 2.1년이 길어졌으나, 이혼부부의 절반이상이 10년 이내에 결별하고 있는 것으로 나타나고 있다. 동거기간별 이혼구성비를 살펴보면 5년 미만 동거 후 이혼하는 부부는 31.3%, 5~10년 미만 동거로 이혼하는 부부는 24.8%로 전체 이혼의 56.1%를 차지하고 있다. 대부분의 이혼이 초기에 일어나는 경향은 미국도 우리와 비슷한 양상을 보이고 있다.

<표 15-1> 평균동거기간 및 동거기간별 이혼구성비

기 간	1986	1990	1993	1995	2000	2001
평균동거기간	7.4	8.0	8.9	9.5	-	-
0~5년 미만	41.0	28.2	33.8	31.3	31.7	30.6
5~10년 미만	31.1	28.8	25.6	24.8	23.0	23.9
10~15년 미만	15.9	19.0	21.8	20.8	19.0	19.4
15~20년 미만	7.5	8.4	11.2	14.0	15.4	14.9
20년 이상	4.5	5.6	7.6	9.1	10.9	11.3

자료: 통계청, 인구동태통계 결과분석.

만일 결혼을 결정할 때 잠재적 배우자에 대한 정보가 불완전하다면 그 배우자의 개인적 특성에 대한 정보는 결혼 후 급속히 증가하게 되므로 대부분의 이혼은 결혼초기에 일어난다. 애정이나 그 밖의 다른 특성에 관한 정보를 얻는데 있어서 몇 년간의 결혼생활은 결혼 전에 얻을 수 있는 대체적인 정보보다 훨씬 더 유익하고 정확하다. 따라서 초기에 결혼을 실패하는 것은 결혼시장의 불완전한 정보와 결혼기간동안 축적된 더 정확한 정보 때문이다. 이는 배우자의 경제력이나 예기치 못한 건강상의 변화가 이혼의 확률을 높인다는 실증연구에 의해 뒷받침되기도 한다. 이와 같이 결혼초기에 정보축적이 빨리 이루어지는 것은 결혼 후기보다는 초기에 이혼이 발생할 가능성이 더 크다는 것을 암시한다. 이혼율은 결혼 초기에 가장 높다가 5년 정도 경과하면 급격하게 감소한다. 물론 이러한 현상은 부분적으로는 이혼하기 쉬운 성향의 사람이 주로 결혼초기에 이혼하기 때문이기도 하다.

결혼 후기에 이혼의 가능성이 줄어드는 이유를 살펴보면 대부분의 경우 결혼 초기에 이혼하는 사람들은 불화의 주된 원인이 배우자와의 가치관 갈등이라고 말한다. 이는 이러한 특성이 결혼 후 몇 년이 지나면서 보다 명확히 평가되기 때문일 것이다. 성격차이, 성적 부조화, 기타 이와 유사한 특성은 결혼 후기보다는 결혼 초기 이혼의 주요 원인이 된다. 그러나 아내 이외의 다른 여성에 대한 특성이나 잠재소득에 관한 정보 등은 서서히 획득되므로 이러한 요인은 결혼 후기 이혼의 주요 요인이 된다.

결혼후기에 이혼 가능성이 줄어드는 또 다른 이유는 결혼상태가 지속됨에 따라 결혼관련자본이 축적되면서 그 가치가 증가하기 때문이다. 결혼관련자본 중에 가장 대표적인 예가 자녀이다. 자녀가 있을 경우 이혼의 가능성은 크게 줄어드는데 이러한 경향은 선진국을 비롯한 후진국과 원시사회에서도 공통적으로 나타나는 현상이다. 자녀와 같은 결혼관련자본은 결혼생활을 지속할 경우에는 그 가치가 크지만 이혼할 경우에는 그 가치가 급격히 감소하기 때문에 이혼의 가능성이 존재하는 경우에는 결혼관련자본에 대한 투자가 위축된다.

계약결혼이나 합의결혼을 한 사람은 법적결혼을 한 사람보다 이혼할 개연성이 더 크기 때문에 상대적으로 적은 수의 자녀를 갖는다. 인종이 다르거나 서로 다른 종교를 가진 사람과 결혼하는 경우 그리고 연령차가 큰 사람 혹은 학력 차가 큰 사람과의 결혼은 인종, 종교, 연령, 학력 등의 배경이 유사한 사람과 결혼한 경우보다 이혼의 가능성이 훨씬 더 크다. 따라서 결혼생활에 큰 문제가 없다할 지라도 타인종간, 타종교간, 혹은 인도에서의 다른 카스트간의 결혼이 상대적으로 더 적은 자녀를 갖게 하는 유인이 된다.

이혼의 가능성은 자기 충족적(self-fulfilling) 역할을 하는 면이 있다. 좀 더 상세히 말하면 이혼할 가능성이 크면 클수록 결혼과 관련된 투자를 적게 하고 이러한 적은 투자동기는 다시 이혼할 확률을 증가시킨다. 예를 들어 합의결혼과 계약결혼은 법적결혼보다 안정적이지 못하며 타종교간 혹은 타인종간의 결혼은 동일 인종이나 동일 종교간의 결혼보다 안정적이지 못하다. 그 이유는 타인종간의 결혼은 동일 인종간의 결혼에 비해 더 적은 수의 자녀를 갖기 때문이고 타인종간의 결혼이 안정적이지 못 할거라는 기대감이 이들로 하여금 더 적은 수의 자녀를 갖게 하는 요인으로 작용한다.

동성간 결혼이 이성간 결혼보다 안정적이지 못한 이유는 결혼관련 자본의 축적과 관련이 있다. 동성간의 결혼에서는 자녀도 없고 또 이성간의 결혼보다 성별노동분담이 효율적으로 이루어지지 않기 때문에 결혼관련자본이 적을 수밖에 없다. 뿐만 아니라 동성애에 대한 사회적 비난은 동성연애자에 대한 탐색비용을 상승시키므로 이용 가능한 정보의 양을 감소시킨다. 그리고 계약결혼과 마찬가지로 헤어질 때 위자료나 양육비 등이 없으므로 비교적 쉽게 그리고 적은 비용으로 관계를 종결시킬 수 있다.

여성이 남성보다 일찍 결혼하는 경향은 자녀에 대한 수요가 줄어들면서 점점 동등하게 되어 요즈음은 남성과 여성이 비슷한 연령에 초혼을 하고 때로는 연상의 여성과 결합하는 경우도 많다. 미국의 경우 초혼하는 남녀의 평균 연령차가 1900년대에는 4살이었으나 1970년대에는 두 살 반으로 줄었다. 우리 나라도 혼인연령층이 남자의 경우 20~29세에서 25~34세로 늦춰졌고 여자의 경우에는 20~29세가 유지되고 있으나 20대 전반의 혼인율은 점차 낮아지는 대신 20대 후반의 혼인율이 높아지는 추세를 보이면서 남녀의 평균 연령차가 크게 감소하고 있다(통계청, 1998). 재혼일 경우에는 이혼한 남성이 이혼한 여성보다 더 빨리 재혼을 한다. 이는 재혼하는데 방해요소로 작용하는 자녀양육을 대체로 여성 쪽에서 맡기 때문이다. 이혼한 여성에게 있어서 어린 자녀의 존재는 다른 결혼상대자를 찾는데 드는 비용을 상승시키고 자원을 감소시킨다. 이러한 이유로 인해 재혼이 실패할 확률도 증가한다. 반면에 자녀양육권이 없거나 어린 자녀가 없는 여성은 남성보다 더 빨리 재혼하는 것이 일반적인 현상이다.

3. 이혼으로 인한 편익

남녀는 각자가 직면한 최상의 대안과 비교해서 두 사람 모두 삶의 질이 향상될 것으로 기대할 때 결혼한다. 이혼도 마찬가지이다. 즉 남편과 부인 모두 이혼 후 서로의 삶이 나아질 거라고 기대할 때 이혼에 합의한다. 그러나 만약 남편은 이혼함으로 인해 편익을 얻지만 부인은 이혼으로 부부의 결합된 자산이 감소한다면 부인은 결혼생활의 산물 중 상당한 부분을 남편에게 제공함으로써 이혼을 막으려 할 것이다. 반대로 남편은 이혼으로 손실을 보지만 부인은 이혼을 통해 상당한 편익을 얻을 수 있다면 부인은 남편에게 상당한 타협안을 제공함으로써 이혼을 설득하려 할 것이다.

이혼에 관한 역사와 법률은 이혼하지 않으려는 배우자를 이혼에 합의하도록 하는 타협안으로 가득 차 있다. 중세 아랍의 유태인 사회에서는 남편만이 이혼을 요구할 수 있었다. 그러나 다른 여러 사회에서는 여성이 먼저 이혼을 요구하기도 하였으나 상호간의 합의에 의한 이혼이 대부분이다. 이혼에 영향을 미치는 요인은 여러 가지이다. 어떤 사람은 법률이 이혼에 영향을 미친다고 주장하기도 한다. 예를 들면, 미국 캘리포니아 주에서 이혼에 관한 법률을 수정하였는데 수정하기 전에는 쌍방의 합의가 있거나 소송과정에서 과실이 입증될 때에만 이혼을 할 수 있었다. 그러나 1970년대에 주정부가 처음으로 법률을 수정하였는데 법률이 수정된 후에는 부부 중 어느 한 쪽만이 이혼을 요구해도 허용하였다. 그 결과 이혼율이 미국전체 평균치보다 월등히 높게 나타났다. 그러나 이러한 현상은 몇 년에 불과했고 어느 정도 시간이 지난 뒤에는 수정된 그 법률이 이혼율에 지속적인 영향을 미치지는 않는 것으로 파악되었다.

만약 한쪽 배우자가 결혼 전에 기대했던 것보다 수입이 더 많거나 어떤 특성이 기대했던 것보다 더 긍정적으로 나타나면 결혼생활에서 기대되는 자산은 증가한다. 그러나 이런 기대가 역설적으로 실현되면 결혼은 실패하기 쉽다. 이런 경우 그들은 더 이상 조화되기 어렵기 때문에 이혼으로 인한 남녀의 총자산은 결혼생활을 지속한 상태에서의 남녀의 자산보다 더 크다. 일반적으로 결혼은 실질적인 소득수준과 건강, 생산력 등이 기대치에 못 미쳤을 때 실패하기 쉽다.

소득수준이 높은 남성은 그렇지 못한 남성에 비해 결혼시장에서 더 인기가 있고 결혼에서 더 많은 편익을 얻는다. 왜냐하면 소득이 많은 남성은 다수의 여성으로부터 그리고 더 높은 수준의 여성으로부터 많은 관심을 끌 수 있기 때문이다. 이러한 사실은 왜 소득이 많은 남성이 소득이 적은 남성에 비해 더 빨리 결혼하며 배우자를 잃었거나 이혼을 했을 때 더 빨리 재혼하는지 그리고 이혼하는 경향은 왜 낮은지를 설명해 준다. 반면 소득수준이 높은 여성은 높은 소득이 자녀에 대한 수요와 결혼생활에서의 성별 노동분담으로 인한 편익을 감소시키기 때문에 소득수준이 낮은 여성보다 상대적으로 결혼에서 얻는 편익이 더 적다. 소득력이 높은 남녀간의 편익차이는 독신으로 남는 남성들은 열등한 사람일 가능성이 더 큰 반면 독신으로 남는 여성들은 우월한 사람일 가능성이 더 크다는 점을 시사한다. 그리고 소득력이 높은 여성일수록 이혼할 확률도 더 높다. 실질적으로 지난 30여 년간의 여성의 경제력 증가는 만혼의 경향을 강화시켰으며 이혼율 증가의 주요 원인인 동시에 결과로 나타나고 있다.

어떤 사람은 이혼의 가능성이 높다는 것을 인지하면서도 자신과 환경이나 배경이 전혀 다른 사람과 결혼한다. 베커는 이들이 이러한 위험을 모르는 것이 아니고, 높은 이혼가능성을 인정하면서도 결혼하는 이유는 더 이상 탐색하면서 기다린다고 해서 더 나아지리라고 기대하지 않기 때문이라고 설명한다. 잠재적 배우자를 탐색하는 기간이 길면 길수록 연령의 증가와 함께 결혼시장의 규모가 축소되고, 탐색비용이 편익을 초과하기 때문에 높은 이혼가능성을 예상하면서도 배경이 다른 사람과 혹은 다른 집단에 소속된 사람과 결혼한다.

어떤 사람은 적당한 상대를 못 찾아서 또는 결혼으로 인한 편익을 감소시키는 다른 특성을 지니고 있어서 배경이 다른 타 집단의 사람과 결혼한다. 아마 그들은 탐색과정에서 별로 운이 좋지 않았고, 나이가 들면서 결혼시장이 축소되는 것을 인지하게 되었을 것이다. 따라서 나이가 많이 들 때까지 결혼하지 않은 여성은 연령차가 큰 사람과 결혼하거나 자녀가 있는 남성과 결혼할 가능성이 높다. 상대에 대한 충분한 탐색 없이 배경이 다른 타 집단성원과 결혼한 사람은 불완전한 정보로 인해 높은 이혼성향을 갖게 된다.

4. 이혼과 수치심

경제이론은 결혼 뿐 아니라 이혼도 개인이 직면할 수 있는 모든 대안 내에서 최선의 생활을 지향하는 사람들이 선택한 합리적인 의사결정의 결과라는 것을 말해 준다. 결혼 후에 알게 된 예상치 못했던 정보로 인해 결혼생활에서 획득된 자산의 가치가 이혼했을 때의 자산의 가치 보다 더 적어질 때 이혼한다. 이혼한 사람 혹은 이혼할 사람들은 기대했던 것처럼 잘 맞는 상대가 아니기 때문에 갈등을 겪게 되거나 생각했던 것보다 자주 싸울 수도 있다.

어떤 이유로 이혼했던 간에 일반적으로 이혼한 사람은 재혼시장에서도 긍정적인 대상이 되지 못하는 경향이 있다. 왜냐하면 이혼은 사회적 불명예나 수치심을 수반하며 이혼에 따른 오명은 비용의 개념으로 작용하기 때문이다. 만약 이혼한 원인이 쉽게 밝혀지지 않는 어떤 특성에서 비롯된 것이라면 이혼한 사람은 결혼상대자로 적절치 못하다는 오명을 남기게 된다. 그러고 이러한 오명은 이혼한 횟수가 늘어날수록 감당해야 하는 수치심의 정도도 심해진다. 이혼이 불명예나 수치심을 수반한다면 이혼한 사람은 이전의 결혼보다 상대적으로 더 불리한 조건하에서만 재혼할 수 있다. 이혼한 사람들은 비록 그들이 초혼에서는 동일집단의 배우자를 선택했다 할지라도 재혼할 경우에는 배경이 전혀 다른 집단의 사람과 결혼하는 경우가 많다.

19세기와 20세기초에는 결혼생활에서 얻을 수 있는 편익이 상당히 많았다. 자녀를 많이 낳았고 여성의 노동참여는 거의 없었다. 따라서 그 당시 이혼한 사람은 극단적으로 잘못 짝지어진 상대이거나 결혼에 부적합한 특성을 가진 사람으로 간주되어 심한 오명을 안고 살았다. 그러나 금세기 동안에는 결혼생활을 유지함으로써 기대되는 편익이 감소할 경우 사회적으로 이혼을 수용하는 분위기이고, 이혼이 불명예나 수치심으로 생각되는 정도도 약화되고 있다. 그리고 사회적으로 이혼에 대해 더 수용적이거나 관대하지 않아도 이혼율이 증가하면 할수록 이혼에 붙여진 불명예나 수치심은 줄기 마련이다. 이제 이혼한 사람은 과거와는 달리 정상적인 특성을 지닌 사람으로 그리고 운이 나빠 적합한 상대자를 만나지 못했기 때문인 것으로 인식하고 사회적으로 이혼한 가정도 일탈된 가정이 아니라 정상적인 가정으로 간주되고 있는 분위기이다.

제5부

사회변화와 가족변화

16장 사회변화에 따른 가족변화

1. 가족과 사회의 역동성

가족은 사회의 변화에 따라 그 의미나 형태가 변화되어 오기는 하였으나, 다른 제도와 비교하여 볼 때, 변화에 대한 저항력이 커서 급격히 변화하지는 않는 편이다. 그러나 후기산업사회를 맞이하면서, 사회의 전반적인 변화속도가 가속화됨에 따라, 가족의 변화도 눈에 띄게 되었다.

한국 사회가 근대화를 통하여 본격적인 산업화과정을 겪으면서 전통적인 가족형태에도 상당한 변화가 일어났다. 무엇보다도 가족구조적인 측면에서 자녀수의 감소, 세대간의 분리, 그리고 부모 자녀관계를 중심으로 한 가족관계등의 변화가 대표적인 예이다. 특히 1960년부터 정부주도하에 경제성장정책의 일환으로 이루어지기 시작한 가족계획운동은 짧은 기간동안에 자녀의 수를 감소시키는데 성공을 거두어 세계적인 관심대상이 되기도 하였다. 확대가족이 핵가족으로 변화하는 것은 단순한 외형적인 변화에만 그치는 것이 아니라 가족의 사회적 기능이나 가족관계, 가족의식등 부수적으로 변화하는 측면이 많다. 경쟁적인 사회에서 긴장과 스트레스에 시달리는 현대인들에게 가족의 중요성은 더욱 부각되기도 한다.

높은 경제성장, 산업화, 도시화, 그리고 교육수준 및 생활수준의 향상으로 인하여 가족구성원들이 바라보는 가족에 대한 의미도 과거와는 상당한 차이를 보였다. 또한 기존의 가족이 가지고 있던 고유기능과 파생기능 등은 사회변화 속에서 상당부분을 제도권에게 물려주는 현상을 지적할 수 있다. 가족의 변화에서 가족의 기능이 현저하게 약화되어 단순히 소비기능을 이행하는 집단으로 축소되었다. 예를 들어서, 가족의 "안전 혹은 보호"기능의 필요성과 효용성이 급격하게 줄고 있다. 이를 오그번(Ogburn)은 "가족기능의 상실"이라고 표현하였다.

현대사회에서 가족의 기능은 다른 제도권으로 많이 이양되었다. 경제적인 측면을 보면 사람들은 경제상황이 좋지 않은 불경기일 때는 금융시장에서 돈을 빌리고 경제상황이 좋은 호경기일 때는 저축을 해 둠으로써 자체보장(self insure)을 확보하고 있다. 시장보험(market insurance)은 질병, 사고, 사망, 노년기, 기타 재해에 대해 가족이 할 수 있는 것보다 더 효과적인 대비책을 제공한다. 결과적으로 친족보험 대신 시장보험이, 가족교육 대신 학교교육이, 그리고 가족증명서 대신 사회증명서가 인정됨으로 인해 현대사회에서의 친족관계의 중요성은 전통사회에 비해 급격히 약화된다. 이와 같이 현대사회에서 친족관계의 중요성이 약화됨에 따라 전통사회에서 연장자와 조상이 받았던 존경과 배려 또한 퇴색되고 있다.

가족에 대한 중요성이 감소됨에 따라 전통사회에서는 빈곤한 가족에게만 가능했던 사생활과 자유로움이 이제는 중상류층 가족구성원에게도 가능하게 되었다. 자녀는 부모에 의해 선택된 배우자를 거부하고 부모의 반대에 관심을 가지기보다는 자신이 행사할 수 있는 선택의 권리에 더 큰 가치를 둔다. 현대사회에서는 결혼시장에서 남녀 자신이 좋아하는 배우자를 선택하기 위해 자유로이 만난다. 그리고 좀 더 적극적인 방법을 통해 자신이 사랑할 수 있는 배우자를 집중적으로 탐색하는 행위는 가족보다 개인적인 적합성을 추구하기 때문이다.

현대사회에서 중요하게 고려되는 애정이나 사랑 그리고 여타의 개인적인 특성은 전통사회에서 중요시했던 가족의 명성이나 지위 등과 같은 특성에 비해 결혼 전에 확인하기가 쉽지 않은 요인들이다. 기혼자들은 결혼경험을 통해 그들 서로가 더 이상 사랑하지 않거나 다른 측면에서 갈등이 있어 서로에게 실망하고 있음을 발견하기도 한다. 이들 가운데에는 이혼으로 현재의 결혼을 종식시키고 다시 결혼시장으로 진입하여 재혼을 하기도 한다.

부모는 전통사회에 비해 현대사회에서 더 적은 수의 자녀를 가지지만 각 자녀에 대해서는 보다 많은 투자를 한다. 따라서 현대의 부모는 자녀에게 많은 시간과 돈 그리고 에너지를 투자하기 때문에 자녀의 복지에 대해 더 많은 관심을 가진다. 핵가족은 전통사회에서보다 현대사회에서 더욱 효율적이다. 결혼상대자를 선택할 때 가족의 명성보다 남녀가 서로에게 느끼는 애정과 사랑이 훨씬 더 중요하기 때문에 현대의 부부는 전통사회의 부부보다 더욱 친밀한 관계를 갖는다. 또한 자녀는 수보다 질이나 능력 등이 강조되므로 오늘을 살고 있는 부모와 자녀는 과거 어느 때보다도 친밀한 관계를 유지하고 있다.

현대사회의 개인주의와 핵가족화는 전통사회의 가족주의와 대가족으로부터 발전되었다고 볼 수 있다. 기성세대를 비롯한 많은 사람들은 개인주의를 비난하고 전통적 가족주의 가치가 퇴색되어 가는 것을 우려하기도 한다. 그러나 가족 내에서 일어나고 있는 여러 유형의 변화는 멈추지 않고 계속되고 있다. 베커는 개인주의가 가족주의를 대체하고 있다고 주장하는데 전통사회에서 가족과 친족집단에 의해 수행되었던 많은 기능들이 현대사회에서는 시장과 다른 조직들에 의해 보다 효율적으로 운영되고 있는 것을 볼 때 그의 주장은 충분한 설득력을 가지고 있는 것으로 보인다.

가족 변화를 구조적 측면에서 보면, 우선 가족원의 감소로 인한 가족 규모의 축소를 지적할 수 있다. 즉 가족계획이 본격적으로 실시되면서, 평균가족원이 5.1명에서 4.1명이 되는 기간은 불과 10년이 걸렸다. 이는 서구사회에서 40-50년이 걸리는데 비하면 기적이라고 할 수 있는 현상이다. 근본적인 이유는 우선 정부주도하의 대규모의 출산억제 정책이 시행되면서 출산율이 급격하게 감소되었고, 농촌인구가 도시로 이동하면서, 주거 및 편의성에 의하여 소규모 가족을 선호하는 경향이 나타났다. 게다가 여성의 취업이 증가하면서 출산율은 더욱 감소되었고, 생활수준의 향상으로 자녀에 대한 교육비 상승 및 노동력의 의미상실 등으로 인하여 자녀를 갖는 일이 비용적인 면에서도 상당히 부담이 되었다.

가구형태의 변화를 살펴보면, 전반적으로 핵가족의 비율이 증가하고 직계가족의 비율은 크게 감소하였다. 이와 동시에 1세대 가구와 1인 단독가구의 증가도 주목해야 하며, 특히 가구당 평균자녀수도 지속적으로 감소하게 되면서 '저출산 고령화'사회라는 새로운 국면으로 진입하게 되었다. 이러한 변화는 단순히 확대가족이 감소하고 핵가족이 증가하였다는 의미가 아니라, 가족의 형태가 매우 복잡하고 다양화되면서 상대적으로 2세대가족과 3세대 가족의 비중이 줄어들었다는 것과 인구의 자연증가율이 더 이상 유지되지 않은 상황에서 고령인구의 증가는 사회를 구성하는 구성원의 감소를 의미한다는 측면에서 시사하는 점이 많다.

유교적 가치관에 입각한 전통 한국가족은 일제시대를 거쳐 해방이후 서구 문화의 영향을 받아 엄격한 가족 규범이 완화되고, 가족제도의 다양성을 경험하게 되었다. 이러한 변화는 자본주의 도입에 따른 산업화, 도시화의 물결에 힘입어 더욱 가속화되면서, 종래에는 보기 힘들던, 맞벌이가족, 한부모가족, 이혼가족 등이 현저하게 증가하기 시작하였다. 이러한 가족형태는 외형적인 변화만이 아니라 내면적인 가족관계 및 가족역할 수행, 그리고 가족원간의 상호역동성에서 과거의 가족형태와는 매우 다르다는 점에서 주목을 해야 한다.

2. 전통가족의 특성

가족제도란 인류가 가족생활을 행하는 데에서 지켜온 사회적 규범이며, 가족구성원의 행동을 규제하고 그 생활에 관하여 규정하는 사회적 제약이며 법칙이다. 그러므로 가족제도는 법률적인 제도이며 동시에 관습적인 제도이다. 이러한 가족제도는 존속되거나 소멸되는 과정을 거치면서 발전해 나간다.

전통사회는 불확실성과 제한된 정보를 극복해 나가는데 많은 난점을 지니고 있었다. 미신과 점술은 물질세계의 무지 속에서 번창했고, 알려지지 않은 이름 모를 병들로 인해 많은 어린이들이 생명을 잃었다. 일상적인 거래에는 상품의 질과 매매인의 정직성 및 신뢰성에 대한 불확실성이 존재했다. 정보는 빈약했고 비효율적인 경로를 통해 특정 집단에 일방적으로 전달되었다. 행운과 능력차이로 인해 가족의 상황에 기복이 생기기도 하고 전염병과 불규칙한 기후가 여러 해 계속되기도 했지만 전반적으로 경제생활과 사회생활은 안정적이고 정적이었다.

전통사회에서는 특히 가족과 친족의 중요성이 강조되었다. 그 이유는 불확실한 정보 하에서 여러 가지 불확실한 상황에 직면했을 때 가족은 그 구성원을 보호하는 기능을 가지고 있었기 때문이다. 이런 사회에서는 시장보험제도가 발달하지 않았기 때문에 가족이 효과적으로 보험회사의 기능을 수행하였다. 이타주의는 다른 집단보다 가족 내에서 더 보편적이며 이기적인 구성원도 이타적인 구성원의 행동에 대한 경제적 반응으로서 이타적인 행동을 하였다. 그렇지 않으면 이기적인 사람은 이기적인 행동으로 인해 여러 가지 손해를 보게 되므로 마치 이타주의자인 것처럼 행동했다.

전통사회에서는 나이가 많은 사람들이 존중받는다. 왜냐하면 그들은 정적이고 변화 없는 단조로운 사회 환경 속의 젊은이들에게 전해줄 수 있는 가치 있는 지식을 많이 축적하고 있기 때문이다. 그러한 지식은 가족이나 친족에게 전수되는 문화를 통해 다음 세대로 전해진다. 농사를 비롯한 그 밖의 전문화된 기술과 지식은 유사한 가족배경을 가진 젊은이에게 보다 쉽게 전승된다. 가족은 친족집단이 지니는 보험기능으로 인해 책임회피나 도덕적 위험에 대해서 다른 구성원을 감시하거나 통제할 수 있었다. 그리고 가족은 자기 가족원의 행위에 책임을 지며 그들 가족이 가족전체의 평판과 기회에 공헌할 수 있는 활동을 하도록 강요하기도 한다. 경우에 따라서는 자기네 구성원의 반사회적 행동으로 인해 전체 가족이 처벌을 받기도 했다. 예를 들면 과거에는 가족 중의 한 사람이 역적으로 몰리면 그 사람만 처벌되는 것이 아니라 그 가족의 삼대를 멸족시키는 연좌제가 있었다. 또 다른 예로 가족 중의 한 사람이 좌익으로 몰리면 그 가족 전체가 영향을 받았고 사회적으로 취업이나 결혼 등에서 상당한 불이익을 당하면서 살아야 했다.

가족구성원들 중 젊은 연령층에 속하는 사람들은 자신의 부모나 친족으로부터 전문적인 지식을 배워 그들의 직업을 전승하였으며, 땅에 대한 애착이 강하였고 땅을 지키는데 노력과 수고를 아끼지 않았다. 기능적인 면을 고려할 때 가족집단은 특정한 직업, 토지, 상업

등에 대한 지식과 기술을 전수하고 필요한 훈련을 시키며 그들의 자격을 증명하고 책임지는 소규모의 전문학교의 구실을 충분히 수행하였다.

전통적인 사회에서 결혼은 가장 중요한 대사인 만큼 가족 및 친족집단은 그들의 구성원들이 선택하는 배우자에 대해 상당한 관심을 가지고 통제를 해 왔다. 결혼을 결정할 때 결혼당사자들의 감정이나 판단은 크게 중요하지 않았고 그들 부모나 친족의 감정이나 판단이 중요했으므로 결혼은 가족이나 친족에 의해 결정되었다. 따라서 결혼은 남녀 두 사람의 개인적인 결합이라기 보다 가족간의 공동적인 결합이라 볼 수 있다.

어떤 경우에는 두 가족간에 불화로 인해 몇 대에 걸쳐 혼인을 기피하기도 하고 또 어떤 사회에서는 친족내에서 배우자를 선택하는 것이 다른 사람을 선택하는 것 보다 불확실성으로 인해 초래될 수 있는 위험이나 비용이 줄어들기 때문에 사촌이나 다른 친족과 결혼하는 것이 보편적인 현상으로 나타나기도 했다. 이와 같은 상황에서 연애결혼은 그 결혼이 가족의 이익에 도움이 되지 않는 한 절대 인정받지 못했고, 낭만적인 사랑과 열망 등은 비난받는 요인으로 작용하였다. 결혼은 가족전체의 평판이나 사회적 배경과 관련되므로 가족목표를 방해하거나 가족평판에 누가 되는 사랑은 허락되지 않았다.

전통사회에서 친족의 중요성은 혈족관계와 혈통을 강조하는 것으로 연결되어 성(姓)씨나 가문(家門)이 개인의 자질과 배경을 나타내는 중요한 자산적 특성으로 간주되었기 때문에 성(姓)과 가문(家門)을 지키는 것을 마치 사명처럼 생각하는 경향이 강하였다. 전통사회에서 고수한 조상숭배정신은 가족과 친족으로 하여금 조상의 업적에 대해 존경하고 숭배하도록 하였으며 가족은 그들에 대한 비판을 묵

인하지 않았다.

친족집단 내에서 사람들은 서로에 대해 관심을 가지고 지켜보았고, 서열을 중시하고 그에 상응하는 대접을 하였으며, 서로의 성취와 행동을 충고하기 위해 자주 만났다. 따라서 구성원의 사생활은 이러한 잦은 접촉과 공식적인 통제에 의해 침해받았다. 젊은이들은 가족 이외의 교제나 가족이 허락하지 않은 교제는 가족의 평판을 손상시키려는 행위라고 간주되어 금지되었다. 그리고 구성원의 사생활은 각 구성원의 행동이 다른 구성원의 복지에 영향을 미친다는 이유로 침해되기도 하였다. 그러나 가난하고 사회적 평판을 획득하지 못한 가족들은 작은 공간에서 생활했으며 사회적 지위가 보장되지는 않았지만 성공한 가족의 구성원보다 경제적 선택과 사회적 선택에 더 큰 자율권을 가졌었다. 그 이유는 가난한 사람들은 가족들의 행동에 의해 잃게 되는 것이 거의 없기 때문에 그들의 배우자나 활동영역을 제한 할 필요가 없었다.

3. 전통가족제도의 변천

1) 혼인제도

삼국시대의 혼인형태를 보면, 고구려 시대에는 일부 부유층에서 일부다처제가 행해졌고, 처의 지위는 노예와 동일한 취급을 받았다. 신라나 백제에서도 일부 귀족이나 왕족들 사이에서 일부다처제가 행하여졌음을 알 수 있다. 고려시대에도 왕실과 귀족, 부호계급, 그리고 간혹 서민층에서도 축첩제도가 성행하였다. 그러나 고려시대에는 서처에게도 적처와 동등한 신분을 인정하였다. 조선시대에는 중혼금지법이 있었으며 처와 첩의 한계가 뚜렷하여 첩은 가정내 권리가 전혀 없었으며, 첩의 자식들에 대한 사회적 차별도 매우 심하였다. 일제시대 초기에는 조선시대와 마찬가지로 첩을 공인하고 남편의 호적에도 입적시켰으나, 1915년에 첩의 입적신고를 금지함으로써 비로소 일부일처제가 법률상 확립되었다. 그러나 이러한 법은 매우 소극적이여서 여성에게만 일부일처의 윤리를 강요하면서도 남편에게는 단순한 축첩만으로는 이혼사유가 되지 않았다. 1948년 새로 정립된 헌법에 의해 혼인의 순결성과 남녀 평등주의를 전제로 한 일부일처제가 선언되면서, 일부일처제가 제도적으로 확립되었다.

혼인의 상대방이 어떤 일정한 자격을 갖추어야 하는가를 규정하는 혼인규정에는 동성불혼제와 계급별 내혼제가 있다. 먼저, 동성불혼제는 삼국시대부터 가부장적 가족제도가 확립됨에 따라 성의 개념이 뚜렷해지면서 동성불혼은 중요한 혼인규정이 되었다. 조선시대에는 동성혼을 철저히 하기 위해 동성 뿐만 아니라 본이 다른 자의 혼인도 금지하였다. 일제시대에는 초기에는 동성동본의 혈족 사이에는 혼인하지 못하도록 하였으나 점차로 완화되었다.

한편, 신라시대에는 진골 또는 성골이라는 왕족의 순수성을 보존하기 위해 계급적 내혼을 행하였다. 고려시대에는 왕족은 계급적 내혼제를 지켰고 일반인도 초기에는 신분에 의한 내혼제가 널리 행하여졌다. 조선시대에는 사회적인 계급이 뚜렷해져서 혼인의 범위는 왕실은 물론 일반에게까지도 계급적 내혼제가 성행하였다. 그러나 계급적 내혼제는 일제시대부터 법률상 폐지되었다.

혼인의 당사자인 신랑과 신부가 혼인의 주체 여부에 따라 혼인조건이 결정되는데, 본인들이 원해서 하는 자유혼은 고려 때까지 계속되었으나 원나라에 공녀를 보내면서 부터 중매혼의 일종인 조혼의 풍습이 시작되었다. 조선시대의 혼인은 가문의 존속을 위한 목적이

가장 중요하였고, 당사자의 의견보다는 혼인을 주관하는 사람 즉, 부모의 의견이 중요시 되었다. 이러한 관습은 1960년 민법의 제정으로 성년에 이른 사람은 혼인에 있어서 당사자 본인들의 의견이 일치해야 이루어지도록 하였으며, 당사자 사이에 혼인의 합의가 없으면 그 혼인은 무효화하도록 규정하였다.

2) 상속제도

삼국시대의 상속제도를 살펴보면, 고구려에서는 왕위계승이 적자상속으로, 그리고 신라에서도 장자상속이 가장 많았다. 고려시대의 왕위계승은 적장자를 원칙으로 하였고, 가계계승이나 제사권 상속 등도 이러한 방식으로 상속하였다. 그러나 재산상속에서는 자녀의 균분상속 원칙이 지배적이였다. 조선시대에는 재산상속과 제사상속이 서로 분리되었는데, 제사상속은 적장자를 원칙으로, 그리고 재산상속은 공동균분 분할방식을 원칙으로 하면서도 부모의 유산을 자녀가 불균등하게 분배하였다.

3) 양자제도

부계혈연가족에서는 집의 대를 이을 아들을 출산하지 못하여 세대와 가문이 단절되는것을 막기 위하여 양자를 맞아 계승하게 된다. 전통사회에서의 양자제도는 네 가지 유형으로 나누어 볼 수 있다. 개구멍받이라 부르는 수양자(收養子), 장수를 위한 수양자, 제사를 모시기 위한 시양자(侍養子), 노후를 위한 서양자(壻養子)가 있다.

고려시대에는 이성양자제도가 행하여졌으며, 외손봉사도 널리 행해졌다. 그러나 조선시대에는 가문을 이어 나가고 유교적 가치관이 강화되면서 양자를 들이는 방법은 철저하게 부계중심적이였다. 즉 이성양자를 금하고 동성동본의 혈족 내에서 아들과 동일한 항렬인 근친의 아들을 양자로 하였다. 오늘날의 양자제도는 개정 가족법에 의하면 가문을 위한 양자보다는 부모자녀관계의 애정적 결합을 바탕으로 한 가족 구성을 우선적으로 여겼다. 또한 이성양자의 호주상속이 가능하며, 직계비속 장남도 타가 입양이 가능하고, 양자가 호주가 된 후에도 양자를 파기할 수 있도록 하였다.

4. 전통가족의 가족관계

한국의 전통가족이라고 하면, 단번에 대가족을 떠올리게 된다. 그러나 실제로 남은 자료에 의하면, 전통가족이라고 하여서 대가족이 중심이였다고 단언하기는 힘들다. 물론 오늘날 보다 대가족의 비율이 높기는 하였지만, 그래도 가장 최다비율은 미혼자녀를 둔 부부중심 가족이였다는 점에서는 현대가족과 그다지 다를 바가 없다. 그러나 전통사회에서는 부와 권력을 지닌 사회의 지배층들에게 대가족이 많았으므로, 서민들은 대가족을 하나의 이상형으로 삼았던 것이다.

1) 부부관계

유교적 가치관을 근간으로 한 부부관계는 남편이 막대한 가부장권을 가지는 불평등한 수직관계였다. 부인은 남편의 동반자적인 역할이 아니라 한 집안의 대를 이어 나가기 위한 자녀출산(특히 아들출산)의 도구로써의 역할이 더욱 강조되었다. 출가한 후에 남편의 집안에 들어가서 시가와 남편으로부터 종속되어 생활하다가 아들을 낳아 며느리를 맞아 들이면서 권한을 갖게 된다. 물론 이러한 권한은 여성이 또다른 여성에게 행사할 수 있는 권한으로 주부권이라고 하는데, 부부유별이였던 전통사회에서 주부권은 가정내의 대소사를 관장하고 뒤주와 찬광의 열쇠를 쥐고 있는 가사일의 전반적인 운영권을 행사할 수 있었다. 따라서 남편이 가부장권을 가지고 있는 반면에, 부인은 남편에게 종속되고 집안을 위하여 희생을 해야 하지만 자신에게 주어진 주부권을 행사하기도 하였다.

2) 부모 · 자녀관계

부계위주의 사회에서 부모자녀관계는 부자관계가 가장 중요하다. 특히 부자관계는 엄격한 수직구조를 형성하면서 지배-종속적인 위계질서가 유지되었다. 가족은 집이나 가문을 영속시켜야 할 후계자로써 아들의 존재는 필수적이며, 따라서 아버지와 아들의 관계는 다른 어떠한 가족관계보다 우선시된다. 실제로 부부의 결합은 아들을 출산하여 세대를 계승하기 위한 수단이었다. 또한 아들은 농경사회에서 노동력 제공의 원천이 되므로 아들을 많이 낳는 일은 집안의 경사였다. 부모가 돌아가신 후에는 제사를 지내면서 혈연의 영속성을 유지하는 일도 역시 아들의 몫이었다.

부자관계에 비하여 모자관계는 비공식적이고 정서적인 측면이 강조되는데 여성은 아들을 출산함으로써 비로소 시가에서 지위를 얻게 되고, 가족내 권력을 행사하게 된다. 어머니와 아들은 애정적인 결속을 통하여 강화되고, 어머니는 아버지와 아들간의 중개적인 역할을 하면서 부자관계를 자연스럽게 이끌어 나가는 윤활유적인 역할을 수행하다. 그러나 아들이 성장하여 혼인을 하고 며느리가 들어오면서, 시어머니와 아들, 그리고 며느리의 삼각관계의 갈등이 표출되기도 한다. 이는 아들에 대하여 모든 기대를 걸었던 어머니가 마치 며느리에게 아들을 빼앗긴 듯한 상실감에서 나오는 갈등으로 볼 수 있다.

부녀관계는 아들의 경우와는 달리 가계계승이라던가 세대 유지라는 의무적인 관계가 아니므로 아버지는 딸에게 순수한 애정적인 사랑을 보여 줄 수 있다. 또한 엄격하기만 한 가부장으로써의 아버지는 어린 딸이 귀엽기만 하고, 혼인 후에는 다른 집으로 가서 볼 수 없을 것이라는 아쉬움 속에서 더욱 애정을 기울이게 된다. 그러나 이러한 애정은 성장하는 과정에 한정될 뿐, 출가 후에는 시가의 가족원으로 철저하게 대하였다.

모녀관계는 같은 여성으로써 이해를 하고 동정을 하면서 상부상조하게 된다. 특히 어머니는 자신의 딸이 자신과 같은 삶을 살아가게 될 것에 대한 연민과 애정으로 더욱 돈독한 관계를 유지하게 된다. 모녀관계는 부녀관계와는 달리 딸이 출가한 후에도 친정어머니로써 여러 가지 도움을 주면서 관계를 유지한다. 따라서 모녀관계는 비록 비공식적이긴 하지만, 생활경로가 같고 상호이해가 깊다는 점에서 가족관계중에 가장 가까운 관계라고 하겠다.

17장 현대가족의 특성

1. 맞벌이가족

1) 맞벌이가족의 출현배경

지난 30여년간 우리나라는 급격한 산업화와 도시화의 사회변동 속에서 경제적으로는 고도의 성장을 누렸고, 사회적으로는 고도의 성장을 누렸고, 사회적으로 급격한 제도적 변화를 겪었다. 특히 우리 사회의 기본적 단위인 가족제도는 그 구조와 기능에 있어서 상당한 변화를 보였다(최재석, 1987). 즉 기존 가족형태와 다른 다양한 가족형태의 출현, 가족기능의 사회적 전이, 또는 가족주의가치관 및 가족구성원의 역할 변화 등을 들 수 있다. 물론 이러한 변화는 우리나라에만 국한된 현상이 아니다(Goode, 1970). 2차 세계 대전 후 대부분의 산업국가들은 여성의 경제활동을 - 특히 취학전 자녀를 둔 기혼여성의 경제활동율 - 의 급격한 증가를 겪었다(Kamerman & Kahn, 1981). 이러한 현상은 후기산업사회로 접어 들면서 더욱 심화되어, 외형적으로는 전통적 확대가족의 감소, 부부자녀중심의 단순핵가족에서 파생된 편부모가족, 동거가족, 독신가구등의 다양한 가족형태등으로 나타났으며, 내부적으로는 성역할이나 가족관계, 가족주의가치관의 변화를 보였다. 미국에서는 파슨즈가 지적한 산업사회적 핵가족형태가 1950년에 59.4%였던 것이, 1980년에는 30.0%로 감소하였으며, 맞벌이가족, 한부모가족 또는 독신가구, 비혈연가구 등이 증가하여 전통적 산업 사회적 핵가족형태를 능가하였다. 한편 우리나라에서의 이러한 사회적 변화는 기존의 전근대적 가치 지향성의 청산이나 부정위에서 이루어진 것이 아니라, 기존의 가치 지향성의 준거틀 선상에서 이루어진 것이었다(박영신, 1983). 즉 근대화와 더불어 겪은 우리 사회의 발전이란 것이 인간관계의 합리적인 재구성이라던가 혈연주의, 온정주의, 서열주의, 권위주의 등의 근원적인 가치재구성을 선행조건으로 한 발전이 아니라 단순히 자본주의 사회가 안겨주는 물질적 경제력 증대에만 관심을 모았다. 최근의 일련의 변화속에서 주목되는 「맞벌이가족」의 증가 역시 남성 중심의 전근대적 이데올로기를 칭찬하거나 거부하지 못할 상태에서, 가족의 경제적 수준만을 향상시키려는 목적을 앞세우면서 형성된 가족형태라고 볼 수 있다. 맞벌이가족은 구조적으로는 기존의 확대가족 내지 핵가족형태를 취하지만, 부부가 함께 경제활동을 한다는 면에서 기능적인 측면이나 가족관계 측면에서 새로운 가족형태로 간주할 수 있다. 특히 이러한 가족형태는 가족의 내부적이고 규범적인 변화 - 즉 가족의 역할분담이나 가족 이데올로기의 변화 - 까지 포함한다는 점에서 중요한 변화라고 하겠다(Gerson, 1985). 산업사회의 대표적 핵가족(남편 - 도구적역할/부인 - 표현적역할)형태가 역기능적인 가족형태로 지적되면서, 과거의 상이한 부부역할 수행보다는 역할의 공유, 동등한 의사결정, 평등한 동반자적 관계를 유지하고자 하는 욕구에 부응할 수 있는 맞벌이가족형태는 바람직한 가족형태로 추구될 전망이다. 따라서 가정밖에서 여성들의 경제활동이 활발하여진 만큼, 가정내에서 남성들의 역할 및 참여도 확대되도록 촉진시켜야 한다. 그리하여 부부가 함께 유연성 있는 신가족주의가치관을 정립하여 전통적인 유지해 나가도록 해야할 것이다(조형외 2인, 1982).

산업화가 먼저 이루어진 구미사회에서는 맞벌이가족이 사회적으로 보편화된 현실로, 이 분야에 대한 대 부분의 연구도 서구의 산업사회 중심이다. 또한 대부분의 논문들이 여성을 대상으로 연구하므로써, 맞벌이가족 형성 및 발달이 여성의 일차적 책임으로 간접적으로 인식되고 있다(Frankel, et al, 1982 : Dex, 1988).

맞벌이가족은 산업사회적, 도시적 개념이다. 전근대적 농업위주의 사회에서는 가정과 일터의 분리가 없었으므로, 남편과 부인중에 누가 생계유지를 담당하는가를 굳이 밝힐 필요가 없었고, 실제로 남편과 부인이 생계유지수단을 공유하였던 것으로 보인다. 그러나 산업화, 도시화가 가속화됨으로써, 일터와 가정은 분리되고 남성은 가정 밖으로 나가 생계유지를 위한 임노동에 편입되고 여성은 가정내에 머물러 가사노동을 전담하게 된 것이다. 그러므로 맞벌이가족의 출현배경 및 형성과정을 분석하기 위하여서는 농경사회로부터 산업사회로의 전환, 그리고 발당과정들을 역사적으로 고찰함과 동시에 가족과 사회의 유기적인 발전관계를 살 보아야 한다.

산업사회에서의 '맞벌이가족'이란 여성이 결혼한 후에 직장을 갖는지의 여부에 따라 결정된다는 점에서 맞벌이가족의 출현은 여성의 경제활동의 변화과정과 밀접한 관계에 놓인다. 즉 맞벌이가족의 출현배경은 여성노동력의 역사적 사회적 맥락 속에 위치하므로 이러한 역사적, 사회적 변화에 대한 언급이 필요하다.

먼저 근대사회에 들어 와서 경제활동에 대한 인식 변화를 통하여 맞벌이가족의 출현배경을 살펴보겠다. 「경제활동」이란 개념을 광의로 해석할 때, 여성의 경제활동참여는 산업사회에서 새로이 나타난 현상이라고만 할 수는 없다. 인류사회가 지구상에 존재한 이래, 여성들은 남성들과 마찬가지로 어떤 형태로든 경제활동에 참여하여 왔다. 즉 인간의 생존에 필요한 재화나 용역을 생산, 교환, 분배, 그리고 소비라는 일련의 활동들을 경제활동이라고 정의한다면, 여성의 경제활동참여는 역사적으로 항시 존재하여 왔을 뿐만 아니라, 이러한 활동의 주체자로써 상당히 중요한 역할을 담당하여 왔음을 간과할 수 없다(박세일, 1987). 게다가 직업이 미분화되고, 모든 인간 활동이 가족을 중심으로 이루어 졌던 전근대적 사회에서는 "일한다"는 자체가 생계유지의 직접적 수단이었으므로, 이러한 영역에서 여성이나 미성년자라고 하여 특별한 배려는 따르지 않았다. 다시 말해서 19C이전 까지의 가족형태는 가장이 경제적 역할을 전담하는 부부가족형태가 아니라, 가족이 하나의 공동체로써 구성원들 모두가(여성과 아이들도 포함한) 가족의 생산경제활동에 가담해야 하였던 것이다. 이 시기에 경제활동은 성별, 연령별에 따른 차이보다는 오히려 사회적 신분(즉 계층)에 따른 차이가 더욱 컸다고 하겠다. 실제로 서구에서 아동기 및 청소년기의 미성년자들을 일(노동)에서 제외시키기 시작한 것은 대중교육제도가 실시되는 시점이었다(Kett, 1977).

그러나 19C산업혁명에 따른 공장제 도입으로 가정과 일터는 서로 다른 분야로 철저하게 분리되었으며, 이에 따라 경제활동이란 개념도 차츰 제도화된 사회 내에서 일정한 직장을 가지고 노동을 제공한 대가로 임금이나 봉급을 받는 활동으로 해석되었다.

이러한 새로운 의미의 경제활동은 단순히 생계유지를 위한 수단적 차원이 아니라, 개인의 능력, 취미를 계발하고, 사회 계층을 위치지우는 공동체 사회의 일원으로써 인식되는 중요한 활동이며 한 개인의 삶의 통합적인 의미를 나타내게 되었다.

그러나 이러한 중요한 기능도 불구하고, 산업사회의「경제활동」은 임금을 지불하는 일터는 남성들에게, 무보수의 가정일은 여성의 몫으로 분리시킴으로써, 현실적으로 여성들의 가사노동의 사회적 가치를 인정하지 않았다. 또한 공식적 노동시장 내에서는 성차별적 대우를 통하여, 여성들의 노동시장참여를 제한하였다. 산업사회에서의 여성들은 일단 결혼을 한 후 자녀양육과 교육을 담당하는 어머니와 노동에 나가는 남편의 내조자인 아내로써의 역할을 성실히 수행하는 일이 가장 이상적인 여성의 상으로 정형화되었고, 이러한 여성상은 사회적으로 인식된 규범으로 정착되었다. 그러므로 초기 산업자본주의사회 단계에서는 여성의 사회경제적 지위가 오히려 전자본제 사회에서 보다 하락하였다는 지적도 있다(한국인구보건연구원, 1987).

그러나 산업화가 진전되면서 여성의 경제활동율은 증가되었고, 이러한 증가 추세는 개인적 동기와 사회구조적 변화라는 두 가지 측면에서 고찰할 수 있다.

사회적으로 인정되지 않는 무보수의 가사노동보다는 보람있는 일에 대한 욕구, 또한 생활수준향상을 누리기 위한 지속적인 경제적 지출의 필요성 등의 개인적 동기를 들 수 있다. 이와 동시에 사회구조적 변화로는 과거 여성취업을 제한하였던 부정적 요인들이 감소되었다. 즉 가족크기의 축소로 자녀양육기간이 짧아지면서 가족생활주기의 변화가 나타났고, 절대적인 가사노동량도 감소되는 등 복합적 요인들이 기혼여성의 취업의욕을 증진시켰다. 또한 기술발전으로 여러 가지 가정기기가 도입되어 가사노동이 단순화, 편리화되었으며, 가사활동시간도 단축되었고, 동시에 상당부분의 가사노동이 사회화되었다. 한편 전통적으로 여성의 권한(주부권)아래 가족이 담당하여 왔던 기능이 여러 전문기관으로 분담되어 가정 내의 여성 활동은 더욱 제한되었다. 게다가 여성취업에 대한 사회적 인식 또한 긍정적으로 바뀌었다. 이러한 사회적 인식은 초기의 미혼여성의 취업에서 점진적으로 기혼여성의 취업까지 수용하게 되었으며(Ogburn & Nimkoff, 1955), 대량생산체제의 산업사회구조는 여성에게 보다 폭넓은 취업

기회를 제공하였다. 그러므로 여성취업을 촉진시킨 개인적 동기는 기혼여성으로 하여금 가정이라는 울타리 밖으로 밀어내는 배척요인(push fator)으로 작용하고, 사회구조적 요인은 이들을 노동시장으로 끌어들이는 유인요인(pull factor)로 작용한 것이다. 기혼여성의 취업 증가는 여성들이 사회적 노동에 참여함으로써 종속적 위치를 탈피할 수 있는 점에서 하나의 진보로 받아들일 수는 있으나, 이러한 증가 현상이 곧 여성의 노동시장에서의 위치개선, 또는 가정내에서의 평등한 위치, 사회경제적 지위향상으로 이어지지는 않고 있다는 점을 염두에 두어야 한다.

2) 맞벌이 가족의 형성과정

맞벌이가족의 형성과정은 여성의 결혼 후 취업현상과 직결되므로, 결국 기혼여성의 노동시장 참여율을 중심으로 전반적인 여성노동력 변화추세를 살펴봄으로써, 그 형성과정을 보다 구체적으로 분석할 수 있다.

■ **1990년 - 해방이전** : 과도기(여성노동참여의 원초기)

우리나라에서 근대적 의미의 여성 경제활동참여는 1900년대 초 구한말로 거슬러 올라간다. 그 이전까지는 엄격한 가부장체제, 유교적 남존여비사상, 폐쇄적 신분사회로써 여성으로 하여금 삶의 주체적이고 적극적인 존재가 아닌 수동적이고 종속적인 부속물에 머무르도록 하였다. 따라서 이러한 상황 하에서 여성의 가정 밖의 활동기회란 거의 상상할 수 없었다.

그러나 1900년 초 일본은 식민지 종속적인 자본주의체제하에서 값싸고 손쉬운 여성 노동자들은 노동현장에서는 혹사를 당하였고, 특히 기혼여성들은 전통적인 대가족제도에 묶여 이중삼중의 고통을 겪기 시작하였다. 초기 여성노동자들은 방직부문에 취업하였는데, 1930년경 일제의 침략이 본격적으로 가속화되면서 경공업분야 뿐만 아니라 중공업분야(고무장갑이나 정미공업 등)에도 진출하였다. 이 시기의 여성노동자들은 대부분 저연령의 미혼여성들이었으며, 일제의 가혹한 노동착취 속에서 가부장적인 억압과 생계비수준에 훨씬 못 미치는 저임금속에서 노동을 하였다. 한편 일제에 의해 조선의 경제가 자본주의체제로 재편되는 과정에서 농촌의 피폐화로 인하여 농촌여성들도 역시 농업노동과 부업, 가사노동으로 혹사당하였다. 그러므로 이 시기의 여성들의 노동참여는 개인적인 선택에 의해서 라기 보다는 식민지시기의 왜곡된 자본주의과정의 결과로 나타나 여성 노동의 사회적 의미나 여성지위와는 전혀 무관하게 이루어졌다고 볼 수 있다.

■ **해방이후 - 1960년 이전** : 사회적 혼란기(여성노동의 인식 전환기)

해방직후 일본의 식민지정책으로 극심한 경제적 파탄 속에서 징용노동자들이 귀국하면서, 우리나라는 일시적으로 실업문제를 겪었고, 이러한 실업문제가 크게 사회문제화되자 여성들의 경제활동은 크게 위축되었다. 그러나 곧 6.25를 맞이하면서, 군수적인 노동력수요가 늘고, 남성 노동력의 상대적인 부족으로 여성의 경제활동참여가 다시 활발해지기 시작하였다. 1952년 통계에 의하면, 전체인구 2,052만명 중 1,367만명이 경제활동인구였는데 이중 44%가 여성으로 610만명의 여성이 취업하고 있었다(이명희, 1985). 종전후 여성들을 가정내에 묶어 놓으려는 사회적 분위기가 다시 고조되었으나, 전재의 와중에 남편을 잃은 여성들이 생계유지 수단으로 노동을 지속하였고, 또한 전쟁으로 인한 사회경제적 혼란은 가치관의 변화를 가져와 여성의 경제활동에 대한 인식도 변하게 되었다.

■ **1960년 - 1980년** : 초기 산업화시기(여성노동력의 양적 팽창기)

원조경제에 의존하였던 1950년 중반을 지나 1960년대에 접어들면서 본격화된 산업화과정은 정부주도하의 수출위주 경제성장우선의 대외지향적 정책이었다. 이러한 초기 산업화과정은 급속한 사회변화와 근대화를 가져 왔다. 이와 동시에 정부의 산업화전략에 따른 산업구조개편, 고용확대정책 등이 여성의 노동시장참여를 조장하는 요인으로써 부각되면서 노동력의 성별구조에도 커다란 변화가 나타나고 여성의 경제활동인구가 급격히 증가하였다. 그러나 이 시기에 한국은 세계경제체계에 편입되어 주변국의 종속적 발전을 이루어 왔으며, 이러한 발전은 이농현상을 가속화시켜 농촌에서는 여성으로 하여금 생계적 농업노동에 참여하도록 만들고, 도시에서는 비공식 부문의 여성노동참여를 유발시켜 노동력의 양적 팽창에도 불고하고 여성의 지위를 하락시키는 결과를 초래하였다.

초기 산업화단계로 특징지울 수 있는 60년, 70년대 우리나라 경제개발정책은 전통적 기술을 요하고 노동집약적 수출산업부문인 봉제 섬유 등의 경공업부문에 주력함으로써, 취업여성의 연령분포가 매우 낮고, 저학력 미혼여성들이였으며, 고용형태도 학교 졸업이후 결혼하기 이전까지만 취업하는 단기형이 대부분이었다.

■ **1980년 - 현재** : 산업화 가속화 시기(여성노동의 질적 변화기)

여성노동력의 양적 변화를 보면, 여성의 경제활동참가율은 1963년도 267만여명에서 1987년도 45.0%로 증가하였으며, 여성의 총취업자수는 1963년도 267만여명에서 1987년 661만명으로 증가되어 총취업자의 40.4%에 이르고 있다. 또한 취업여성의 유배유자 비율을 보면,

1987년 62.6%(약 400여만명)을 차지하고 있다(한국여성개발원, 1988). 1980년대 우리나라 산업화속도가 완화되어 안정단계에 접어 들면서 절대적 빈곤이 어느 정도 해결되고, 출생률저하, 생활수준의 향상과 교육수준의 증대로 인하여 저학력 미혼 여성 노동력이 감소하자, 여성취업자들의 연령이 높아지기 시작하였고, 따라서 기혼여성의 취업비율도 높아졌다. 그리하여 노동시장내에 고학력소지자의 기혼 여성들도 차츰 유입하기 시작하면서 여성인력 공급구조 패턴이 바뀌게 되었다. 그럼에도 불구하고 기업은 저연령, 저학력의 노동력에 의존하던 임금수준과 근로조건을 개선하지 않고 있으므로 이러한 노동력 부족현상은 계속 증폭될 전망이다.

노동력의 보충을 위하여 기혼여성취업을 장려하는 정책은 때마침 여성의식의 성장과 맞물려 기업고 정부에서도 기혼여성취업에 앞장서기 시작하였다. 그러나 이러한 정책은 주로 중산층 기혼여성들을 중심으로 이루어지고 있는데, 이들 중산층 여성집단은 교육수준이 높고 생계유지보다는 자아실현측면에서 일을 하는 경우가 많아 임금수준이 낮으면서도 질좋은 여성노동력의 제공원이 되었다. 이러한 현상은 여성의 취업이 부차적으로 사회요구에 따라 탄력적으로 운용되고 있음을 알 수 있다. 여성의 경제활동 참가율을 보면, 1980년대 이전까지는 미혼여성의 경제활동참가율이 높았으나 1980년 이후부터는 기혼여성의 참여율이 높아지는 반대현상이 나타났다. 다시 말해서 고용형태가 기혼 중년여성을 중심으로 한 장기형으로 점차 바뀌어지는 추세를 보이고 있다. 또한 여성의 시간제 취업율도 차츰 높아지고 있다(조선일보, 1991). 시간제 취업은 기혼여성에게는 전일제 노동으로 인한 가정생활병행의 어려움을 해결시키고, 기업측으로는 간접 비용의 부담없이 고용인원을 적절히 조절할 수 있다는 이점과 맞물려 점차적으로 증가하고 있는 추세이다. 이러한 증가 추세는 앞으로 컴퓨터와 정보통신의 발달로 이한 재택근무 등으로 더욱 가속화 될 것이며, 특히 기혼 여성들이 경직된 근무시간에 따르지 않고, 자신의 집에서 처리해야 할 업무를 융통성 있게 처리해 낼 수 있다는 점에서 긍정적인 면을 볼 수 있다. 그러나 시간제 취업으로 인한 불안정한 고용형태나, 노동착취, 기타 여러 가지 복지혜택배제 등의 가능성을 제도적으로 보완하여야만 할 것이다.

한편 여성노동의 고령화와 장기화 현상은 도시 뿐만 아니라 농촌에서도 마찬가지이다. 농촌의 경우에도 이농이나 교육수준의 향상으로 인하여 연령이 낮은 여성이나 청장년들은 도시로 이동한 결과 농사에 참여하는 30대, 40대 기혼여성들의 비율이 매우 높아졌다. 농촌지역의 자료를 살펴보면, 40대 여성의 생산활동 참여는 1960년도에는 40.6%정도였는데, 80년대에 들어 와서는 71.5%로 증가하였다. 실제로 기혼여성의 경제활동참가율은 도시보다 농촌에서 더욱 높게 나타났다.

3) 맞벌이가족의 유형과 특성

우리나라 맞벌이가족의 실태에 관한 정확한 통계적 자료는 많지 않다. 그러나 점차적으로 증가하는 맞벌이가족에 대한 사회적 인식이 고조됨으로써 사회적 관심이 집중되고 있다. 맞벌이가족의 실태분석은 취업여성의 취업동기나 직종차이, 사회계층차이, 취업여성의 인생주기 요인, 도시와 농촌간의 지역적 요인 등에 따라 상이한 결과가 나타난다. 먼저 여성의 취업동기에 따라 맞벌이가족의 형태를 다음과 같이 분류하였다.

■생계유지형 맞벌이가족 : 가족의 경제적 필요성에 의하여 기혼여성이 비자발적인 취업을 하는 형태

■내조형 맞벌이가족 : 생계위협을 받지는 않지만 가족의 보다 나은 경제적 여유를 위하여 취업을 하는 경우와 남편이 학업을 계속하거나 출세를 위하여 여성이 생계를 전적으로 담당함으로써 파생되는 형태로써 취업은 하였지만 여성의 성역할태도는 매우 보수적이며 남편에 종속된 위치를 수용하는 형태

■자아실현형 맞벌이가족 : 중산층이상 고학력의 여성들이 가사노동의 사회적 불안정 속에서, 취업을 통하여 자아를 실현시키고, 근대적인 성역할 태도에 입각하여 평등한 부부관계를 정립하려는 형태

■여가활용형 맞벌이가족 : 주로 중산층을 중심으로 경제적 이유, 내조, 또는 자아실현 등을 크게 의식하지 않고 자신의 취미를 살리고 여가를 활용하기 위하여 직업을 가지고자 하는 형태

맞벌이가족을 위와 같이 분류할 때, 우리나라 취업여성의 상당수는 생계유지형에 해당되며, 나머지 세 유형의 비율은 그다지 높지 않다. 그러나 후기산업사회로 접어들면서, 정보화사회에서 여성인력의 요구가 더욱 높아지게 되면, 우리나라도 점차적으로 구미사회에서 볼 수 있는 자아실현의 맞벌이가족의 비율이 높아지리라 전망된다.

맞벌이가족의 특성으로는 개인 중심적인 산업화사회에서 여성 개인의 경제적 욕구충족과 사회적 인력수요가 맞물려 점차적으로 증가추세에 있는 맞벌이 가족은 전통적인 확대가족이나 기존의 핵가족과는 다른 몇가지 특성을 나타낸다. 가족구조적으로 보면, 대부분의 맞벌이가족은 확대가족이나 핵가족형태를 취한다. 그러나 일반적으로 자녀양육이나 가사노동의 편의를 위하여 확대가족 비율이 전국통계보다는 약간 높게 나타났다. 또한 핵가족 구조를 취하는 경우에도, 친인척들이 근거리에 거주하여 상호부조가 손쉬운 수정핵가족 내지

수정확대가족 형태를 보이는 경우가 많다.

부인의 취업이유는, 생계비보조 등의 경제적 이유가 가장 많고, 다음으로 저축, 자녀교육비순으로 나타났다(한남제, 1985 ; 한국여성개발원, 1986). 그러나 여성의 자아실현이나 사회적 공헌 등은 국한되어 있음을 알 수 있다. 즉 기혼여성의 취업동기는 자본주의적 산업체제에서 취업을 통한 경제적 여유와 생활의 질을 높히려는 점으로 집약된다. 그러나 이러한 강한 경제적 동기와 더불어 도시 중산층 가족에서는 가족내의 부인의 역할감소에 따라 대체효과가 취업으로 나타난다는 점에서 자아실현의 동기도 간과할 수는 없다.

취업양상을 보면, 기혼여성의 취업직종은 지역에 따른 산업구조의 차이에 따라 상이하게 나타나는데, 농촌에서는 대부분 농업관력직이고, 도시에서는 판매직과 서어비스직이 대부분을 차지하고, 다음으로 생산직이다(한국인구보건연구원, 1987). 취업직종의 분포는 기혼여성의 교육수준과도 높은 상관관계가 있는데, 농업관력직은 저학력, 판매·서어비스직은 중간 수준, 그리고 전문·기술직 및 사무직에는 고학력층이 편중되어 있다.

맞벌이가족내의 가족관계를 살펴보면, 일반적으로 맞벌이가족에서 여성은 재정권 강화로 가정내 역할 분담이나 권력관계에서 비교적 대등한 위치를 차지하는 것으로 나타났다(Stromberg & Flarkers, 1978 ; Voydanoff, 1987). 이러한 현상은 특히 하층사회와 노동계층에서 더욱 뚜렷하다고 하였다. 그러나 우리나라와 같이 전통적인 남성중심의 가부장이데올로기와 경직된 사회적 규범 때문에 자신들의 경제적 자원을 권력분배를 위한 협상에 사용하려는 시도는 하지 않고 있는 실정이다(조혜정, 1981).

부부의 성역할태도 역시 여성의 취업여부가 관련이 있다(박충선, 1987). 부부가 함께 근대적인 성역할태도를 가진 경우 맞벌이가족형태를 취할 가능성이 매우 높으며, 또한 부인의 취업을 통하여 남편의 성역할태도가 근대적으로 바뀔 수도 있다(Thornron, et al, 1983).

한편 구미사회에서는 맞벌이가족내의 부인의 역할내지 권력행사뿐만 아니라 남편의 역할도 상당히 변하고 있는 동적인 부부관계가 나타난다고 하였다. 그러나 이러한 부부관계 변화는 여성취업률은 급격하게 증가하는 반면, 남성의 가정내 역할 변화는 서서히 이루어지므로써, 남성과 여성의 현실적 상황과 기대간의 지체현상을 보이고 있다(Pleck, 1985 ; Spitze, 1988). 따라서 현실적 변화에 대한 적절한 대응책으로써, 남성들의 규범적 역할에 대한 재인식이 요구되는 시점이다. 그러나 우리나라에서는 부인의 취업을 통하여 남편의 생계담당자(bread- winner)역할은 공유되었으나, 가사활동은 여성에 의해 수행되고 있는 실정이다. 게다가 일부이긴 하지만, 가사노동의 도움을 위하여 대리가정부를 고용하거나, 부모·친척등의 보조를 받고 있으며, 따라서 부부간의 역할을 공유할 기회를 원초적으로 상실당하고 있다(옥선화, 1984)

맞벌이가족에서 부부간의 적응양상은 남편-직업/부인-가정의 일반가족과 큰 차이는 없는 것으로 나타났다. 여성의 취업은 자신의 다주역할간의 갈등을 증가시키기는 하지만, 이로 인하여 배우자와의 적응도가 낮아지기보다는 오히려 자신의 직업을 통하여 만족을 얻음으로써 전반적인 결혼만족도에는 큰 차이가 없다고 하였다(Goode, 1965). 맞벌이가족의 가족갈등 중에 가장 중요한 자녀와의 관계는 사회적계층, 직종, 자녀의 연령과 성별 등의 복합요인에 따라 상호작용을 하게 된다. 일방적으로 자녀 양육대행자는 시·친정부모나 가정부, 파출부들인데, 시·친정부모의 경우에는 과잉보호에 대한 갈등, 가정부나 파출부인 경우 애정 없는 양육에 대한 우려, 그리고 형제끼리 방임하는 경우에는 모성에 대한 죄의식 등으로 대부분의 취업여성들은 자녀와의 관계에서 심각한 갈등을 느끼고 있는 것으로 나타났다(유수남, 1980).

4) 맞벌이가족의 당면문제

맞벌이가족의 가장 큰 당면 문제는 첫째, 자녀양육 및 교육문제를 들 수 있다(한국갤럽연구소, 1983 ; 한국여성개발원, 1986). 특히 우리나라와 같이 여성취업의 사회적 인식이 초기단계이고, 탁아시설도 미비한 상태에서 자녀양육이나 자녀교육이 가장 심각한 문제로 나타난 것은 지극히 당연한 결과를 받아들일 수 있다. 게다가 단순한 양육이나 교육측면 뿐만 아니라, 부모와 자녀간의 상호작용까지도 위기에 놓일 수 있다. 그러므로 기혼여성들로 하여금 자녀양육의 책임에서 어느 정도 벗어날 수 있도록 모성보호 복지정책의 필요성이 요구되고, 인력자원의 효과적 활용이라는 점에서 중요하다.

둘째, 가사노동분담문제이다. 남성들은 직업을 가지면서 가사노동의 책임을 느끼지 않는 반면, 여성에게는 취업을 하였다는 사실이 가사노동으로부터 탈피할 수 있는 기회를 제공해주지는 않는다. 핵가족화현상과 핵가족내의 획일적인 부부역할분담은 경제발전에만 궁극적 목표를 두었던 우리나라 현실에서 가족의 기능은 남편의 산업화를 지원해 온 도구적 역할이 강조되었다. 게다가 가부장이데올로기가 지배적인 현실에서 직장을 가졌기 때문에 더욱 가사노동을 잘해내야 한다는 자격지심까지 작용한다. 그러므로 기혼여성들의 가정내 역할을 재조정하지 않는 한 현재나 미래의 취업문제에서 야기되는 문제들을 피할 수 없을 것이다. 즉 가족에 대한 끝없는 헌신과 복종에서 벗어나 탈가족적인 가치관이 보편화되어야 한다. 기혼여성의 역할전환문제는 취업당사자와 가족구성원들의 유기적인 관계를 재구성하고, 사회적으로는 남녀간의 공평한 기회가 제도적으로 보장될 수 있는 공동체로써의 가족의 기능을 강구시켜야 한다. 그리하여 수직적인 부부관계에서 수평적인 부부관계로 전환되어야 하며 가사노동과 임노동의 가치 불균형을 해소시켜 나가야 한다.

셋째, 기혼취업여성들의 상당수가 고임금의 안정된 노동시장보다는 저임금, 미숙련의 불안정한 직종에 편중되어 있다는 사실이다. 이들은 높은 노동강도속에서 낮은 임금을 감수하면서 장기간의 노동시간에 시달리면서 일하고 있다. 특히 저소득층의 여성들은 결혼하여 가정에서만 안주할 수 없는 경우가 대부분이다. 저소득층의 맞벌이 부부 가족은 경제적 자립이나 생활수준향상은 커녕 현실적으로 절박한 생계유지수단으로 절대적 빈곤을 탈피하기 위하여 취업을 하나, 결혼전보다 더욱 불리한 조건으로 재취업을 하게 되는 경우가 흔하다(이미영, 1986 ; 이효재, 1986 ; 김애령, 1987). 물론 이러한 어려움을 극복하고, 전통적 역할을 거부하고자 하는 취업여성들도 있지만, 앞에서 언급하였듯이 취업여성들 중에 상당수는 경제적 이유에서 노동시장에 방치할 수는 없다.

이와 같이 개인적·사회적차원의 다양한 문제를 안고 있음에도 불구하고, 아직도 지배적인 사회인식은 기혼여성의 현모양처 역할을 요구하고 있는 실정이다. 그러므로 맞벌이가족이 직면한 자녀양육이나 가사노동분담, 노동시장의 구조적 문제 등을 개인적 차원에서 해결하기보다는 정책적 차원에서 통합적 지원책이 필요한 시점이라고 생각된다.

그리하여 맞벌이가족형태가 개인적인 차원에서 단순한 경제적 필요성뿐만 아니라, 남성과 여성이 일을 통하여 자신들의 삶에 진정한 보람을 느낄 수 있는 수준에 이르러야 비로소 미래사회에서 평등하고 인간적이며 민주적인 부부관계형성에 이상적인 모델로 정립될 수 있을 것이다. 또한 맞벌이가족이 보편성을 지니는 사회적 상황에 적용하기 위하여 가족과 사회는 공존의 차원에서 새로운 인식이 뒤따라야 하며, 특히 가족의 기능, 역할도 재정립될 수 있도록 많은 논의가 되어야 하겠다. 그리하여 생활체계로써의 가족은 새로운 시기에 적극적으로 대응할 수 있는 새로운 틀을 형성하여 모든 사회적 변화를 함축할 수 있는 준거가 되어야 한다.

2. 한부모가족

1) 한부모가족의 출현배경

산업화된 현대사회속에서 가족의 형태는 다양하다. 농경사회에서의 전통적 가족의 형태는 비교적 동질적이였으나, 산업화가 진행됨에 따라 다양한 형태의 가족유형들이 나타나기 시작하였다. 물론 편부모가족은 우리의 전통사회 속에서도 줄곧 존재하여 왔다. 그러나 1960년이후 산업화 과정을 거치면서 경제의 규모가 늘어났으며, 그 가운데 한국 사회는 크고도 근본적인 변화를 겪고 있고, 그러한 변화 속에서 우리의 의식과 행동도 크게 바뀌면서 전통적 가치 체계는 큰 충격을 받고 있다. 물론 우리 사회에서 가장 보편적인 가족형태는 양부모를 중심으로 한 핵가족 형태이긴 하지만, 기존 가치 체계의 흔들림 속에서 가족구조의 변화도 자연스럽게 일어나고 있다. 가족이 겪고 있는 변화 중에 가장 뚜렷한 변화가 최근 사회적 관심사를 끌고 있는 한부모 가족(single parent family)인데, 미혼모 및 이혼률의 증가와 더불어 한부모가족을 형성하는 가구가 지속적으로 증가하고 있는 실정이다. 그리고 이러한 변화는 사회적 변화들에 대한 이차적 증상들로써 빠른 경제 성장 속에서 예상되는 잔류수준을 크게 넘고 있다. 사회에서 이들 가족들을 보는 시각들은 다양하고 모두 나름의 논거를 지니고 있겠지만, 공통적인 인식은 이제는 한부모가족을 새로운 그리고 다소 일탈적인 유형의 가족형태라기 보다는 새로운 시각을 요구하는 가족형태라고 보아야 타당하다는 것이다. 따라서 이들 가족들이 직면하고 있는 여러 가지 사회적 상황과 제반 문제에 대하여 재조명해야 할 필요가 절실해지고 있는 것이 오늘의 현실이다.

2) 한부모가족의 형성과정

한부모가족의 형성과정에도 다양한 원인들이 지적되면서, 많은 가족관련학자들이 관심을 갖게 되었으며, 전국적인 증가추세에 따라 정부에서도 복지대책의 일환으로 고려하기 시작하였다. 과거의 한부모 가족은 생활주기에 따른 배우자의 사망에 의하여 어쩔 수 없이 발생하게 되는 경우가 대부분이었다. 특히 1950년에서 1960년대에 이르는 6·25 전쟁과 월남전 파병으로 인한 한부모 가족의 출현을 지적할 수 있고, 산업화가 가속화됨에 따른 산업재해, 또한 생활양식의 변화에 따른 성인병 및 스트레스의 증가로 인한 사망 등의 다른 요인들도 한부모 형성과정에서 중요한 원인으로 등장하였다. 물론 오늘날에도 이러한 여러 가지 이유로 인한 배우자의 사망에 의한 한부모 가족이 가장 많이 발생하고 있기는 하지만, 의학기술과 생활수준의 향상으로 인하여 평균 수명이 늘어나면서 그 비율은 상대적으로 서서히 감소하고, 오히려 이혼, 별거, 유기 등의 가족해체에 따른 한부모가족 발생 비율이 상대적으로 높아지고 있다. 1990년대 초반에 접어들면서 사별로 인한 한부모 가족은 감소하는 반면, 이혼이나 별거로 인한 한부모 발생이 증가하고 있다. 특히 이러한 가족해체현상은 일시적인 사회현상에 그친다기 보다는 산업화 도시화에 따른 사회구조의 변화, 여성의 사회경제적 지위향상과 역할의 활성화, 그리고 전반적인 사회규범과 가치관의 변화가 가져온 결과로써 우리사회에서 상당 기간 동안 점진적으로 증가할 것으로 전망된다. 따라서 이러한 한부모 가족환경 속에서 성장하게 되는 자녀들의 숫자도 증가할 것이며, 이들에 대한 사회적 배려도 보다 체계적으로 이루어져야 할 것으로 사료된다.

3) 한부모가족의 특성

전체가구 중에서 한부모가족이 차지하는 비율이 낮지 않을 뿐 아니라 그 비율이 지속적으로 증가하고 있다는 데에 주목해야 할 것이다. 더욱 심각한 문제는 이들이 처해있는 환경이 매우 열악하다는 점이다. 즉 미혼자녀를 데리고 편부나 편모는 홀로 가정을 꾸려나가야 하므로 원천적으로 역할갈등 및 역할과중의 소지를 안고 있고, 혼자 가족을 부양해야 하는 생산적 역할과 자녀를 돌보고 가사노동을 수행해야 하는 재생산적 역할을 양립할 수밖에 없는 어려운 환경에 처해 이들의 복지가 위협받고 있다. 또한 한부모가구는 다른 가구형태와는 달리 미혼자녀들을 포함하고 있으므로 자녀양육 및 교육, 청소년문제 등의 사회적 문제와 밀접한 연결고리를 형성하고 있다는 점에서 간과할 수 없다. 실제로 한부모가족은 양부모가족에 비해 경제적 문제, 정서적 문제, 대인 관계망적 문제, 자녀양육 및 역할재조정 문제 등 그들이 직면하고 있는 문제가 매우 다양하다.

우리나라의 전통적 가족구조는 개인 중심적이라기 보다는 가족공동체적인 성격이 강하여 자신의 직계가족은 물론 친·인척의 다양한 생활관계망에서 존재하여 왔다. 따라서 한 개인이 배우자를 잃는다 하여도 단절이나 고립되기 보다는 친·인척의 폭넓은 관계망에서 생계에 필수적인 최소한의 경제적 지원을 받으며 생활을 지속할 수 있었다. 또한 정서적 측면이나 자녀교육 및 부양문제도 가문의 책임이나 보조 속에서 공동체적으로 이루어졌으며, 전적으로 한 개인의 책임이나 의무로 간주되지는 않았다. 그러나 지난 40-50년 동안 우리 사회는 소위 산업화된 사회구조를 갖게 되고, 서구사회와 같이 부부중심의 핵가족 형태를 취하면서, 폭넓은 가족공동체적인 관계망을 상실하게 되면서, 편부모가족은 곧 사회적 단절을 가져오는 비정상적인 가족형태로 변하게 된 것이다. 핵가족 중심적 사회에서 친족간의 상호관계는 매우 미약하며, 두 사람이 주도해나가는 가족체제 속에서 남성이든 여성이든 간에 혼자 대응하여 생존하기는 매우 어려운 환경이다. 즉 전통사회에서는 가족체계내의 상부상조로 해결될 수 있었던 많은 문제들을 현대사회에서는 자신의 가족 테두리 내에서 자급자족적 해결방안에만 의지해야 하므로 한부모가족의 고충은 양부모가족의 경우보다 더욱 클 것이라는 점에 대해서는 의심의 여지가 없다.

그러나 이러한 규범적 어려움 속에서도 한부모가족은 더욱 증가할 전망이고, 하나의 대안적 가족형태로 자리 잡아 가는 과정에서 발생할 수 있는 여러 가지 문제점들을 해결하고 대응하기 위하여 한부모가족에 대한 체계적인 실태조사가 절실히 요구되고 있다. 이들 가족들이 직면하고 있는 문제는 크게 정서적인 문제와 경제적인 문제로 분류할 수 있고 진정한 의미의 가족복지를 실현하고 삶의 질을 향상하기 위해서는 이 두 종류의 문제들이 해결되어야 한다. 한부모가족이 직면하고 있는 정서적 고립과 경제적 빈곤으로 인한 문제점들 중에 그들 스스로가 내부적으로 해결할 수 있는 부분들이 있는가 하면

한부모가족 스스로 해결하기 어려운 그래서 사회적 차원에서의 정책적 지원없이는 원만히 풀어 나갈 수 없는 부분도 상당히 많다. 이러한 외부적 지원은 한부모가족의 개별적 생존전략과 상호보완되어 통합적인 지원체계를 형성할 수 있도록 하는 작업이 필요하다.

4) 한부모가족의 당면문제

한부모가족 환경이 자녀들의 독립성 강화, 가족연대감의 증진, 그리고 부모에 대한 자녀들의 이해를 증진시킬 수 있다는 긍정적인 측면도 간과할 수는 없겠지만, 일반적으로 심리적·경제적 어려움에 직면하게 되는 확률이 매우 높다. 심리적인 측면에서 보면, 편부가족과 편모가족 모두 자녀들이 성역할의 모델부재현상을 경험하게 되는 공통점이 있긴 하지만, 이들이 당면하는 구체적인 문제에는 다소 차이가 있다. 즉 편부가족에서는 어머니가 없으므로 가사노동과 자녀양육에 상당한 어려움을 겪게 되고, 편모가족에서는 가족의 생계를 담당하던 아버지가 없으므로 심각한 경제적인 어려움을 겪게 되기 마련이다. 또한 편부가족은 남성의 재혼율이 높아 지속기간이 비교적 짧은 반면에, 편모가족은 여성의 재혼에 대한 사회적인식이 부족하고 또한 자녀에 대한 애착과 혈연에 의한 친인척과의 관계로 재혼율이 낮은 편인지라 한모가족형태로 지내는 기간이 상당히 길며, 때로는 일생동안 편모로 지내는 경우도 주변에서 종종 볼 수 있다.

이밖에 대부분의 한부모가족은 시간적 부족과 사회적 소외의 어려움도 경험하고 있다. 여기서 시간부족이란 가족내의 편부나 편모 혼자서 생계를 짊어지고 자녀를 돌보는 등의 다중적 역할을 수행하면서 부모 두 사람이 담당할 일을 편부나 편모 혼자서 하는데서 야기되는 시간부족을 의미한다. 또한 사회적 소외는 한부모가족이 소수의 가족형태로써 다양한 사회적 모임에서 배제되는 경우가 흔히 일어난 다는 점에서 지적된다.

오늘날 한부모가족이 증가하고 있음에도 불구하고, 가족적·사회적 지원체계는 활발하지 못한 것 같다. 과거의 전통적 가족형태 속에서는 한부모가족이 당면하는 심리적·경제적 어려움을 친인척들이 공동으로 지원하고 어려움에 대처할 수 있는 자원을 제공하였지만, 핵가족 중심의 현대의 가족구조 속에서는 이러한 비공식적인 공동체적 지원을 기대하기가 거의 불가능한 실정이다. 따라서 한부모가족들이 당면하는 어려움들은 단순히 개별가족의 어려움이 아니라 사회적 문제로 연결될 수밖에 없으며, 이에 대한 정부의 역할개입이 절실히 요구되기도 한다.

한부모가족의 형성 원인에 따라 본인 및 자녀, 그리고 주변의 친·인척들에게 미치는 영향은 상이할 것이다. 배우자의 사망이나, 배우자와의 별거 등에 따른 스트레스는 불안과 외로움을 가져다 줄 것이고, 설사 배우자와의 갈등에 의한 이혼이라 할지라도 지난 과거와는 다른 새로운 환경 속에서 적응해야 하는 스트레스에 시달리기 마련이다(조희선, 1991). 가령, 우리 사회에서 이혼은 남성에게는 능동적으로 행사한 것으로 인식되고 있지만, 여성에게는 '당한다'는 피해의식을 심어주어 이혼에 의한 한부모가족은 심리적으로 매우 불안한 상태를 제공하기 마련이다. 즉 우리사회에서의 이혼녀에 대한 인식, 여성의 재혼 기회의 막힘, 사회활동의 제약 등으로 편모가족의 여성은 적응하는데 더 많은 시간을 요하게 된다(Albrecht, 1980). 특히 여성의 경우에는 결혼생활에서 자신의 정체감을 남편을 통하여 이루어왔기 때문에, 사망이나 이혼을 통한 배우자의 상실은 단순한 배우자의 부재현상에서 끝나는 것이 아니라 여성 자신의 정체감이나 존재의 이유와도 밀접한 관계를 갖고 있으므로 편모의 사회적 적응은 더

심각한 문제로 발전할 수 있다

한부모가족의 복지욕구도를 보면, 직업교육이나 취업알선 등의 복지프로그램에 대한 요구도는 편모가족이 가장 높게 나타났고, 자녀학비지원이나 의료비보조 등의 금전적 도움에 대한 요구도도 편모가족이 가장 높게 나타났다(박충선, 정영숙, 1998). 또한 각종 세금혜택이나 가계자금혜택 복지프로그램에 대한 복지요구도는 전반적으로 매우 높게 나타났지만, 특히 편모가족의 경우가 가장 높았다. 한편, 부모교육프로그램이나 여가활동지원에 대한 요구도는 양부모가족에게서 가장 높게 나타났고, 가사노동지원 요구도는 편부에게서 가장 높게 나타났으나 통계적으로 유의미하지는 않았다. 전반적으로 한부모가족 모임의 활성화에 대한 요구도는 편모가족이 가장 높고, 양부모가족 보다 편부가족이 더욱 낮게 나타났으나, 통계적으로 유의미하지는 않았다.

18장 미래가족의 모습

최근 들어 오늘날의 가족이 미래사회에는 어떻게 변화할 것인가에 대하여 관심이 증가하고 있다. 가족이란 사회를 구성하는 기본적 단위로써 시간과 공간을 초월한 보편적인 집단으로 존재해 왔지만, 그 구조나 기능 등은 항상 시대와 환경, 그리고 문화적 변화에 따라 변화되어 왔다. 21세기를 맞이하여 우리 사회는 더욱 다양화되면서, 가족의 형태나 기능, 그리고 구조도 더욱 복잡하게 되고, 시간이 지나면서 더욱 다양한 변화를 나타낼 것이다.

미국의 경우를 보면, 최근에 이혼으로 인한 편부모가족, 재혼으로 인한 복합가족, 독신가구, 비혈연가구 등이 증가하고 있다. 우리나라에서도 전통적인 확대가족의 비율이 급격히 감소하면서, 이혼, 재혼, 독신가구 등이 증가하고 있다. 또한 무자녀가족이나 미혼동거형태도 사회적으로 수용되는 분위기속에서 가족이 사라지는 것이 아닌가 하는 의구심을 가질 수도 있다. 그러나 한편 가족은 사라지는 것이 아니라 그 형태를 바꾸어서 새로운 가족제도를 형성해나가고 있을 뿐이라고 주장하기도 한다. 이러한 현상은 전통적인 대가족이나 산업사회의 핵가족형태가 더 이상 보편적이거나 이상적인 가족형태가 아니라는 것을 의미한다.

1. 독신가족

사회변화에도 불구하고 대부분의 젊은이들은 여전히 행복한 결혼을 꿈꾸고 있다. 그러나 최근에 이러한 추세에 변화가 일어나고 있는데, 젊은이들의 독신기간이 장기화되면서 결혼시기도 점점 늦추어지고 있다. 즉 혼자 미혼으로 지내다가 마땅한 상대가 나타나지 않으면, 굳이 결혼을 하지 않고 혼자 사는 생활을 계속하겠다는 젊은이들이 증가하고 있다. 과거와 같이 주변 사람들의 시선을 의식하고, 사회적 규범에 얽매여서 원하지 않는 결혼을 강행하지 않는 추세이다. 즉 결혼은 더 이상 의무사항이 아니라 선택사항일 수도 있다고 여긴다.

독신가족이 되는 요인에는 강제적 요인과 유인적 요인이 있다. 우리나라에서 독신가족은 두 집단으로 나눌 수 있는데, 30대 후반이후의 독신가족은 대개 이혼이나 사별을 하고 난 후 재혼을 하지 않고 생활하기 때문인 경우이다. 또다른 집단은 교육수준이 높아지고, 경제력이 강화되고, 혼전 성관계가 자유로와지면서 젊은 층에서 스스로 독신생활을 선택하는 경우가 있다. 또한 이러한 집단은 결혼에 대한 부정적인 생각은 가지고 있지 않지만, 독신에 대한 부정적인 생각도 없이 지내면서, 혼기를 놓치면서 독신생활이 장기화되는 경우이다.

독신생활의 장점과 단점을 살펴보면, 먼저 장점으로는 사회활동이 자유롭고, 타인으로부터 통제를 받지 않고, 자신이 추구하고자 하는 것을 추구할 수 있으며, 시간관리가 자유롭다는 점들이 있다. 대부분 성공적인 독신자들을 보면, 자신이 원하는 직업을 갖고 자신에 대한 높은 투자로 자아실현도 및 성취도가 매우 높다. 그러나 독신생활의 단점도 무시할 수 없다. 가령, 타인과 의사소통이 원만하지 못하다거나, 독선에 빠져서 고립된다던가, 고독, 권태, 단절감에 빠져 버리는 경우를 종종 볼 수 있다. 따라서 이들은 원만한 대인관계를 이루도록 관심을 기울이고, 다양한 사회활동을 통하여 단조로운 삶을 벗어날 수 있도록 노력해야 한다.

실제로 독신생활에 대한 연구결과를 살펴보면, 독신자가 기혼자보다 외로움을 더 많이 느낀다는 증거는 없으며, 오히려 독신자들은 사회적으로 소외되지 않고, 기혼자보다 더욱 능동적인 사회생활을 하고 있다는 긍정적인 결과도 나왔다. 아담스(M. Adams)가 주장한 성공적인 독신생활의 요건으로 경제적 자립, 사회·심리적 자립, 그리고 스스로의 선택에 의한 독신생활을 지적하였다. 독신생활을 성공적으로 이끌기 위하여서는 취미활동, 자선사업, 문화활동, 그리고 자유로운 연애등의 활동들이 균형있게 갖추어져야 한다.

2. 무자녀가족

종래에는 결혼을 하면 자녀를 갖는 것이 당연시되었지만, 요즘 부부들은 과연 결혼생활에서 자녀를 가질 것인가, 몇 명의 자녀를 가질 것인가에 대하여 한 번쯤 생각하기 마련이다, 이러한 배경에는 자녀의 출산 및 양육에 대한 경제적, 심리적 비용이 증가하고, 자녀가치관의 변화와 더불어 부부의 개인 중심적인 사고가 강하게 지배하기 때문이다. 특히 최근에는 자녀출산이나 양육에서 벗어나 구속받지 않는 자유로운 생활을 동경하면서 점차적으로 자발적으로 자녀를 갖지 않는 부부가 증가하는 추세이다. 게다가 정부의 인구억제정책에 힘입어 자녀가 적거나 무자녀에 대한 혜택이 부여되면서 무자녀에 대한 관심이 더욱 증가하기도 했다. 이러한 추세는 여성의 활발한 사회참여, 가사노동의 사회화, 그리고 피임법의 발달과 보급에 의하여 더욱 가속화되어 가고 있다. 또한 각종 사회보장정책을 통하여 공공기관이 노년기의 부양책임을 맡게 되면서 반드시 자녀를 가져야 하는가에 대한 의문이 제기되기도 하였다.

무자녀 가족은 자발적 무자녀 가족(child-free: 자녀를 갖지 않는 가족)과 불임이나 자녀 사망으로 인한 비자발적 무자녀 가족(childless: 자녀를 갖지 못하는 가족)으로 구분된다. 과거에는 주로 비자발적인 무자녀 가족(불임, 자녀 사망)이 많았으나 의료기술의 발달로 인하여 상당 부분은 해결되었다. 근래에는 자발적인 무자녀 가족이 증가하는 추세이며, 대개 부부의 학력이 높거나, 생활수준, 초혼연령 등이 높을수록 더욱 많이 볼 수 있다. 대개 전문직 부부나 맞벌이 부부의 경우에 흔히 볼 수 있다. 또한 종교를 가진 경우에는 결혼의 신성한 의무가 자녀출산이라고 생각하기 때문에 무자녀가족인 경우에는 종교를 가지고 있지 않은 부부가 많다.

무자녀 가족이 형성되는 과정을 살펴보면 다음과 같다. 일반적으로 신혼초기에 자녀를 가질 시기를 정하는데, 이 시기를 여러 가지 요인(학업, 직업, 경제활동 등)으로 인하여 일정기간동안 연기하게 된다. 이 단계가 지나면, 일정한 목표가 완성될 때까지 자녀출산을 무한정으로 미루게 되는 경우이며, 이러한 생활에 익숙하게 되면, 급기야는 차라리 자녀가 없는 편을 선호하게 된다. 실제로 무자녀 가족도 역시 자녀가 있는 가족과 마찬가지로 성공적이고 행복한 결혼생활을 유지하고 있는 것으로 연구 결과가 나왔다.

자발적인 무자녀가족의 형성 동기

- 자녀양육에 대한 책임으로부터 벗어나 자아성취의 기회를 높히기 위하여
- 자유로운 이동(시간적, 공간적 자유)을 위하여
- 부부중심적으로 상호간 교류가 높고 낭만적인 생활을 유지하기 위하여.
- 부부가 함께 직업 및 자기 생활을 유지하기 위하여
- 인구증가억제정책의 영향으로
- 자녀출산이나 양육의 부담자체를 원하지 않기 때문에
- 부모역할에 회의를 느끼기 때문에

(Houseknecht, 1987)

3. 미혼동거가족(사실혼가족)

동거는 결혼식의 여부에 관계없이 법적인 혼인신고가 되어 있지 않은 가족으로 정의한다. 흔히 "사실혼" 이라고도 일컫는데, 동거가족은 자녀를 가질 수 있으면, 비록 법적인 절차를 밟지는 않았지만, 어느 정도 보호를 받기도 한다. 동거를 선호하는 요인은 공동기거, 안정된 성생활과 정서적인 친밀감, 그리고 경제적 협력 등이다. 동거가족은 실험결혼 혹은 계약결혼이라는 의미로 쓰이기도 한다. 즉 일정기간을 두고 두 사람이 계약을 하여 부부관계를 유지하다가 계약이 완료되어 서로 동의하면 갱신하고 그렇지 않으면 자연스럽게 해체된다. 우리 사회에서도 최근에 이러한 유형의 실험적 동거에 관심을 갖는 젊은이들이 많지만, 현실적으로 실행에 옮기는 숫자는 그다지 많지 않은 것으로 보인다. 미혼동거 가족에서 자녀들을 법적인 가족으로 인정하지 않으려는 경향 때문에 사회적으로 뿐만 아니라 도덕적인 비난을 받기도 한다.

서구에서는 1970년대 젊은층에서 또한 성규범의 변화, 피임기술의 획기적인 발달로 인하여 급속히 확산되었다. 서구사회에서 동거는

결혼에 대한 대안적 형태로 인식되고 있지만, 우리 사회에서는 아직도 쉽게 받아들이기는 어려운 상황이다. 그러나 서구 사회에서도 동거에 대한 개념의 차이가 보인다. 가령, 미국의 경우에는 동거가 수용은 되지만 여전히 규범적으로 일탈된 행동으로 여겨지지만, 유럽에서는 결혼의 준비단계로 인식되면서, 간접적 결혼 혹은 결혼과 거의 동일한 개념으로 받아들여진다. 오히려 동거는 법적인 제재에서 자유롭기 때문에 선호하는 경향마저 있다. 또한 동거는 과연 두 사람간의 결혼생활이 행복할 수 있는가를 실험하려는 목적을 갖고 시작하는 경우가 대부분이다. 따라서 서로간의 갈등이나 불화가 나타날 때는 쉽게 와해되기 쉬운 속성을 가지고 있다. 라마나와 리드만(Lamanna & Lieman)은 동거부부와 정상 결혼 부부의 결혼만족도와 이혼율을 조사해 본 결과, 동거부부는 결혼한 부부보다 결혼만족도가 낮을 뿐만 아니라 이혼율(해체율)이 높아 스트레스나 결혼 안정성이 매우 낮다고 지적하였다.

4. 재혼가족

계부모가족은 적어도 이전에 결혼한 적이 있는 한 명 이상의 배우자와 한 명 이상의 자녀들로 구성된다. 이러한 유형의 가족은 재구성 가족, 혼합가족, 재혼가족, 복합가족이라고 불리기도 한다. 미국 전체 결혼의 40% 이상이 배우자 한 쪽이나 양쪽 모두의 재혼관계로 추정하고 있으며 21세기에는 계부모 가족이 지배적인 가족유형이 될 것이라고 예견하기도 한다.

대부분 계부모가족은 가족 구성원들이 새로운 사회화를 통하여 가족의 재구조화 경험을 겪어야 하므로 현실적으로 많은 어려움을 내포하고 있다. 예를 들면, 친족형태, 가족 규범, 자녀 양육문제, 경제적 협력체계 등의 어려움들이 있다. 특히 초혼에서는 경제적 문제가 그다지 중요하지 않지만, 재혼가족(계부모가족) 에서는 가장 중요한 문제로 지적된다. 또한 서로 뿌리가 다른 가족구성원들의 정서적 통합문제도 어려움중에 포함된다. 따라서 계부모가족이 성공적인 가족생활을 영위하여 나가기 위하여서는 가족원 상호간의 믿음과 애정이 바탕이 되어야 한다. 계부모와 자녀들간에 친밀감 형성과 관심, 신뢰 등이 선행 되어야 한다.

계부모가족에 대한 고정관념은 동서양의 전래동화 속에서는 부정적인 이미지로 그려져 있다. 콩쥐팥쥐전, 장화홍련전, 심청전, 그리고 서구의 신델렐라, 백설공주, 헨젤과 그레텔같은 동화속에서 계모(부)는 무섭고 악독하며, 전처(부)의 자녀들을 괴롭히는 것으로 그려져 왔다. 즉 계부모가족의 화합은 근본적으로 불가능하다는 인식을 심어 주었다. 그러나 이러한 부정적인 고정관념도 재혼가족의 비율이 증가할수록 사라져 갈 것이다.

5. 분거가족

분거가족(commuter family)은 애정적인 갈등으로 인하여 부부가 별거하는 별거가족과는 의미가 다르다. 분거가족은 부부간의 애정에는 이상이 없지만 구성원들이 주거, 직장 그리고 교육문제 등으로 서로 떨어져 살면서, 주말이나 일정기간에 함께 모여 살게 되는 형태를 일컫는다. 서구사회에서는 대부분 애정적 갈등으로 인한 이혼의 전초적 단계로 이해되는 별거가족이 많지만, 한국사회에서 분거는 다소 다른 양상을 보이고 있음이 흥미롭다. 시대적 상황에 따라 차이가 있는데, 경제성장이 활발히 진행되면서, 1960년대는 주로 이농현상으로 인하여 도시에서 직장을 갖기 위하여 가족과 분거하는 경우가 많았으며, 1970년대는 해외인력수출정책으로 인하여 유럽이나 중동에 노동인력이 파견되면서, 분거가족이 속출하였다. 또한 1980년대 들어와서는 자녀들의 교육문제, 기업의 지방분산, 그리고 대도시와 중소도시간의 교류가 활발해 지면서 직업이동으로 인한 분거가족이 증가하였으며, 맞벌이 부부의 증가는 배우자의 어느 한쪽이 직장을 옮긴다 할 지라도 생활근거지까지 함께 옮기기 힘들게 되므로, 자연스럽게 분거가족이 되기도 한다. 특히 여성의 사회활동 참여가 활발해지고, 직장을 계속 다니기 위하여 분거가족이 되는 경우도 점차 증가할 추세이다. 분거가족은 부부중 한 쪽이 군인, 운동선수, 선원, 해외주재원 등 특정한 직업을 가진 경우에 집중적으로 나타나기도 하지만, 자녀의 교육문제 혹은 주거지로 인한 분거도 있다. 게다가 교통과 통신수단의 발달로 인하여 "주말부부" 형태나 심지어 "월말부부" 형태도 나타나면서, 별거가족이 보편적으로 인식되었다.

우리나라에서 분거가족에 대한 전국적인 통계자료가 없지만, 한국보건사회연구원의 일부조사에 따르면, 조사대상 가구의 약 28%가 분거가족 형태를 취하고 있음이 드러 났다. 여기서 분거가족은 가족원의 일부가 일주일 이상 출타한 경우로 정의를 내리고 있는데, 분거의 이유로는 취업이 가장 많았고, 취학, 군대, 구직, 학업준비 등으로 나타났다. 농촌지역은 성인 미혼자녀의 취업이나 교육이 주원인이였고, 도시에서는 남편의 직장이나 자녀의 교육문제가 주원인으로 나타났다. 한편, 1980년 대 후반부터 조기유학붐으로 자녀들은 외국에, 그리고 부모들 혹은 한쪽 배우자가 국내에 남게 되는 독특한 형태의 분거가족도 출현하였다.

그러나 가족들이 공동거주하는 것이 바람직하다는 생각이 여전히 지배적이므로, 분거가족이 겪는 어려움도 적지 않다. 이러한 어려움을 극복하기 위하여 대개 전화를 자주 걸거나 컴퓨터를 이용한 대화를 시도하기도 하지만, 때로는 부부관계나 부모-자녀관계의 긴장이나 갈등이 증폭되기도 한다. 여기서 분거가족의 경우 부부간 서로의 중요성을 인지하고, 시간적 여유나 자녀에게 시간을 더 많이 할애할 수 있다는 긍정적인 면이 있는 반면에, 심리적 불안과 외로움, 중대 결정시 의논 상대가 옆에 없다는 어려움, 그리고 떨어져 생활하면서 부부 혹은 가족 간의 어색함 등의 부정적인 측면도 있다.

6. 동성애가족

지금까지의 다양한 가족형태는 이성간의 결합을 전제로 하였으나, 최근 서구사회를 중심으로 반드시 이성간의 결합이 아닌 동성 간에도 결합이 가능하다는 주장이 나타났다. 동성애 가족은 역할분담이 평등하고 상호간 지배종속관계가 아니라는 점에서 갈등의 소지가 적기는 하지만, 사회적인 거부감 때문에 많은 어려움을 겪는다. 에이즈(AIDS) 같은 질병이 동성애와 관련되어 있다는 인식, 그리고 종교적 차원에서도 동성애가족을 사회적으로 수용해야 하느냐 마느냐 등의 논쟁은 매우 민감하다.

또한 가족은 세대개념을 전제로 하는데 비하여 동성애가족은 자녀를 포함한 세대 개념보다는 두 사람간의 애정적 결합을 전제로 하므로 기존의 가족형태와 상당히 다르다. 다양한 연령과 이성으로 이루어진 기존가족은 정서적 안정과 갈등을 함께 경험할 수 있지만, 동성애가족은 동성간의 관계이므로 자녀세대 혹은 노년세대와의 갈등, 이성간의 차이에서 비롯되는 문제점들은 없다. 그러나 대부분의 나라에서 법적 그리고 사회적으로 인정받지 못하고 있는 실정이다. 동성애 그 자체로 이미 사회적 일탈 행위로 규정지어 주변의 비난속에서 생활하는 경우가 대부분이며, 보험, 상속, 각종 세금혜택이나 복지 혜택에서 불이익을 받고 있다. 그러나 최근에는 인권보호차원에서 동성애자들의 인권을 주장하는 모임들이 활발히 형성되어 가고 있다.

우리 나라에서는 1995년 레즈비언 커플이 결혼식을 하면서 부부선언을 하기도 하였다. 미국에서는 1993년 게이들이 합동 행렬을 하면서 레즈비언 및 게이 3천 쌍이 결혼식을 올린 바 있다.

7. 공동체가족

대부분의 공동체가족은 소집단 형태로, 동일한 가치관이나 이념 혹은 종교적 신념을 기초로 하여 가족생활을 한다. 가족의 생산적 기능과 소비적 기능, 그리고 자녀 양육등을 함께 하면서 공동체적 생활을 영위해 나간다. 공동체가족은 혈연을 기반으로 형성된 것이 아니므로 공동체의 좋은 점이나 특정한 목적을 위하여 함께 생활하기로 하였으므로 집단적인 상호관계가 절대적으로 중요시 된다.

이스라엘의 키부츠는 세계적으로 널리 알려져 있는 공동체가족으로 일부일처제를 유지하면서 소득과 소비를 공유하고, 자녀양육을 집단적으로 하면서 이상적인 공동체 생활을 시행하고 있다.

칸터(R.M. Kanter)에 의하면 미국에서는 공동체 가족이 대중의 관심을 끌게 된 시기가 있었다고 설명하면서, 1840년을 기점으로 종교적인 공동체, 그리고 경제적인 공동체, 그리고 1960년대 기존세대에 대한 저항세력이 주도하였던 공동체의 세 부류로 나누었다. 우리나라에서는 소규모이긴 하지만 공동체 의식을 바탕으로 한 공동가족의 시도가 있었다.

참고문헌

가족학 연구회 편 (1994), 이혼과 가족문제, 서울:하우.

강전희(1995), 가정의 심리적 환경과 여고생의 자아존중감간의 상관관계. 이화여자대학교 교육대학원 석사학위 논문.

강창현(2006). 가족지원서비스공급을 위한 건강가정지원센터 사업구조 연구. 가족과 문화 2006년 제 18집 2호, 165-189.

강희경(2005), 가족의 건강성과 학령기 아동의 자아탄력성, 한국가정관리학회지, 23권 3호.

경기도 가족여성개발원(2005). 경기도 가족여성개발원 창립세미나 자료집.

경제기획원(1960), 인구주택 국세조사보고.

경제기획원(1980), 인구 및 주택센서스 보고.

경제기획원(1990), 인구 및 주택센서스 보고.

고선강(2005). 건강가정사 양성을 위한 가족자원경영학 교과개편 연구. 한국가족자원경영학회 9(4). 133-144.

고재욱(2006). 사회복지실천기술론. 명지대학교.

공선영(2000), 모자가족의 경험과 적응에 관한 연구, 이화여자대학교 박사학위논문

공세권, 조수저(1988), 한국인구 전환의 구조적 특성, 인구보건논집, 제 8권

공세권 외(1994). 가족정책의 기본골격과 접근 방안. 한국보건사회연구원 세미나자료집.

공일숙(2005), 양육미혼모의 복지서비스 개선 방안에 관한 연구, 경희대학교행정대학원 석사학위논문.

권대희(2003), 청소년기 자녀가 지각한 가족의 건강성과 자아존중감에 대한 연구, 경희대학교 교육대학원 석사학위 논문.

김득성, 김정옥 외(2004). 행복한 결혼생활 만들기. 시그마 프레스.

김미숙(2006), “한국가족 어디까지 왔나?-가족위기 대 재구조화 논쟁”, 보건복지포럼 5월호, 5-19.

김상균·최일섭·최성재·조흥식·김혜란(2005). 사회복지개론. 파주: 나남.

김성희(2004). 건강가정지원센터 운영을 위한 실천적 전략 모색. 한국가족자원경영학회 춘계학술대회 자료집. 58-74.

김소영(1996), 가족체계유형과 청소년의 자아존중감과의 관계, 연세대학교 교육대학원 석사학위 논문.

김수정(2002). “복지국가 가족지원체계의 구조변화에 관한 일 연구”. 서울대학교 대학원 박사학위 논문.

김승권 외(2002), 사이버 시대의 가족생활변화와 대응방안, 한국보건사회연구원.

김승권 외(2004a), 다양한 가족의 출현과 사회적 지원체계 구축방안, 한국보건사회연구원.

김승권 외(2004), 「2004년 전국 출산력 및 가족보건실태조사」, 한국보건사회연구원.

김승권(2004). 건강가정기본법 제정의 기대효과. 대한가정학회 건강가정기본법 제정기념 심포지엄 자료집, 20-33.

김양희 외(2005). 건강가정지원센터 운영모형개발. 보건복지부

김용재(1995), 독신성인의 유형에 따른 교육적 필요에 대한 조사연구, 침례신학대학교 석사학위논문.

김용호(2007). 한국조세연구원. 정책흐름 : 내년도 예산 257.3조원 편성 - 저출산, 고령화 대비 사회투자 확대 및 미래 성장 동력 확충- 재정포럼.

김익균(2007). 건강가정론 , 파워북출판

김인숙(2003). “가족지원기본법(안) 제정의 배경과 내용,” 무너지는 한국사회와 가족: 복지인프라구축이 시급하다. 한국사회복지학회 정책

토론회 발표문.
김인자(2006). 긍정심리학-진정한 행복만들기-풀무레.
김정삼 (1990), "정상가정 아동과 편부모 아동의 인성 특성비교," 건국대학교 석사학위논문.
김종일 외(2007), 「사회문제론」, 청목출판사.
김주숙(2000). "스웨덴의 부모보험제도와 여성의 경제활동". 한국사회복지학, (40).
김진희(1989), 부모-청소년간 의사소통과 가족응집성 및 적응성과의 관계. 이화여자대학교 석사학위논문.
김태현(2005), 「현대사회에서의 가족의 의미: 제2회 한국상담전문가 교육대회자료집(고급)」, 21-42.
김태현· 김양호(2003), 중년남성의 남성 의식, 직장생활 및 가족행활과 심리적 복지에 관한 연구, 한국가족관계학회지, 8권 1호.
김현용, 윤현숙, 노혜련, 김연옥, 이배근(2001). 현대사회와 아동. 소화.
도미나가 겐이치, 윤덕홍 옮김(1994), 현대일본사회의 이해, 서울:중문출판사.
도미향 · 남연희 · 이무영 · 변미희(2007). 아동복지론. 공동체.
류미란 · 정순둘(2005). "가족복지서비스의 내용" 저출산과 가족정책, 새로운 출구를 찾자. 한국여성단체연합· 한국가족사회복지학회 공동토론회.
문무경(2008). 육아정책포럼, 2008 가을 제10호 KICCE 육아정책개발센터.
박경란 외(2001), 「현대가족학」, 학지사.
박남규(2007). 전략적사고. 트라일러 앤 컴퍼니.
박세경(2004), 건강한 가족생활과 가족기능 제고를 위한 정책과제, 보건복지포럼통권 제91호, 69-84
박소영(1995). 청소년이 지각하는 가족응집성 및 응집성이 스트레스에 미치는 영향. 영남대학교 교육대학원 석사학위논문.
박영신 (1983), 한국사회발전론, 한국사회 어디로 가고 있나, 현대사회연구소.

박영희 · 정순둘(2004). “가족복지 프로그램과 서비스현황-사례유형분석을 중심으로-”. 제14회전국사회복지관 직원교육 자료집.

박정숙 · 박옥임 · 김진희(2007),국제결혼 이주여성의 가족갈등과 생활만족도에 관한 연구.

박정윤(2008), 건강가정지원센터의 건강가정문화 사업평가에 관한 연구, 한국가정관리학회지,26권 3호,25-36

박정희, 유영주(2001), 도시가족의 건강성 및 주부의 자아존중감이 우울에 미치는 영향, 한국가정관리학회지, 18권 2호.

박주희(2005), 취업주부의 다중역할 수행의 효과, 한국가정관리학회지 23권 6호.

박충선 (1987), Sex-role Attitudes and Employment Status as Predictors of Perceived Life Satisfaction among Married Women in Korea, Ph.D.

박충선 외(2006), 가족복지론, 공동체.

백관수(1989), 우리나라 성비변동의 시계열적 경향분석. 인구보건논집, 9권(2).

변화순(2000), 이혼가족을 위한 대책연구, 한국여성개발원.

변화순 · 송다영 · 김영란(2001), 가족유형에 따른 생활실태와 복지욕구에 관한 연구, 한국여성개발원.

보건복지가족부(2008). 2008년 업무추진계획

보건복지가족부 가족정책과(2008). 2009년도 건강가정지원센터 세부운영지침.

보건복지가족부 홈페이지. 2008년 10월 현재.

보건복지가족부(2008). 2008년도 건강가정지원센터 세부운영지침.

보건복지가족부(2008). 건강가정기본법 일부개정법률(안).

복거일(1996), 쓸모 없는 지식을 찾아서, 문학과 지성사.

서지원 · 이기영(1997). 사무직 기혼여성의 출산 후 취업 지속 결정요인. 한국가정관리학회지 제15권2호, 99-109.

서혜영 · 이숙현(1999), 남성의 일-아버지 역할갈등과 부모역할 만조도 및 부모로서의 유능감, 한국가족관계학회지 14권 2호.

성미애・이현아(2004). 건강가정사의 역할.자격 및 양성 방안. 한국가정관리학회 22(5). 345-355.

성정현・송다현・양심영(2005). "가족지원프로그램과 서비스 현황". 한국가족사회복지학회 춘계학술대회 자료집 2004운영모델에 관한 기초조사. 대한가정학회지 제43권 7호.

소콜로프(1980), 여성노동시장 (Between Money and Love: The Dialectics of Women's Home and Market Work, 이효재 역), 이화여자대학교출판부.

손대준(1998), 일본의 역사와 문화, 서울: 시사일본어사.

송경희(2004), 중학생이 지각하는 가족의 건강성과 가족의식에 관한 연구-제주도를 중심으로. 제주대학교 교육대학원 석사학위논문.

송혜림외(2004). 성공적 실천 전략 Ⅱ-건강가정지원센터의 위상과 운영방안 모색. 한국가정관리학회지 춘계학술대회 자료집, 47-89.

신나연(2006), 다양한 가족에 관한 국내 언론 보도경향 연구, 강남대학교 사회복지전문대학원 석사학위논문.

스턴버그・바니스(R. Sternberg & M. Barnes, 1988), 사랑의 심리학(The Psy- chology of Love, 고선주 외 역, 1994), 도서출판하우.

申 午鉉 編(1989), 人間의 本質 - 人間理念史의 現代的 照明 -, 서울: 瀅雪出版社.

실크(1994), 풀어쓴 경제학(Economics in Plain English, 연태훈 역), 동인.

楊 孝濚 著, 高 在旭 譯(1987), 中國社會思想史, 江原大學校 出版部.

안선희외 1인(2004), 가족의 건강성과 양육 효능감 및 유아의 사회적 행동과의 관계, 대한가정학회지, 42권 12호.

양명숙, 한영숙(2007), 청소년 전환기 아동이 지각한 가족의 건강성 및 부모의 양육태도가 아동의 행동문제에 미치는 영향, 상담학 연구, 8권 1호.

양순미외(2003), 자아존중감, 가족의 건강성, 사회인구학적 변인이 농촌 청소년의 학교생활적응에 미치는 영향, 대한가정학회지 41권 9호.

양옥경(2005), 「가족과 사회복지」, 이화여자대학교출판부.

어은주 · 유영주(1995), '가족의 건강도' 측정을 위한 척도개발에 관한 연구, 한국가정관리학회지 13권 1호.
_____________(1997), 한국도시가족의 건강성 및 관련변인 연구:자녀교육기 가족의 주부를 대상으로, 한국가정관리학회지, 15권 4호.
에리엇 피잇(1992), "가족사회학," 안병철, 서동인 역, 을유문화사.
여성가족부(2005),「전국가족 조사 및 한국가족보고서」
여성가족부(2005). 건강가정지원센터 발전방안 연구보고서.
여성가족부(2006). 여성가족부 가족정책국 2006년 업무추진계획
여성가족부(2007),「유엔여성차별철폐협약」이행 심의 결과보고서.
오오하마 아끼라 지음, 임 헌규 옮김 (1997), 주자의 철학, 서울: 도서출판, 인간사랑.
유동민(1995), 경제학을 만든 사람들, 비봉출판사.
원소연(2006). 건강가정지원센터의 사업내용 분석 및 홍보활동에 관한 연구. 숙명여자대학교대학원 석사학위논문.
원소연외(2005). 건강가정지원센터의 운영모델이 관한 연구-조직과 평가를 중심으로- 대한가정학회지, 43(7), 129-145
유계숙 외(2005), 영화로 배우는 가족학, 신정.
유계숙외(2007). 가족정책론. 시그마프레스.
유영주(2004),「새로운 가족학」, 서울: 신정.
유영주(2004). 가족강화를 위한 한국형 가족건강성 척도개발 연구. 한국가족관계학회지9(2),119-149.
______(2001), 건강가족 연구, 서울:교문사.
윤세은(2000), 청소년기 자녀가 지각한 가족의 건강성과 자아정체감과의 관계, 경희대학교 교육대학원 석사학위논문.
윤태범(2007). 사회투자정책 추진을 위한 거버넌스 구조. 한국사회복지학회 학술대회자료집, 2007년도 사회투자 정책 심포지움 2007년 2월, 167-182.
윤홍식(2204). 건강가정기본법의 쟁점과 한국가족복지정책의 과제. 건강가정기본법 제정 및 보육업무 이관에 다른 보고·결의대회. 사회복

지공동대책위원회, 71-99.

이경애(1998), 가정의 심리적환경, 자아존중감, 진로의사결정유형과의 관계, 서강대학교 교육대학원 석사학위논문.

이기영(2004). 건강가정기본법의 내용 소개 및 사회적 기여, 대구가톨릭대학교 건강가정시원센터 개소기념 학술발표대회자료집.

이동원외(2001),「변화하는 사회: 다양한 가족」, 서울: 양서원.

이소희외(2000). 아동복지론. 교문사.

이숙인(1997), "동양적 여성철학의 모색 - 공자의 여자이야기 -",「철학과 현실」, 1997 여름호, 서울: 철학과 현실사.

이승미외(2005). 중앙,시 • 도, 시 • 군 • 구 건강가정지원센터의 역할 및 체계구축. 중앙건강가정지원센터.

이신숙외 1인(2000), 성인자녀의 자아분화 수준과 원가족에 대한 가족건강도 지각이 노모와의 유대에 미치는 영향, 대한가정학회지 38군 4호.

이영주(2005), "한국가족의 구조변화와 대응방안", 한영신학대학교 기독상담대학원석사학위논문.

이옥 외(2007). 육아 선진국을 향한 차기정부의 육아정책 과제. 육아정책개발센터.

이원규 · 김재일(2007). 건강가정지원센터 중심의 한국가족복지서비스 전달체계 구축

이정전(2003). 가정과 사회적 자본, 그리고 경제. 한나라당정책위원회, 가족해체 방지 및 건강가정 육성 지원을 위한 공청회 자료집, 39-53.

이태희(2008). 건강가정론. 형지사

임정아(2005), 가족건강성과 학교적응 연구, 서울여자대학교 기독교대학원 석사학위논문.

장경섭(2001), 사회투자가족의 위기 -학력투쟁, 공교육, 신자유주의 세계화- 지식 변동의사회사, 2001, 한국사회학회 정기학술대회초록

장지연 · 김지경(2001). 양육형태와 비용이 기혼여성의 취업 단절에 미치는 영향. 제3회 한국노동패널학술대회 논문집, 365-388.

장진경 · 오제은 · 한은주 · 류진아 · 원소연(2006). 건강가정지원센터의 운영과 사업에 관한 연구. 한국가정관리학회지 제 24권 6호.

장혜경 · 민가영(2002), 재혼가족의 적응실태와 지원방안에 관한 연구, 한국여성개발원.

장혜경 · 김혜경 · 이진숙 · 김현주 · 장화경(2002). 외국의 가족정책과 한국의 가족정책 및 전담부서의 체계화 방안 연구. 한국여성개발원.

전춘애(1994), 부부의 자아분화수준과 출생가족에 대한 정서적 건강지각이 결혼안정성에 미치는 영향, 이화여대 박사학위 논문.

정기선 외(2006), 경기도가족정책기본계획연구, 경기도가족여성개발원.

정민자(2006). 지역사회네트워크와 건강가정사업. 중앙건강가정지원센터 제7기 건강가정사양성교육 자료집, 391-412.

정영숙(1998), "사교육투자의 경제적 기대수익성: 화폐적 수익과 비화폐적 수익을 중심으로," 소비자학연구, 9권 1호, 1-12.

정영숙(1998), 결혼경제와 시장경제, 대구대학교 출판부.

정현숙(2003). '평등가족기본법' 제정을 위한 기초연구 및 법안마련 연구. '평등가족기본법' 전문가 토론회 자료집.

정현숙 · 유계숙(2001), 부모됨의 의미와 동기에 대한 청년의 인식, 한국가정관리학회지 20권 3호.

정형선(2007). 사회투자정책의 방향 및 정책과제, 한국사회복지학회 학술대회 자료집. 2007년도 사회투자정책 심포지움, 2007. 2, 143-166.

조형 · 강인순 · 정진주(2003). 여성의 시민적 권리와 사회정책. 한울아카데미.

정혜영 · 오윤자(2005), 기혼 연교사의 가족건강성과 교사효능감에 대한 연구, 한국가정관리학회지 23권 6호.

조남훈 외(1997), 「1997년 전국 출산력 및 가족보건실태조사」, 한국보건사회연구원.

조애저(2004), 혼인형태의 변화양상과 정책방향, 보건복지포럼 통권 제91호, 한국보건사회연구원, 33-50

조은(1990), "도시빈민가족의 생존전략과 여성," 한국가족론. 서울:까치.

조추용 외(2001), 「가족복지론」, 서울: 창지사.
조형외 2인(1982), 한국의 도시여성과 직업, 유네스코 한국위원회.
조혜정(1981), 부부권력관계의 변화를 중심으로 본 취업/비취업 주부의연구, 한국사회학, 22권, 한국사회학회.
조희선(1991), "모자가족과 부부가족의 가족스트레스에 관한 비교 연구," 성신여자대학교 박사논문.
주정일 · 이소희(2000). 아동복지학. 교문사
중앙건강가정지원센터(2005). 중앙건강가정지원센터의 역할과 기능 및 건강가정지원센터 시범사업 운영방안.
최규련(2000), 「맞벌이가족의 부부문제, 현대사회와 가족문제, 서울특별시 한국가족학연구회세미나(1991)」, 서울: 교문사.
최선희(1999), 한국인의 가족 건강성 영역에 관한 연구, 연세대학교 박사학위 논문.
최유정(2005), 가족정책을 통해 본 한국의 가족과 근대성, 이화여자대학교박사학위논문
최정혜(2004), 주말부부의 가족스트레스와 대처전략 및 가족건강성연구, 한국가정관리학회지 22권 2호.
최종임(2005), 부모의 리더십 개념인식과 부모양육행동과의 관계. 숙명여자대학교 석사학위논문.
토마스 · 모어, 盧 在鳳 역(1983), 유토피아, 三省出版社.
통계청(1992), 한국의 사회지표.
통계청(1995, 1996). 장래인구추계.
통계청(2005), 「인구동태통계연보」, 해당연도
통계청(2006), 인구주택 총조사(1975~2005).
한국여성개발원(1984), 편부모가족의 지원방안에 관한 기초연구
한국여성개발원(1988), 저소득층 모자가족에 관한 연구.
한상연 · 김종호(2004). 지역복지네트워크. 경희대학교 출판국.
함철호(2003). 지역사회복지실천에 있어서 기관 간 연계의 효과성 평가-지역사회복지협의체사업의 참여자와 수혜자의 태도. 한국사회복지

학, 55, 301-339.

허봉렬(1996), 건강한 가족이란 어떠한 가족인가? 제 3회 가정의 날 기념행사. 한국건강가족실천운동본부.

홍성례・유영주(2001), 기혼남성의 가족· 직업역할중요도 인식과 역할수행, 한국가정관리학회지 19권 3호.

홍승아 외(2006). 한국의 부모휴가정착 방안 연구. 한국여성개발원.

황인실(2004), 가족건강성과 중장년기 성인남녀의 자아정체감, 서울대학교 석사학위논문.

Adams, B (1980), The Family, Chicago:Rand McNally College Publishing Co.

Adams, Bert N. (1980), The Family: A Sociological Interpretation, Chicago: Rand McNally College Publishing Company, 3th edition.

Alix, Ernest K. (1995), Sociology: An Everyday Life Approach, Minneapolis/St.Paul, New York: West Publishing Company.

Amato, P. (1987), "Family processes in one-parent, stepparent, and intact families: The child's point of view," Journal of Marriage and the Family, 49, 327-337.

Anderson, N. (1976), Law Reform in the Muslim World, London: Athlone Press.

Barash, D.P. (1977), Sociobiology and Behavior, New York: Elsevier.

Barnhill, LR.(1979), Healthy family system, Family Coordinator. 28.

Barnes, J. A.(1972). Social networks. Reading: ADDison Wesly.

Barrett, M. & Mclntoch, M.(1982), The Antisocial Family, NLB(London).

Becker, G.S. & Landes, W.M. (1974), Essays in the Economics of Crime and Punish- ment, New York: National Bureau of Economic Research.

Becker, G.S. & Lewis, H.G. (1973), "On the Interaction between Quantity and Quality of Children," Journal of Political Economy, 81,

S279-S288.

Becker, G.S. (1962), "Irrational Behavior and Economic Theory," Journal of Political Economy, 70, 1-13.

Becker, G.S. (1964), Human Capital, New York: Columbia University Press.

Becker, G.S. (1965), "A Theory of Allocation of Time," Eonomic Journal, 75, 493-517.

Becker, G.S. (1973), "A Theory of Marriage: Part Ⅰ," Journal of Political Economy, 81, 813-846.

Becker, G.S. (1973), "On the New Theory of Consumer Behavior," Swedish Journal of Economics, 75, 378-395.

Becker, G.S. (1974), "A Theory of Marriage: Part Ⅱ," Journal of Political Economy, 82, S11-S26.

Becker, G.S. (1974), "A Theory of Social Interactions," Journal of Political Economy, 82, 1063-1091.

Becker, G.S. (1976), "Altruism, Egoism, and Genetic Fitness: Economics and Sociobiology," Journal of Economic Literature, 14, 817-826.

Becker, G.S. (1981), A Treatise on the Family, MA: Harvard University Press.

Becker, G.S. (1994), Human Capital: A Theoretical and Empirical Analysis with Special Reference to Education 3rd Ed., New York: Columbia University Press for the National Bureau of Economic Research.

Benokraitis, N.V. (1999). Marriages and Families : Changes, Choices, and Constraints (3rd ed.) Prentice Hall. 박경란 외 2001 재인용

Bergmann, B. (1986), The Economic Emergence of Women, New York: Basic Books Inc., Publishers.

Blau, F.D., & Ferber M.A. (1992), The Economics of Women, Men, and Work, Englewood Cliff, N.J.: Prentice-Hall.

Bleier, Ruth (1984), Science and Gender: A Critique of Biology and Its Theories on Women, New York: Pergamon Press.

Booth, Alan, edited. (1991), Contemporary Families: Looking Forward, Looking Back., Minne- apolis, Minnesota: The National Council on Family Relations.

Brigman, K.M. Schons, J. & Stinnett, N(1986), Strengths of families in a society under stress: a study of strong families in Iraq, Family Perspective, 20.

Bryjak George J. & Soroka Michael P. (1992), Sociology: Cultural Diversity in a Changing World, Boston & London: Allyn and Bacon.

Burkhauser, R. V., & Duncan, G. J. (1988), "Life Events, Public Policy and the Economic Vulnerability of Children and the Elderly," In J. L. Palmer and I. V. Sawhill (Eds.), The Vulnerable (pp. 55-87), Washington D.C.: Urban Institute Press.

Buss, D.M. & Barnes, M. (1986), "Preferences in Human Mate Selection," Journal of Personality and Social Psychology, 50, 559-570.

Buss, D.M. (1985), "Human Mate Selection," American Scientist, 73, 47-51.

Buss, D.M. (1987), "Sex Differences in Human Mate Selection Criteria," In C. Crawford, M. Smith & D. Krebs (Eds.), Sociobiology and Psychology, Hillsdale, NJ: Eribaum.

Calhoun, Craig; Light, Donald; Keller, Suzanne (1997), Sociology New York: The Mc Graw-Hill Companies, Inc., 7th edition.

Cherlin, Andrew J. (1996), Public and Private Families, New York: McGraw-Hill, Inc..

Christopher, L. (1997), *Women and the Common Life*, New York: www.Norton & Company.

Coleman, James C.(1984), Intimate Relationships, Marriage, and Family, Indianapolis: Bobbs-Merrill Educational Publishing.

Collins, Randall & Coltrane Scott (1991), Sociology of Marriage and the Family, Chicago: Nelson-Hall Publishers.

Coulson, N.J. (1964), A History of Islamic Law, Edinburgh University

Press.

Cox Frank D. (1978), Human Intimacy: Marriage, The Family and Its Meaning, St. Paul & New York: West Publishing Company.

Curan, D(1983), Traits of a healthy family. MI: Winston Press, Inc.

Doyle, James A & Paludi, Michele A. (1991), Sex and Gender: The Human Experience, Dubuque, IA: Wm. C. Brown Publisher.

Druss, R. G., & Douglas, C. J. (1998). Adaptive esponeses to illness and disability, Health derial. General hospital Psychiatry, 10(3), 163-9.

Durrant, Michael (1993), Aristotle's DeAnima in Focus, London & New York: Routledge.

Eaton, J.W. & Mayer, A.J. (1953), "The Social Biology of Very High Fertility among the Hutterites," Human Biology, 25(3), 206-264.

Ehrenberg, R.G., & Smith, R.S. (1988), Modern Labor Economics: Theory and Public Policy, 3rd Edition, Illinois: Foresman and Company.

Epstein, N.B. Biship,D. & Baldwin, L.M.(1983), The McMaster Family assessment device. Journal of marriage and Family Therapy 9.

Eshleman J. Ross & Cashion, Barbara G. (1983), Sociology: An Introduction, Boston & Toronto: Little, Brown and Company.

Espenshade, T.J. (1977), "The Value and Cost of Children," Population Bulletin, 32(1), Washington, D.C.: Population Reference Bureau.

Farber, Bernard (1964), Family: Organization & Interaction, San Francisco: Chandler Publishing Company.

Fagnani, J. (1998), "Recent Change in Family Policy in France:Political Trade-offs and Economic Constraints", in Drew, Emerek, Mahon(Eds.), *Women, Work, and the Family in Europe*, Roureledge.

Fine, S. B.(1991), Resilience and human adaptability : Who rises above adversity? 1990 Eleanor Clarke Slagle Lecture. American Journal of Occupational Therapy, 45(6), 493-503.

Fox, Robin (1967), Kinship and Marriage, Baltimore, Maryland: Penguin

Books.

Freud, S. (1952), The Major Works of Sigmund Freud, Chicago: Encyclopaedia Gritannica.

Fuchs, Victor R. (1988), Women's Quest for Economic Equality, Cambridge, MA: Harvard University Press.

Garrett William R. (1982), Seasons of Marriage and Family Life, New York: Holt, Rinehart and Winston.

Garry, Ann & Pearsall, Marilyn edited (1996), Women, Knowledge, and Reality: explarations in feminist philosophy, New York and London: Routledge.

Goldschmidt, W. (1973), "The Brideprice of the Sebei," Scientific American, 229(1), 74-85.

Gilligan, C(1982), In a different vocie. Cambridge, MA: Harvard Univ. Press.

Glick, P.(1980). Remarriage: Some recent changes and variations. *Journal of Family Issues 1*, 455-478.

Gongal, P., & Thomson, E. Jr. (1987), "Single parants families," In M. Sussman & S. Steinmetz, Handbook of marriage and the family, (pp.397-418), NY: Plenum.

Goldenberg,H. & Goldenberg, I(1995), Cpunseling Today's Families, California"Brooks/Cole Pub. Co.

Goode, W(1951), Word Revolution and Family Patte균, N.Y.: The Free Press.

Goode, William J. (1970), World Revolution and Family Patterns, New York: The Free Press.

Goudy, H. (1911), "Roman Law," In Encyclopaedia Brittanica (11th ed.), Cambridge: Cambridge University Press

Hantrais, L. (1994), "Comparing Family Policy in Britain, France and Germany", *Journal of Social Policy*, 23(2). http://www.sweden.gov.se/

뉴/d/2028/a/24215

Hawley, D.R.&Dehaan,L.(1996), Toward a defintion of family of family resilience: Integration life-span and family perspectives, Family process35,283-298.

Himes, N.E. (1963), Medical History of Contraception, New York: Gamut Press.

Heinzer, M. M (1995). Loss of a parent in childhood : Attachment and coping in a model of adolescent resilience. Holistic Nursing Practice, 9(3),27-37.

Hpuseknecht, S.K.(1987). Voluntary Childlessness. in M.B.Sussman & S. Steinmentz(eds.). Handbook of Marriage and the Family. N.Y.: Plenum.

Jenkins, Richard (1996), Social Identity, London & New York: Routledge.

Kain, E.(1990), The myth of family decline, New York:Kexington, Books.

Kammerman, S.B. & A. Kahn(1978), Family Policy, Government, and Families in Fourteen Countries, N.Y.: Columbia Univ. Press.

Kammeyler, Kenneth C. W. (1987), Marriage & Family: A Foundation for Personal Decisions, Boston & London: Allyn and Bacon, Inc..

Knaub, P., Hannan,S. & Stinnett, N(1984), Strengths of remarried families, Journal of Divorce, 7.

Lane, A.R., Wilcoxon, S. & Cecil. J(1988), Family-of-origin experiences and the transition to parenthood: considerations for marital and family therapists, Family Therapy, 15.

Lee, Alfred McClung & Lee, Elizabeth Briant (1967), Marriage and the Family, New York: Barnes & Noble, Inc., Second Edition.

Leslie, Gerald R. & Korman (1989), The Family in Social Context, New York : Oxford University Press.

Lewis, C.S. (1960), The Four Loves, NJ: Prentice-Hall.

Lips, Hilary M. (1988), Sex & Gender: An Introduction, Mountain Vieiw,

California: Mayfield Publishing Company, Second Edition.

Livi-Bacci, M. (1977), A History of Italian Fertility, Princeton, N.J.: Princeton University Press.

Lopata, H. Z (1988), "Widows and Their Families," Chillman et(eds), Variant Family Forms, Sage Publications.

Luthar, S. S.,&Zigler, E.(1991). Vulnerability and competence : A review of research on resilience in childhood. American Journal of Orthopsychiatry,61(1),6-22.

Luthar. S. S., Cicchetti, D, & Becker, B. E.(2000). The construct of resilience : A critical evaluation and guidelines for future work, Child Development, 71. 543-562.

Luria, Zella; Friedman, Susan; Rose, Mitchel D. (1987), Human Sexuality, New York: John Wiley & Sons.

Macionis, John J. (1995), Sociology, Englewood Cliffs, New Jersey: Prentice Hall, Inc., Fifth Edition.

Makhija, I. (1977), The Economic Contribution of Children and Its Effects on Fertility and Schooling: Rural India, Ph.D. Dissertation, University of Chicago.

Mandelbaum, D.G. (1970), Society in India, Berkeley: University of California Press.

Maslow, A.H. (1954), Motivation and Personality, New York: Harper & Brothers.

McCubbin, H. I. & McCubbin, M. A.(1993). Family coping with health crises : The resiliency model of family stress, adjustment and adaptation(21-64). In C. Danielson, B. Hamel-Bissell, & P. Winstead-Fry(Eds.), families, Health and Illness. St. Louis MO: C. V. Mosby.

McLanahan, S., & Booth. K. (1989), "Mother-only families: Problems, prospects and polities," Journal of Marriage and the Family, 51,

557-580.

Mincer, Jacob & Polachek, Solomon, W. (1974), "Family Investments in Human Capital: Earnings of Women," Journal of Political Economy, 82(2), S76-S108.

lson, D.(1979), Circumplex model of marital and family systems: cohesion and adaptability dimensions, family types and clinical applications, Family Process 18.

Olson,D. & DeFrain, J(1994), Marriage and the family: diversity and strengths, Mayfield Pub. co.

Olson, D., Russell, C, & Sprenkle, D(1989), Circumplex Model: Systemic assessment and treatment of families. NY:Haworth Press.

Olson, D, H. and Olson A. K(2000), Empowering Couples building on your strengths, Life innovation.

Olson, D. H. & DeFrain, J.(2003), Marriages and Families, McGrawHill.

Otto, H. A. (1962), *What is a strong family? Marriage and Family Living* 24.

Ogburn,W. & M.F. Nimkoff(1955), Technology and the Changing Family, Westport: Greenwood Press.

Peller, S. (1965), "Births and Deaths among Europe's Ruling Families Since 1500," In Population in History (ed.) D.V. Galss & D.E.C. Eversley, Chicago: Aldine.

Peskin, J. (1982), "Measuring Household Production for the GNP," Family Economics Review, 3, 16-25.

Phillips, J. R.(1994). A vision of nursing research priorities. Nursing Science Quaterly, 7(2),52. Random House dictionary(1987). Korea : si-sa-young-o-sa, Inc.

Plato (1941), The Republic, trans, by Francis MacDonald Conford, London: Oxford University Press.

Pleck, J (1985), Working Wives/Working Husbands, Beverly Hills: Sage.

Pub.

Reid, Margaret G. (1934), The Economics of Household Production, New York: John Wiley & Sons.

Reik, T. (1957), Of Love and Lust, New York: Meridian Books.

Renzett, Claire M. & Curran, Daniel J. (1992), Women, Men, and Society, Boston & London: Allyn and Bacon, Second Edition.

Rice, F. (1993), Philip, Intimate Relationship, Marriages and Families, Mountain View, California: Mayfield Publishing Company.

Richmond-Abbott (1983), Marie, Masculine and Feminine: Sex Roles over the Life Cycle, New York: Random House.

Sargent, Alice G. (1984), Beyond Sex Roles, St. Paul & New York: West Publishing Company.

Seaward, B.L.(2002), Managing stress principles and strategies for health and wellbeing, Jones and Bartlett Publishers.

Seligman, ME.P(2004), Authentic Happiness, Free Press.

Skinner, B. F. (1948), Walden Two, New York: The MacMillan Company.

Skolnick, Arlene S. & Skolnick, Jerome H. (1986), Family in Transition, Boston & Toronto: Little, Brown & Company, Fifth Edition.

Spitze G. (1988), "Women Employment and Family Relations", Journal of Marriage and the Family, Vol.50.

Srinivasan, K. (1987), Paid and Unpaid Work: Activities and Opportunities in the Rural Area," In Household Resources and Their Changing Relationships: Case Studies in Gujarat, India (eds.) F. Magrabi & A. Verma, IL: University of Illinois at Urbana- Champaign.

Stinnett, N., & DeFrain, J.(2003), *Secrets of Strong Families*. Little, Brown.

Stinnett, N. & Sauer, K(1979), Relationship characteristics of strong familyies, Family Perspectives, 11.

Stromberg, A.H.& S.Flarkers (1978), Working Women: Theories and Facts in Perspective, Mayfield Pub.

Sulloway, F. J. (1976), Born to Rebel, MIT Press.

Trivers, R.L. (1974), "Parent-Offspring Conflice," American Zoologist, 14(1): 249-264.

Voydanoff, P. (1987), Work and Family Life, Beverly Hills: Sage Publication.

Waite and Gallagher, (2000). The Case for Marriage. New York : Doubleday

Walsh F(1982), Normal Family Processes, NY: Guilford Press.

Warren, C. (1997). "Family Support and the Journey to Empowerment", in Cannan, C. and C. Warren (eds.), Social Action with Children and Families : A Community Development Approach to Child and Family Welfare. London: Routledge.

Wilkinson, L.P. (1978), "Classical Approaches: Population and Family Planning," Encounter, 50(4), 22-32.

Winch, Robert F. (1968) & Goodman, Louis Wolf, Selected Studies in Marriage and The Family, New York: Holt, Rinehart and Winston, Inc., Third Edition.

Young, K. (1954), Isn't One Wife Enough? New York: Henry Holt.

Zick, D. D., & Smith, K. R. (1988), "Recent Widowhood, Remarriage and Chages in Economic Well-being," Journal of Marriage and Family, Vol. 50.

찾아보기